无机纳米硼酸盐复合阻燃材料制备技术

高平强◎著

吉林大学出版社

图书在版编目(CIP)数据

无机纳米硼酸盐复合阻燃材料制备技术/高平强著.
--长春:吉林大学出版社,2018.7
ISBN 978-7-5692-3039-0

Ⅰ.①无…　Ⅱ.①高…　Ⅲ.①无机材料-纳米材料-
硼酸盐-阻燃剂-材料制备-研究　Ⅳ.①TB383
②TQ569

中国版本图书馆 CIP 数据核字(2018)第 206282 号

书　名	无机纳米硼酸盐复合阻燃材料制备技术
	WUJI NAMI PENGSUANYAN FUHE ZURAN CAILIAO ZHIBEI JISHU
作　者	高平强　著
策划编辑	孟亚黎
责任编辑	孟亚黎
责任校对	樊俊恒
装帧设计	马静静
出版发行	吉林大学出版社
社　址	长春市朝阳区明德路 501 号
邮政编码	130021
发行电话	0431-89580028/29/21
网　址	http://www.jlup.com.cn
电子邮箱	jlup@mail.jlu.edu.cn
印　刷	北京亚吉飞数码科技有限公司
开　本	787×1092　1/16
印　张	18.5
字　数	240 千字
版　次	2019 年 3 月　第 1 版
印　次	2024 年 9 月　第 2 次
书　号	ISBN 978-7-5692-3039-0
定　价	65.00 元

前　言

硼酸锌具有抑烟、不挥发、无毒和热稳定性好等优点，是一类性能优良的绿色环保型无机阻燃剂。它能替代卤系阻燃剂用于聚酯、聚苯乙烯(PS)、酚醛树脂(PF)、纤维织物等材料，是近年来备受关注的阻燃剂之一。大量研究表明，颗粒越小，分散性越好的硼酸锌，与基体材料的相容性越好。因此，硼酸锌的超细化和分散均匀化已成为人们研究的重点。

本书采用均相沉淀法，制备了三种不同形貌的新型纳米硼酸锌 $4ZnO \cdot B_2O_3 \cdot H_2O$。并以十二醇和油酸作为改性剂，对自制的新型纳米硼酸锌 $4ZnO \cdot B_2O_3 \cdot H_2O$ 进行表面改性研究，得到了分散性较好的亲油纳米硼酸锌 $4ZnO \cdot B_2O_3 \cdot H_2O$。采用原位聚合的方法，将自制的纳米硼酸锌 $4ZnO \cdot B_2O_3 \cdot H_2O$ 阻燃剂分别添加到 PS 和 PF 聚合体系中，制备了新型纳米硼酸锌 $4ZnO \cdot B_2O_3 \cdot H_2O/$ PS 和纳米硼酸锌 $4ZnO \cdot B_2O_3 \cdot H_2O/PF$ 两种纳米复合材料。通过 XRD、SEM、TGA、FT-IR 等手段分析了改性前后纳米硼酸锌 $4ZnO \cdot B_2O_3 \cdot H_2O$ 的结构和形貌。并对这两种纳米复合材料的形貌、结构、力学性能、热稳定性和阻燃性能进行测试。结果表明：

1. 二烷基苯磺酸钠和十六烷基三甲基溴化铵分别作为表面活性剂，能合成须状新型纳米硼酸锌 $4ZnO \cdot B_2O_3 \cdot H_2O$ 和球状新型纳米硼酸锌 $4ZnO \cdot B_2O_3 \cdot H_2O$；在没有表面活性剂存在下，可制备片状纳米硼酸锌 $4ZnO \cdot B_2O_3 \cdot H_2O$。

2. 油酸和十二醇作为改性剂均能减少纳米粒子间的团聚，提高分散性能，使产品由亲水性转变为亲油性。其中，十二醇的改性效果最好。

3. 聚合法制备的纳米硼酸锌 $4ZnO \cdot B_2O_3 \cdot H_2O$/PS 和纳米硼酸锌 $4ZnO \cdot B_2O_3 \cdot H_2O$/PF 材料中，由于纳米粒子与聚合物间存在一定的作用，纳米硼酸锌 $4ZnO \cdot B_2O_3 \cdot H_2O$ 的引入使 PS 和 PF 两种聚合物的表面更加光滑，平整。在适当添加量下，纳米硼酸锌 $4ZnO \cdot B_2O_3 \cdot H_2O$ 的加入不仅能提高 PS 和 PF 的热稳定性能、阻燃性能，还能提高它们的力学性能。研究还表明，须状纳米硼酸锌 $4ZnO \cdot B_2O_3 \cdot H_2O$ 对 PS 和 PF 的改性效果最佳。

本书还将 La 引入纳米硼酸锌 $4ZnO \cdot B_2O_3 \cdot H_2O$ 中，制备掺杂 La 纳米硼酸锌 $4ZnO \cdot B_2O_3 \cdot H_2O$ 的纳米材料。并将其作为新型无机阻燃剂，以原位聚合的方法，制备了新型掺杂 La 纳米硼酸锌 $4ZnO \cdot B_2O_3 \cdot H_2O$/PS 复合材料，并对复合材料的力学性能和阻燃效果进行考察。结果表明掺杂 La 纳米硼酸锌 $4ZnO \cdot B_2O_3 \cdot H_2O$ 能明显地改善 PS 的阻燃性能和提高 PS 的拉伸性能。

本书的撰写凝聚了作者的智慧、经验和心血，在撰写过程中参考并引用了大量的书籍、专著和文献，在此向这些专家、编辑及文献原作者表示衷心的感谢。

由于作者水平所限以及时间仓促，书中难免存在一些不足和疏漏之处，敬请广大读者和专家给予批评指正。

作 者

2018 年 4 月

目　录

第1章 绪 论

阻燃材料是指与普通材料相比,在着火条件下具有难以点燃、点燃后易于熄灭或不易蔓延,具有低热量释放、低烟气释放量等性能的材料。阻燃剂是用于阻燃易燃材料,使易燃材料具有阻燃性能特征的助剂。

1.1 阻燃剂概述

从广义上讲,能够提高可燃材料的难燃性的化学品都可以称为阻燃剂。阻燃剂主要作为化学助剂用于高分子聚合物(如塑料、人造纤维、木料、合成橡胶等)中,可提高材料的阻燃性能。

早在 18 世纪,人们就已经开始了对阻燃剂的研究。1786 年 Arfied 率先使用磷酰铵作为阻燃剂。1820 年,Gay-Lussac 深入系统地研究了一系列阻燃化合物,发现磷酰铵具有良好的阻燃性能,并为含氮阻燃剂的研究打下理论基础。1913 年,著名化学家 W. Perkin 发现经钨酸盐处理后的织物具有较持久的阻燃性能。1930 年,人们发现了卤系阻燃剂与 Sb_2O_3 的协同阻燃效应,为现代阻燃科学的发展提供了理论依据[1]。

高分子聚合物是由一种或多种结构通过共价键连接而形成相对分子质量大的化合物。随着高分子的技术不断发展,越来越多的高分子聚合物材料被广泛应用到人类的生产和生活当中。如聚苯乙烯(PS)、酚醛树脂(PF)、聚碳酸酯(PC)等被广泛应用在建筑、电线、交通等各个生产领域[2-5]。但是,大多数聚合物及终端产品都有一个致命的弱点,在外部加热或有火源时,它们具有高的可燃性[6],在燃烧过程中释放大量浓烟、热量甚至毒气,对人类生产活动和健康造成很大的危害。据统计,在中国、美国、俄罗斯和欧洲每年都有超过 1200 万起火灾发生,使得数十万人失去生命并造成巨大的财产损失。虽然全球由于火灾造成的经济损失难以直接计算,但通过一些国家的统计数据可知,该数额至少在 5 亿美元左右[7]。在国内,如 2009 年,在建的央视大楼的文化中心引发特大火灾事故。在 2010 年,上海一幢高层住宅发生火灾。虽然这些引起火灾的原因比较复杂,但是直接导致火灾的是建筑物使用了易燃的聚合物材料,使火势迅速蔓延,造成巨大的生命财产损失。因此,提高聚合物的阻燃性能是开发新型高聚物产品首先要考虑的问题。21 世纪以来,对高聚物材料阻燃机理的研究和对新型高聚物材料的开发已经得到广大学者和政府的广泛关注。

1.2 聚合物的燃烧

高分子聚合物的燃烧是指热源引燃高聚物热分解产生可燃物的过程。这样一系列热分解的可燃物先后被引燃,分解出的可燃物与空气中的氧气结合,发生氧化反应,产生大量的热,其中部分热量传递到可燃物表面,维持着可燃性分解物的生成量[8],以此作为基础,高聚物得以持续燃烧。高聚物持续燃烧的原理如图 1-1 所示。

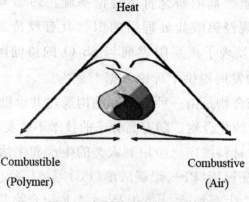

图 1-1 高聚物持续燃烧原理

聚合物的燃烧过程是一个非常复杂的物理化学过程。它不仅具有一般可燃固体材料燃烧的基本特征,还有一些鲜明的特性反映在聚合物点燃之前的加热过程以及点燃和燃烧过程中。软化、熔融、膨胀、发泡、收缩等现象就是许多聚合物在加热、燃烧过程中表现出来的特殊热行为,而分解过程中,不同的聚合物也经历着机理各异的反应历程,涉及随机分解、解聚、环化、交联反应等,并产生各种各样的分解产物。这些过程及其最终分解产物都对燃烧过程有着重要影响。更为复杂的是这些化学反应的机理和动力学过程还可能受到外部加热环境变化和内部材料热行为变化的影响。

在实际火灾中,聚合物的燃烧过程大致经历受热升温、点燃起火、火焰传播、燃烧充分发展以及火焰熄灭等几个阶段,如图 1-2 所示为典型的受限空间(如室内)火灾燃烧过程各阶段的特点及相应的防治策略。

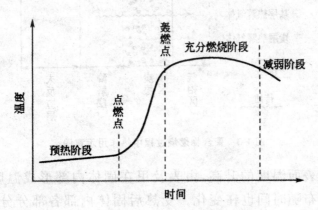

图 1-2　典型的受限空间(如室内)火灾燃烧过程
各阶段的特点及相应的防治策略

1.2.1　聚合物热分解过程

如图 1-3 所示,聚合物在外部热源作用下被加热时,外部热源的热流经过聚合物外部环境和介质的作用(如辐射吸收)后,以一定的热通量到达聚合物表面,再经过聚合物表面的反辐射等作用后,以最终的净热通量作用到聚合物表面,这部分热能就是实际作用到聚合物表面上的热能量。

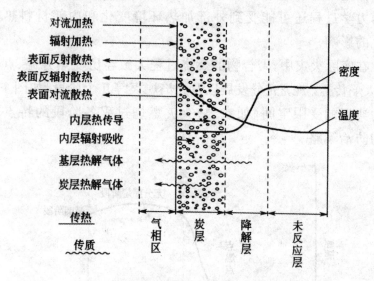

图 1-3　聚合物燃烧过程中热作用示意图

随着表面温度的升高,由表及里在固体内部形成温度梯度,温度的分布随时间也在变化。受热后固体内部各部分分子运动被不同程度地加速,高于玻璃化温度时聚合物开始软化,继续加热聚合物结晶区会发生熔融产生相变,聚合物的物理形态、性质会发生一定程度的变化。在这个阶段,一般会出现软化、熔融行为,有些还会出现膨胀或收缩现象,这些变化由外部加热引起而且反过来影响内部传热过程,进而影响随后的分解、点燃和燃烧过程。可能导致密度的变化、体积的变化以及晶区的相变化,这些都会影响热传递过程,影响内部温度场。在这一阶段聚合物的物理变化也有可能直接影响实际的火灾过程,如影响聚合物的熔融行为。

当聚合物的熔融温度远低于分解温度时,可能发生熔流或熔滴。虽然这种行为非常复杂,但在某些构形条件下,熔融使材料流向远离火源的方向,避免被点燃或扩大火灾发展;在另外一些情况下,熔融流体也可能流向火源而引发更大的火灾。

在实际应用中,使用聚合物涂料保护钢结构时,如果聚合物易于熔融有可能使保护层流失,失去保护作用。这些实际情况也说明在使用标准实验方法评价材料燃烧性能时必须注意这些方法是否存在熔融引起的差别,如果存在,则需谨慎解释实验结果。

在加热的早期阶段,对聚合物而言还是物理变化过程,如软化、熔融现象,有些化学反应引起的膨胀行为是由于小分子配合剂的分解造成的。也就是说,这一阶段进行的快慢,发展的程度主要取决于传热的过程。

继续加热达到一定温度时,聚合物链的弱键断裂导致固相化学分解反应的发生。一般地,当聚合物大分子链发生断链会导致聚合物的迅速分解,该温度就是聚合物的分解温度。

由于聚合物分子的多分散性、热传导的不均匀性,聚合物的分解温度是一个温度范围,但一般情况下将其看作临界温度。分解出的可燃性气体就是火灾燃烧的燃料来源。

聚合物的热分解分为热氧分解和热分解(无氧)两种主要形式,在燃烧过程中都可能发生。一般地,点燃之前为热氧分解,表面点燃后,由于表面火焰能阻隔或隔绝氧对内层聚合物的渗透,下层的热分解对大多数聚合物是缺氧或无氧分解。

聚合物的主要分解反应包括随机分解反应、解聚反应、交联反应、环化反应以及分解反应等,有些聚合物的分解结果还能导致部分炭质残渣的形成。

1.2.1.1　随机分解

大多数聚合物在热分解时都会发生随机断链反应,弱键的存在更能加剧随机断裂的发生。这类降解的主要特点是相对分子质量迅速下降,初期聚合物质量基本不变;当反应到一定程度时,主链断裂,产生大量的低分子挥发物,聚合物质量则迅速降低。最具代表性的即聚乙烯(PE)、聚丙烯(PP)、聚对苯二甲酸乙二醇酯(PET)。随机分解的反应通式为

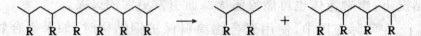

1.2.1.2 解聚反应

解聚反应又称拉链降解。该过程开始于分子链的端部或分子中的薄弱点,相连的单体链节依次逐个从聚合物链上消除,形成唯一的单体产物。发生解聚反应时,单体迅速挥发,聚合物的相对分子质量变化较小,而质量损失则较大。当分解到一定程度时,聚合物的质量和相对分子质量急剧降低。能够发生解聚的聚合物很多,聚甲基丙烯酸甲酯(PMMA)、聚甲醛(POM)、聚 α-甲基苯乙烯(PMS)都极易解聚,几乎完全生成单体,聚四氟乙烯(PTFE)也很易解聚。对其他聚合物如聚苯乙烯(PS)、聚异丁烯(PIB)、聚丁二烯(PB),解聚也是一个很重要的过程。聚酰胺类PA66和PA6是发生解聚反应的较为典型的杂链聚合物。解聚反应的通式为

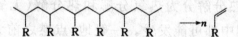

1.2.1.3 交联反应

交联反应即大分子链之间相连,产生网状结构或体型结构。很多聚合物的降解反应往往伴随着大分子的交联反应,两者同时发生,相互竞争,只是以其中一类为主。如聚乙烯、聚丙烯、聚氯乙烯、聚甲醛、聚酰胺、丁基橡胶、天然橡胶、聚砜、聚苯醚、丁苯橡胶、顺丁橡胶,都能同时发生不同程度的降解与交联。

1.2.1.4 环化反应

环化过程一般是线形聚合物经热解环化形成梯形聚合物。

1,2-聚丁二烯、纤维素、聚丙烯腈等经热解都能形成梯形结构聚合物。例如聚丙烯腈聚合物及其纤维在低的升温速率下,腈基发生低聚反应形成梯形结构。这种环状结构在惰性气体中能够形成不易燃的炭结构,产生碳纤维。环化结构有利于提高聚合物热稳定性,有利于阻燃。反应通式为

1.2.1.5 消除反应

消除反应是一种侧基断裂反应。聚合物的分解始于侧基的消除,但形成的小分子不是单体。待小分子消除至一定程度,主链薄弱点增多,最后发生主链断裂,全面降解。最典型的例子是聚氯乙烯的热降解,它降解时沿聚合物链相继脱出氯化氢。此外,还有如聚乙烯醇热降解初期发生脱水的消除反应、聚甲基丙烯酸叔丁酯在热降解时发生脱异丁烯的消除反应等。不过,这种小分子的消除反应并不一定从端部开始,可以是无规消除反应。反应通式为

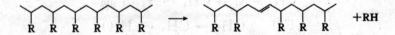

分解反应遵从一定的化学反应动力学,动力学过程决定着反应的速率和程度,因此研究热解的动力学过程,获取相关的动力学参数对研究分解速率,计算、模拟预测反应过程至关重要,也是火灾模拟预测研究必需的重要基础。

在热分解阶段,影响聚合物燃烧难易程度的主要内在因素为聚合物中具有最低热稳定性的化学键的分解温度,这些键所占的比例以及它们的分解热值。此外,分解反应热的性质对热解和燃烧过程也有影响,吸热效应可以抑制分解和燃烧过程,而放热效

应则促进分解和燃烧过程。影响聚合物热解过程的外部因素也很多,主要的因素有加热气氛环境、加热速率。固相化学分解反应阶段的控制过程既有化学反应过程,也有热传输过程。

1.2.2 聚合物燃烧的化学反应

聚合物的燃烧现象是一种剧烈放热的氧化反应,在有焰燃烧情况下是气相反应,无焰燃烧时为气固界面反应。

在气相反应中,聚合物分解形成的有机低分子化合物在热和氧的作用下发生燃烧反应。一般认为,聚合物的气相燃烧反应历程是自由基连锁反应,以简单化合物甲烷的燃烧过程为例,其完全燃烧的反应式为

$$CH_4 + 2O_2 \rightarrow CO_2 + 2H_2O$$

该反应式是最终反应式,在反应过程中有一系列的基元反应,其中含有反应活性很高的自由基中间体,如 $H\cdot$、$OH\cdot$、$CH_3\cdot$ 等。这些自由基在火焰中瞬时存在,迅速消耗着燃料物质,它们的浓度由一系列生成反应维持。

$$CH_4 + OH\cdot \rightarrow H_2O + CH_3\cdot$$
$$CH_3\cdot + O_2 \rightarrow CH_2O + OH\cdot$$

甲烷氧化过程中主要的基元反应为

$$CH_4 + M \rightarrow CH_3\cdot + H\cdot + M$$
$$CH_4 + OH\cdot \rightarrow CH_3\cdot + H_2O$$
$$CH_4 + H\cdot \rightarrow CH_3\cdot + H_2$$
$$CH_4 + \cdot O\cdot \rightarrow CH_3\cdot + OH\cdot$$
$$O_2 + H\cdot \rightarrow \cdot O\cdot + OH\cdot$$
$$CH_3\cdot + O_2 \rightarrow CH_2O + OH\cdot$$
$$CH_2O + \cdot O\cdot \rightarrow CHO\cdot + OH\cdot$$
$$CH_2O + OH\cdot \rightarrow \cdot CHO\cdot + H_2O$$
$$CH_2O + H\cdot \rightarrow CHO\cdot + H_2$$
$$H_2 + \cdot O\cdot \rightarrow H\cdot + OH\cdot$$

$$H_2 + OH \cdot \rightarrow H \cdot + H_2O$$

$$CHO \cdot + \cdot O \cdot \rightarrow CO + OH \cdot$$

$$CHO \cdot + OH \cdot \rightarrow CO + H_2O$$

$$CHO \cdot + H \cdot \rightarrow CO + H_2$$

$$CO + OH \cdot \rightarrow CO_2 + H \cdot$$

$$H \cdot + OH \cdot + M \rightarrow H_2O + M$$

$$H \cdot + H \cdot + M \rightarrow H_2 + M$$

$$H \cdot + O_2 + M \rightarrow HO_2 \cdot + M$$

其中,M 为任意第三反应物,主要参加自由基的重新组合反应和离解反应。

甲烷氧化的速率可由消耗反应表示,即

$$\frac{-d[CH_4]}{dt} = k_a[CH_4](M) + k_b[CH_4][OH \cdot] + k_c[CH_4][H \cdot]$$

$$+ k_d[CH_4][\cdot O \cdot]$$

$$= \{k_a[M] + k_b[OH \cdot] + k_c[H \cdot] + k_d[\cdot O \cdot]\}[CH_4]$$

式中,方括号表示浓度,k 为反应系数。因此,甲烷的消耗速率直接与反应体系中的自由基浓度有关。而自由基浓度取决于自由基的引发反应和终止反应。此外,支链反应活跃可产生活性极大的氧自由基,从而导致自由基的浓度大大地增加,即

$$O_2 + H \cdot \rightarrow \cdot O \cdot + OH \cdot$$

综上,一个氧自由基可产生两个其他自由基,增加体系中自由基的浓度。根据支链反应,在燃烧火焰中,H · 自由基的作用非常关键。如果其他分子能与氧竞争氢自由基,则导致自由基成倍增长的支链反应即可被阻止或减弱,有利于阻燃。如卤素阻燃剂的阻燃作用就被认为是通过这种途径在气相阻燃的,即

$$HBr + H \cdot \rightarrow H_2 + Br \cdot$$

1.2.3 聚合物点燃过程及控制机理

当聚合物分解产物在其表面形成可燃性混合气体时,在一定条件下会被点燃,点燃分自燃和强制点燃两种模式。

　　自燃是在没有火源的情况下发生,这只有在燃料气和氧化剂气的混合物达到一定温度时才能发生。由固体表面的高温或表面反应如阴燃、炭氧化引起的气相点燃也属这一类点燃。强制点燃指由诸如明火、电火花、燃烧的飞灰等外部点火源引起的点燃。

　　当点燃反应产生的热释放能量大于向环境损失的能量,就会形成持续的点燃,否则只能产生瞬时的闪火现象。

　　聚合物表面的点燃是一个非常复杂的过程。在点燃过程中存在两个相互竞争的过程:①气相的扩散过程,包括组分、流速、温度、驻留时间;②气相反应过程,主要取决于气相反应的诱导时间。

　　当气相反应的诱导时间小于混合气体的驻留时间时,聚合物的固相裂解反应和传热过程就成为点燃过程的控制机理。因为诱导时间短意味着分解产物一旦形成就会被点燃,决定点燃过程快慢的因素就是传热过程和固相分解反应的速率。

　　当固体表面流动速度很大时,虽然流动速度可能会提供充足的氧,但也会减少表面近处形成的混合气体中的燃料浓度,使气体的驻留时间减小。若小于反应的诱导时间,点燃反应不会发生,这时,点燃过程的控制机理由气相反应过程控制。

　　化学反应的反应速率和气体的扩散速率相对大小可以由Damköhler 准数来判断,即

$$Damköhler 准数 = (扩散的时间)/(反应的时间)$$
$$= (反应的速率)/(扩散的速率)$$

　　由聚合物点燃过程经历的几个阶段可以看出,若能延缓、改变或阻止某些阶段的变化过程抑或反应历程,则有可能推迟甚至阻止点燃过程的发生,从而设计制造出耐点燃的材料。对点燃过程是固相控制机理的情况,设法改变固体的热性能参数,如导热性、密度、比热容等以及改变固相反应的动力学过程都有可能改变点燃过程,如提高分解反应的活化能,提高聚合物的分解温度、改变分解历程促使反应向成炭方向发展,都有利于延长点燃时间。

　　就气相控制机理来说,能够延长反应诱导时间或缩短驻留时

间的因素都有利于推迟点燃发生的时间。含氮阻燃剂表现出的气相稀释作用就有利于推迟诱导反应,而卤素阻燃剂捕捉火焰中的自由基打断燃烧链,正是它们有效地阻止气相燃烧反应发生的特殊功能。

聚合物的点燃过程非常复杂,耐点燃性能只是整个燃烧性能的一部分,许多聚合物加入阻燃剂后,聚合物的点燃时间并没有延长,甚至有所缩短,但聚合物的其他阻燃特性显著改善,特别是热释放速率降低时,一般认为聚合物整体的阻燃性能提高。

1.2.4 聚合物表面的火焰传播

1.2.4.1 聚合物表面的火焰传播形式

聚合物固体材料表面上火焰的传播有两种形式,即逆风传播与顺风传播,如图 1-4、图 1-5 所示。当表面气流与火焰传播方向相反时为逆风传播;而表面气流与火焰传播方向相同时为顺风传播。

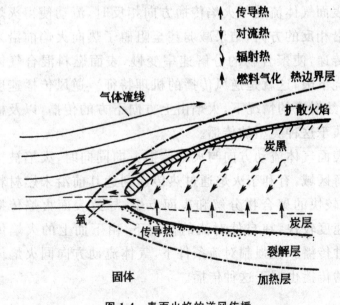

图 1-4 表面火焰的逆风传播

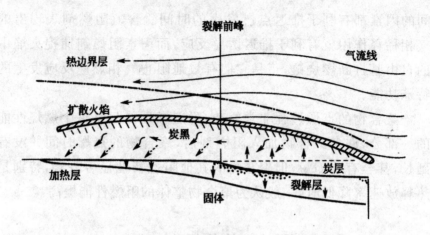

图 1-5　表面火焰的顺风传播

形成表面火焰传播首先要有足够的热从火焰传递到火焰前方近处聚合物的未裂解区域,在热的作用下,聚合物分解,然后气化形成燃料并扩散,对流离开表面,与空气中氧混合,在火焰前沿形成可燃性混合气体,接着被火焰点燃。从火焰传递到前沿未燃区域的热流与火焰的形状有关,而火焰的形状是由表面气体流动的特征决定的。

当表面气体流动与火焰传播方向相反时,流动使得火焰朝向裂解前沿相反的方向,结果减弱甚至阻碍了热向火焰前沿未裂解区域的传递,使聚合物的分解速率变慢,表面燃料混合气体不易达到燃烧下限,这就是逆风传播的机理特征。逆风传播速度比较慢,在自然对流的情况下,火焰由上方向下方的传播,以及横向的传播都属于这种类型的传播。

当表面气体流动方向与火焰传播方向同向时,火焰被推向前沿未裂解区域,有利于火焰通过热传递到达其前沿未燃材料的表面,引发较快的聚合物分解和表面点燃,导致表面火焰传播。顺风传播速度较快,在自然对流的情况下,由下而上的火焰传播就属于这种传播。在强制对流条件下,气体流动方向同火焰传播方向一致的传播也属于这种传播。

1.2.4.2　火焰传播的控制机理

（1）逆风火焰传播

对厚度较大的 PMMA,PE,PS 等聚合物而言,在表面气流与表面火焰传播方向相反的情况下,表面火焰传播速度是表面气体流速和氧浓度的函数。在低气体流速下,表面火焰传播在所有的氧浓度下都首先出现一段传播速度不变的区域。之后,对高氧浓度环境,传播速度随气体流动速度先是增加,达到最大值后转向降低。对低氧浓度情况,火焰传播速度随表面气体流速增加而降低,直到火焰无法再逆着反向气体流动而传播为止。

对薄纸片的实验表明,在经过一个实际上恒定的传播速度区后,火焰传播速度随逆向气体流速增加而降低。在微重力条件下,对薄纸片在非常低的逆向流动速度下做实验,结果表明,火焰传播速度随逆向流动速度先是增加,而后降低。

逆风火焰传播过程是由火焰到固体的热传递过程和气相化学反应动力学过程两者相互作用来控制的。对热厚材料来说,火焰传播速度由热传递过程控制时,传播速度随流速增加而增加,因为火焰被推向燃料表面近处,增强了火焰中热对固体的传递。由化学反应控制时,传播速度随逆向流动增加而降低,因为当流速增大即流动时间相对于化学反应时间变小时,气相反应变弱。对薄燃料来说,热传递控制过程中,火焰前部的对流冷却抵消了火焰接近燃料表面引起的热传递增加,导致了传播速度与气体流速无关。如图 1-6 所示为在不同氧浓度下 PMMA 表面火焰传播速度与逆向气体流动速度的关系曲线。

由图 1-6 可知,在各种氧浓度下的 PMMA 表面火焰传播速度在初期较低流速下几乎保持不变。此后,在高氧浓度下,火焰传播速度增加,达到最大值后下降,并且该最大值的位置随反向流动速度的增加而提前。在低氧浓度下,火焰传播速度随气体流速增加而降低,直至火焰无法继续传播为止。

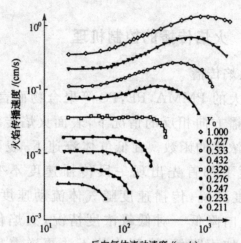

图 1-6 在不同氧浓度下 PMMA 表面火焰传播速度

与逆向气体流动速度的关系

（Y_0 为氧质量分数）

如图 1-7 所示为用薄纸片做的实验结果。在各种氧浓度下，火焰传播速度经过初始的一段几乎不变的速度后，随气体流速增加迅速下降。按照这些结果分析，Fernandez-Pelle 等提出，在低流速和高温高氧浓度下，火焰传播过程由火焰到固体燃料的热传递过程控制，火焰传播速度随热传递增加而增加。在高流速和低温低氧浓度时，火焰传播过程由化学反应动力学过程控制，火焰传播速度随流动时间减少而降低或随化学反应时间增加而降低。

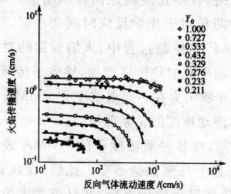

图 1-7 在不同氧浓度下薄纸片的火焰传播速度与逆向

气体流动速度的关系

（Y_0 为氧质量分数）

(2)顺风火焰传播

对于厚 PMMA 聚合物,在不同的氧浓度下,裂解前沿的扩展速度与流动速度呈线性正比关系,斜率随氧浓度增加而增加。在任一固定流速下,火焰传播速度随着氧浓度的增加而增加,近似遵守二次幂的关系。

对薄纸片来说,火焰传播由于裂解和火焰长度的增加在开始时加速,一旦燃料即将燃尽,这些长度增加的速率将随着燃尽和裂解前锋速度相互接近而降低,并且最终成为常数时,火焰传播速度也成为常数。

用唯象观点分析,从火焰到裂解前沿处固体燃料的热传递是火焰传播的控制机理,而气相化学反应动力学对火焰传播的影响主要是通过火焰的特征,如长度、温度、烟炭等,至少在熄灭阶段之前如此。

1.2.5 聚合物的阴燃过程

有些聚合物或经过复合后的聚合物材料,其燃烧过程可能是无焰燃烧,即阴燃。阴燃是一种表面燃烧现象,主要发生在质地疏松的聚合物材料上,如开孔的聚合物泡沫材料。与有焰燃烧相比,阴燃是一种非常缓慢的燃烧过程。同样的材料,有焰燃烧几分钟就能烧完,阴燃则可能要持续几个小时才能烧完。

阴燃可由自身产生的热或由烟头等火源点燃。与阴燃相似的灼热燃烧,其特点是无焰燃烧但灼热发光,火灾过后的余烬燃烧即归此类燃烧。材料阴燃的过程对无机物和杂质非常敏感,如用于制作家具的纺织材料和填充物中的碱金属离子浓度对阴燃都有一定影响。

在阴燃过程中,疏松的材料吸热分解,形成疏松但活化的炭质物质,这种物质含有大量的自由基,当空气中的氧缓慢地由表面向其内层扩散时,氧参与同这些活性物质的反应,生成一氧化碳,释放出热量。由于这些炭质物质是不良导热体,不易于热量通过导热形式导出。另外,炭质物质的疏松程度又不足以大得使热量通过对流的形式导出,这样,氧化反应产生的热量几乎全部用于进一步的内层裂解,阴燃的前锋也就随之向前发展。

1.2.6　聚合物燃烧的熄灭过程

在聚合物燃烧中,如果火焰反馈给燃料表面的热量减弱到不足以在材料表面维持一定的可燃性挥发气体,则火焰会自行熄灭,称为自熄。自熄现象可以是燃料燃尽的结果,也可以是环境氧不足造成的。此外,聚合物中添加的阻燃成分在燃烧过程中通过气相或固相的作用,也能造成火焰熄灭,使燃烧终止。

一般气相作用通过释放活性气体进行气相的化学反应,使燃烧反应链终止;或释放惰性或不燃气体,通过稀释可燃性气体浓度使燃烧反应减弱,以至减弱热反馈而使火焰熄灭,或沉积在材料燃烧表面,隔绝燃料和氧的反应,也能使火焰熄灭。固相的作用则多为促使聚合物成炭,减少可燃性挥发成分,即减少燃料的输送,达到使火焰熄灭的目的。炭层也能起到隔绝热的作用,减少反馈热向深层燃料扩散的作用,降低分解,减少可燃性挥发物,使火焰熄灭。

由聚合物燃烧自熄灭过程可知,采取外部的方法也可使燃烧熄灭。水是常用的灭火剂,水遇热汽化而吸收大量热量,能降低燃料表面温度,可以使火熄灭。如卤代烷灭火剂 Halon1301 作为有效的灭火剂,其作用原理是通过卤化物与火焰作用,除去燃烧链中的自由基而终止燃烧反应。

1.2.7　聚合物燃烧的炭化过程

在加热和燃烧过程中,聚合物表面达到一定温度时发生分解,长链分子断链释放出小分子挥发物参与燃烧,有些聚合物在这种分解过程中会发生炭化,形成炭层或炭质残渣。因此,炭化过程也是分解过程的一部分。由于炭层直接影响热流和质量流的传递过程,并且炭化作用使炭得到稳定,减少了挥发成分,所以炭化对聚合物的燃烧过程有很大影响,也是提高聚合物阻燃性能的主要途径之一。

作为分解历程的一部分,聚合物的炭化过程非常复杂,随聚合物的结构和成分不同而异,也随聚合物裂解过程变化而变化。

刚开始加热时,聚合物吸收能量并向内部传导,热量向内部传递的速率与表面温度有关,由于聚合物的导热系数很低,热量向内部的扩散总是很慢,导致表面热量不断积累,温度升高,直至聚合物发生分解、气化。最初的分解产物可能是水、合成过程中残存的溶剂以及加工时加入的配合剂小分子或低分子量聚合物等,随着温度继续升高,聚积的热量使聚合物主链上的侧基裂解,最后使主链上的化学键也开始断裂,于是聚合物的内部开始进行竞争反应。

如果聚合物主链上取代基的消去作用比主链上的裂解作用占优势,则主链的结构将以炭的形式保留下来,形成炭层,由于炭层具有很高的表面红外发射比,能通过辐射作用将大部分热量消散出去,因此通过这种炭层,可以将内部未分解的聚合物与高温环境隔离起来,从而减缓下层材料的加热速率,降低分解速率。这就是已被广泛理解的炭层在物理上的热屏蔽效应。然而,炭层还有化学上的热屏蔽效应,这方面还没有在聚合物阻燃研究方面引起足够的重视和理解。炭层形成后在进一步的热解化学反应过程中能起到重要的吸热作用,有利于隔热。

随着燃烧进行,底层材料也开始裂解,形成的挥发气体靠自身的压力渗入炭层,在此传输过程中,挥发气体和灼热的炭层相互作用,会进一步发生氧化或分解反应。分解反应包括聚合物和炭层的热解;生成气体的再次热解;气体和炭层的再次热解以及炭层和聚合物中添加的配合剂之间的分解反应。由于分解反应多为吸热过程,因此炭层可以通过分解、气化而吸收热量。这样一方面减少挥发气体溢出炭层直接变成燃料,另一方面在炭层中通过分解反应吸收热量,降低热量的传递,有利于降低底层材料的加热速率。

以在聚合物中添加配合剂发挥这种作用而言,加入二氧化硅可与炭之间发生反应,可以在高温下通过分解吸热得到很好的化学热屏蔽效应。反应热的计算式为

$$SiO_2(s) + C(s) \rightarrow SiO(g) + CO(g) + 628.5$$

$$SiO_2(s) + 2C(s) \rightarrow Si(l) + 2CO(g) + 644.3$$

$$SiO_2(s) + 3C(s) \rightarrow SiC(g) + 2CO(g) + 512.6$$

$$SiC(s) + 2SiO_2(s) \rightarrow 3SiO(g) + CO(g) + 1372.9$$

$$SiO_2(s) + Si(l) \rightarrow 2SiO(g) + 614.7$$

式中,热量单位为 kJ/mol,ΔH_0。

聚苯乙烯和聚氯乙烯有相似的结构,即在聚乙烯的主链上垂挂着一个不同的基团。聚苯乙烯在大约 300℃下,首先脱氢接着 C—C 键裂解形成链端炭自由基。这种自由基然后逐步消除苯乙烯单体,直到聚合物分子链完全降解,或者自由基被终止。可见每个苯乙烯的消除都是由相对于含自由基炭的 β 的 C—C 键断裂的结果,并且产生了一个相同的自由基结构,可以继续进一步进行苯乙烯消除反应。这种反应要求能量较低,称为"拉开链"反应,聚苯乙烯的裂解产物中大约有 50% 属于这种反应的产物,其裂解过程如图 1-8 所示。

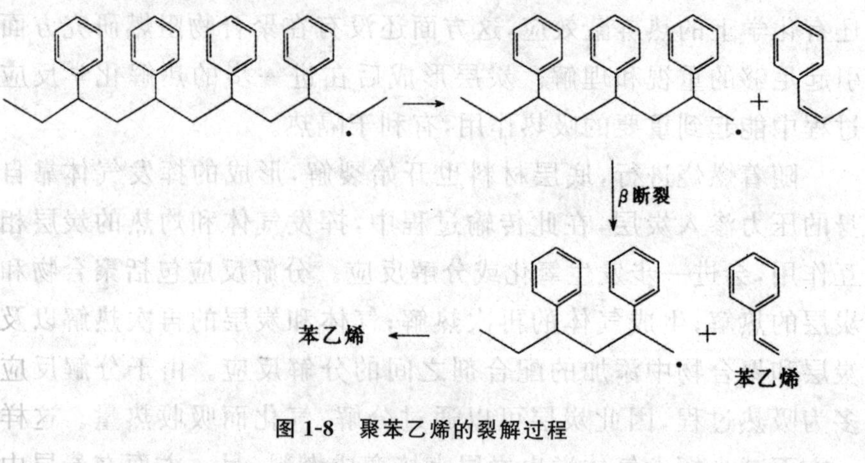

图 1-8　聚苯乙烯的裂解过程

聚氯乙烯初始的降解进行的是氯化氢的协同消除反应,所要求的活化能小于聚苯乙烯,可在较低温度——250℃下发生反应。脱氢后的凝固相结构是聚烯烃。这种结构将经历不同的裂解途径,其中一种是类似于"拉开链"反应的苯消除反应;另一种与之竞争的反应是聚烯烃的交联反应,产生热稳定性比较高的共轭二烯结构。这种结构在较高温度下才降解,以骨架重排产生挥发物质,如甲苯、二甲苯,并进行强烈的质子迁移,产生脂肪碳氢物和炭,如图 1-9 所示。

PVC 裂解过程

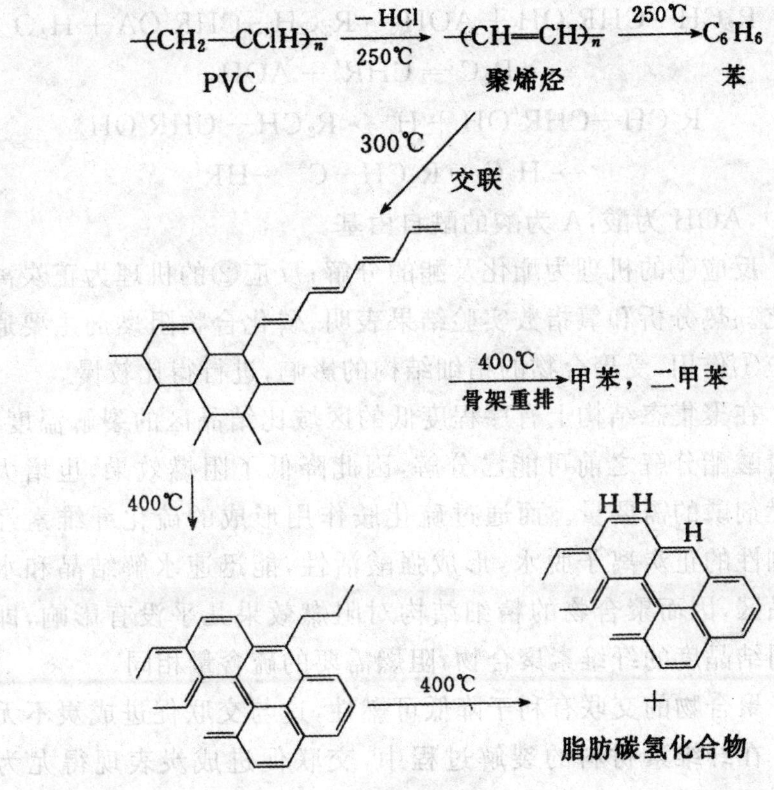

图 1-9 聚氯乙烯的裂解过程

这两种聚合物降解的结果完全不同,聚苯乙烯无炭生成,而聚氯乙烯则可以生成炭,其原因是能量上有利于聚氯乙烯中的氯化氢消除。一旦消除反应发生,分子由于不能进行简单的 C—C

链裂解,而被迫转向其他的降解途径。随着温度的升高,其他机理在能量上、空间位阻上变得更为有利,并产生热稳定性比较高的凝固相以及最终形成炭层结构。

脱氢能够促进成炭,磷阻燃剂的有效性与聚合物脱氢和成炭难易相关联,即阻燃活性随聚合物的含氧程度降低而降低。磷的衍生物与不含羟基的聚合物作用很慢,而且必须要先经过一个氧化过程才能作用。对纤维素凝固相而言,有两个脱氢过程机理可能导致炭的形成,一个是酸对纤维素的脱氢;另一个是通过磷或硫衍生物的酸形成剂脱氢。

$$R_2CH-CHR'OH + AOH \rightarrow R_2CH-CHR'OA + H_2O$$
$$\rightarrow R_2C=CHR' + AOH \qquad ①$$
$$R_2CH-CHR'OH + H^+ \rightarrow R_2CH-CHR'OH_2^+$$
$$\rightarrow H_2O + R_2CH-C^+-HR' \qquad ②$$

式中,AOH 为酸,A 为酸的酰自由基。

反应①的机理为酯化及酯的分解;反应②的机理为正炭离子催化。热分析和氧指数实验结果表明,磷化合物阻燃剂主要通过反应①作用,受聚合物的精细结构的影响,进行得比较慢。

在聚集态结构上有序程度低的区域比结晶区的裂解温度低,在磷酸酯分解之前可能已分解,因此降低了阻燃效果,也增大了阻燃剂磷的需要量。而通过硫化胺作用形成的硫化纤维素经非比例性的正炭离子脱水,形成强酸活性,能迅速水解结晶和水解结晶区,因而聚合物的精细结构对阻燃效果几乎没有影响,即对不同结晶度的纤维素聚合物,阻燃需要的硫含量相同。

聚合物的交联有利于降低可燃性,这与交联促进成炭不无关系。在纤维素材料的裂解过程中,交联促进成炭表现得尤为明显。交联使链之间增加了比氢键强度大的共价键,提高了纤维素结构的稳定性。在纤维素中,炭的形成是由相邻链上的羟基而形成醚氧桥键而迅速地自动交联引发的,在热重曲线上表现为迅速的初期失重行为。不过,低度的交联可能降低结构的热稳定性,因为交联使链之间的距离增大,并因此减弱甚至打断氢键。因此,天然棉的氧指数值随着增加甲醛交联而略有上升,但人造棉却显著地下降。纤维素在 251℃ 下裂解第一阶段中,水的挥发而造成的迅速失重是自动交联反应过程,并且与成炭量呈线性关系。由于人造棉的甲醛交联干扰自动交联反应,减少了初始失重,也减少了炭的形成。

在塑料中最明显的一个例子是聚苯乙烯交联后成炭量可大幅度增加。未交联聚苯乙烯裂解生成单体和二聚体,几乎无炭生成,而与乙烯基苯苄氯化物共聚获得的交联聚苯乙烯能生成 47% 的炭。用金属有机化合物对聚酯氧化加成也能得到交联和成炭,在热固性树脂中,交联能提高酚醛树脂的氧指数值,但对环氧树脂却不甚明显。交联形成共价键提高了聚合物的热稳定性,且交联后的结构进一步炭化是基于 C—C 键或 C—O 键的自由基裂解,接着从凝固相中吸收质子。如双酚 A 聚碳酸酯的裂解产物酚醛基团就是由 C—O 键裂解,接着从凝固相中吸收氢而形成的,裂解产物异丙基和酚基则是由 C—C 键裂解接着从凝固相中吸收氢而形成的。挥发的小分子要从凝固相中吸收氢自由基才能形成。这样,凝固相由于氢的减少而变成富炭结构,同时由氢消除而形成的凝固相自由基也能产生交联,使炭结构得到稳定而形成炭。也有人认为,交联降低聚合物的可燃性还可能与增加了燃烧区内聚合物的黏度有关,即由此而降低了可燃裂解产物向火焰区的输运速率。

聚合物燃烧过程中形成的炭层对其下层的未燃聚合物有保护作用,保护程度取决于炭层的化学物理结构。纯炭结构对热和氧高度稳定,但聚合物燃烧形成的炭层不是纯炭结构,一般含有相当比例的其他元素。Factor 等分析了双酚 A 聚碳酸酯的燃烧炭层成分,发现含碳元素 90%,氢元素 3%,氮元素 7%。张军等的研究表明,对 90% 丙烯腈与 10% 甲基丙烯酸的共聚物在氧指数条件下燃烧得到的炭层则含高达 18% 的氮元素,碳元素的含量约占 70%,氢元素含量为 3.5%,其他为氧。炭层中的非碳元素一般易于被进一步氧化,化学上不太稳定,有可能进一步分解,因而对阻燃不利。

炭层的物理结构对阻燃也非常重要。现将其物理结构理想化,提出两种典型的结构进行比较。如图 1-10 所示,结构(a)为含有大量完整封闭气穴的蜂窝状结构。形成这种结构必须使气泡凝结在不断扩大和增厚的聚合物熔体中,并最终固化形成此蜂窝状结构。这种结构阻止了挥发的气体以及液体小分子进入燃烧火焰区,而且由于在炭层中形成了足够的温度梯度,还为炭层下方的固体聚合物和熔融体提供了保护,使其能保持在分解温度之下不被分解。这样的炭层结构显然对阻燃非常有利,是比较理想的结构。

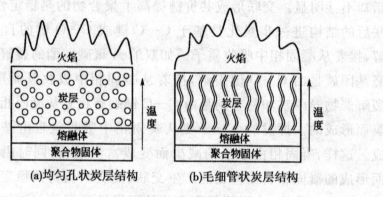

图 1-10　聚合物炭层结构示意

结构(b)为非理想的结构,即属于对阻燃而言炭层质量很差的结构。这种组织结构没有封闭的气穴,而是形成大量的细小通道或缝隙,气体分解产物和聚合物熔体可以由此溢出,进入火焰区。尤其比较重要的是液体产物由于毛细管作用可以通过这些通道被吸到温度较高的区域,进而被分解。这样,炭层原本具有的对其下层聚合物的隔绝热传递的效应被抵消,因而阻燃效果大减。由此可见,炭层的物理结构对阻燃效果作用很大。目前对不同类型炭层结构形成的影响因素还理解得不深,但这些因素应包括熔体黏度、熔体与气体界面的表面张力、气化动力学以及聚合物的交联。

本质上,容易成炭的聚合物主要有聚碳酸酯、酚醛树脂、聚甲醛等。不过其他聚合物当添加有固相作用的阻燃剂后一般都具有一定的成炭能力。

1.2.8　聚合物的生烟机理

烟是由材料裂解或燃烧过程中生成的悬浮固体粒子、液体粒子以及气体物质一起与卷吸或混合了大量的空气组成的。燃烧的产物一般包括固体粒子、未燃的有机物、水汽、二氧化碳、一氧化碳以及一些其他的有毒或腐蚀性的气体。显然,这样的定义既包括了"可见的烟",也包括了"不可见的烟"。不过,有关烟的一般定义还是指空气中由一些单个不可见、但能散射和吸收可见光而呈现不透光的粒子团组成的。这种情况下,"可见的烟"和"燃烧气体产物"是有区别的。在火灾中它们能产生不同的效应,测量检验方法也不相同。

聚合物燃烧过程中产生的可见烟是由不完全燃烧造成的。阴燃和有焰燃烧都能产生烟。阴燃产生的烟主要是由热分解产生的相对分子量大的产物遇冷空气时凝聚形成焦油微滴和高沸点液体组成的雾滴。而有焰燃烧产生烟的过程有所不同。在完全燃烧的条件下,燃料分解成稳定的气相产物,但火灾中聚合物燃烧的火焰一般为扩散火焰,热解形成的燃料气同浮力引发的湍流混合产生很大的浓度梯度,难以达到完全燃烧所需的氧与燃料预混的恰当比例。

在低氧浓度区,一部分挥发物可能进行一系列裂解反应形成火焰中炭黑的先驱体分子碎片,如多环芳香碳氢物和聚多炔。正是这些分子碎片使扩散火焰呈现发黄的光色。它们的粒子尺寸大约为 $10 \sim 100nm$,有可能在火焰中被氧化。但是,如果温度和氧的浓度不是足够高,粒子则会增长变大并聚集成更大的粒子,脱离火焰的高温环境而形成烟。

在火焰中,燃料热解形成的不饱和碳氢分子经聚合、脱氢,形成炭或者炭黑。这些不饱和碳氢分子作为中间体,可能形成不饱和分子碎片或者环化形成多苯环结构,这两者都能导致炭黑形成。脂肪族燃料裂解成较小的烷基自由基,在缺氧的情况下,进一步发展成共轭多烯结构或者多苯环结构,它们可能是自由基、离子基或者中性的,但这些中间活性体最终与其他不饱和分子碎片反应,缩合形成炭黑。芳香族燃料可以直接裂解成为多苯环结构中间体,因此能迅速形成大量炭黑。由于含氧燃料对能够氧化碳的氧化物有氧化作用,使之与炭黑形成的过程相互竞争,含氧燃料一般形成炭黑的倾向较弱。此外,卤素可以通过脱氢协助闭环,形成烯烃和多烯结构而促进炭黑形成。因此,聚合物在相似的燃烧条件下,裂解产物的结构、产物的分布、产物形成的速率就成为决定烟形成的主要因素。就个体聚合物而言,裂解产物的相对分布与裂解温度、加热速率、裂解环境有关。比如聚酯聚合物裂解过程中,裂解产物中苯乙烯和甲苯的量在 $600\sim700℃$ 处于最大值,而萘烯则在 $700℃$ 以上才出现。

聚合物的结构对烟的形成有重要影响。一般来说,链烃为主链的聚合物以及大部分为链烃主链或被氧化的聚合物,燃烧时往往形成较低的烟,而主链上垂挂芳香基团的聚合物一般生成较多的烟。

使聚合物形成较多的炭层是减少裂解产物形成,进而减少烟产生的一种重要方法。结构的因素在烟的形成过程中非常重要,它影响裂解过程以及在很大程度上决定着裂解产物,即燃烧中燃料的性质。以下提出一些简单的识别结构因素对聚合物生烟倾向的基本规律。

①芳香聚合物和多烯聚合物比脂肪聚合物和氧化的聚合物生烟倾向大。

②主链上有垂挂芳香基团的聚合物比在主链上有芳香单元的聚合物生烟倾向大,中、低程度卤化的聚合物比高度卤化的聚合物生烟倾向大。

③聚合物的生烟量与分解形成的燃料类型有关,也与聚合物的热稳定程度有关,如热流强度、温度、氧化条件、通风条件、样品

尺寸、样品取向等都对生烟量有影响。

通过烟的生成来探讨抑烟的原理与方法。首先,增加聚合物在燃烧过程中在固相的成炭作用有助于减少生烟;其次,在气相中促进对炭成分的氧化作用也能够减少炭黑的形成。大多数抑烟剂是通过固相作用减少生烟量。如一些常用的重金属,钼、铬、镁、铁、钴、镍、铜、锌、镉、铝、锡、锑、铅等的化合物,以及某些非金属,如硼和磷的化合物也有抑烟的功能。

1.3 聚合物的阻燃机理

工业上最常用的方法是采用在聚合物材料中添加各种不同的阻燃剂以满足所期望的阻燃效果。阻燃剂是通过冷却作用、稀释作用、形成隔热层或隔离膜等物理途径和终止自由基链反应的化学途径来实现阻燃的。

1.3.1 固相阻燃机理

固相阻燃机理也称作凝聚相阻燃机理,其基本要点如下。

①添加吸热后可分解的阻燃剂,能有效地阻止聚合物温度升高而低于热分解温度。

②阻燃剂燃烧后可在聚合物表面生成多孔保护炭层,该层具有难燃、隔热、隔氧作用,又能阻止可燃气体进入燃烧气相,致使燃烧中断。

③添加的阻燃剂能够在固相中延缓或终止聚合物热分解产生的可燃气体和自由基,即两者间存在化学反应,且该反应在低于聚合物热分解温度下发生。

④由于添加了填料型阻燃剂,而这些无机物具有较大的比热容,因而起到蓄热作用;又因多为非绝热体,又可起导热作用。因此,使聚合物不易达到热分解温度。

1.3.1.1　固相自由基阻燃机理

一般地,聚合物在空气中高温降解生成大分子自由基(R·),并同时生成活泼的氢氧自由基(OH·),决定燃烧的速率。即

$$ROH \rightarrow R· + OH·$$
$$R· + O_2 \rightarrow RO_2·$$

生成的 R·,RO_2· 将引发聚合物的自动催化氧化链反应并进行下去,当加入含卤阻燃剂时,有

$$含卤阻燃剂 \rightarrow X·$$
$$RH + X· \rightarrow R· + XH$$
$$XH + OH· \rightarrow X· + H_2O$$

含卤阻燃剂受热分解产生卤素自由基 X·,活泼的 X· 与聚合物分子反应生成 R· 和 XH,而 XH 和活泼的 OH· 反应,即消耗 OH· 活性自由基。与此同时也会发生 R· + X· → RX 反应,使燃烧的链反应受到阻止,燃烧速率减慢,致使火焰熄灭。

因此,若在固相中添加抗氧剂,由于抗氧剂能阻止聚合物的表面氧化,减少氧穿透燃烧表层,因而起到阻燃作用。但是,大多数抗氧剂不耐高温,所以欲通过抗氧剂来抑制自由基反应,则需研究耐高温的抗氧剂。现已证明,不挥发的磷系阻燃剂在固相中具有抑制自由基的作用。如芳香磷酸酯与自由基的反应已为电子顺磁共振(又称为电子自旋共振,ESR)实验数据所证实。

1.3.1.2　涂层阻燃机理

古代的陶瓷涂层可提高耐火性及其他性能,现代的涂层阻燃和耐高温已在航空航天工程中广为应用。但长期以来,由于无机物与聚合物的相容性差,两者热膨胀系数差异很大,致使该技术推广速度很慢。可是随着科学技术的发展,今天复合材料技术已经能较好地解决此难题。在聚合物加工过程中,添加 Si、B、SiC、某些硼酸盐、磷酸盐和低熔点玻璃等物质,均可使改性聚合物在燃烧时表面形成一种无机涂层而阻燃。

在烃类聚合物燃烧时，当燃烧表面存在多量磷时，多磷酸的物理作用会形成涂层，并被红外光谱测试结果证实。对涂层的结构和性能尚需进一步深入研究。

1.3.2　气相阻燃机理

气相阻燃是指对聚合物受热分解产生的气体的燃烧或对火焰反应产生的阻止作用，其基本要点如下。

①阻燃剂在热的作用下，能释放出活性气体，中断燃烧链反应。

②阻燃剂在受热分解时，能释放出大量的惰性气体，稀释氧和气态可燃物，并降低可燃气体温度，阻止燃烧。

③阻燃剂受热或燃烧过程中能生成微细粒子，这种粒子促进燃烧过程中产生的自由基之间相互作用，终止链反应。

④添加阻燃剂受热后，只产生高密度蒸汽。这种蒸汽可以覆盖住聚合物分解出的可燃气体，隔断它与空气和氧的接触，从而使燃烧窒息。

阻燃体系是用来抑制或阻止高聚物燃烧的过程，一般通过物理作用和化学反应对高聚物起到阻燃作用[9-10]。

1.3.2.1　化学作用

聚合物燃烧过程中生成的可燃物与大气中的氧反应，是按氧化的链反应方式进行的，这是一种自动催化氧化链反应。添加的阻燃剂主要是通过减缓和终止燃烧链反应实现阻燃的。

化学作用主要通过发生在气相或凝聚相中的化学反应来改变燃烧历程从而阻止可燃物的燃烧。其中，气相中的阻燃剂体系通过受热分解释放自由基来捕获聚合物热分解产生的自由基，以此破坏聚合物燃烧中自由基反应机制。例如，$Cl \cdot$ 和 $Br \cdot$ 自由基能与活性很高的 $H \cdot$ 和 $OH \cdot$ 自由基结合生成反应活性不高的分子。研究发现 $H \cdot$ 主导了火焰中支链化自由基反应，$OH \cdot$ 把

CO 氧化成 CO_2。燃烧产生的大部分热量来源于上述氧化反应。在凝聚相中,阻燃剂可以通过热降解反应在高聚物表面形成炭层,作为气相和凝聚相的隔离层,以减少反应过程中物质交换,从而起到了阻燃的作用。由此可见,通过改变燃烧反应的路径可以明显降低放热性反应的发生,达到高聚物阻燃的目的。

以卤系阻燃剂十溴联苯醚为例,如果阻燃剂不含氢,受热时分解出卤素自由基($X\cdot$),与聚合物热分解产物反应生成卤化氢(XH);如果卤系阻燃剂含有氢,则可同样分解出卤化氢。XH 能捕捉燃烧反应中的活性自由基,使燃烧减缓或终止。聚合物燃烧生成的氢自由基和氢氧自由基进行的氧化反应表明,氧消耗在碳氧化合物中,在燃烧化学中起控制速率的作用。

$$H\cdot + O_2 \rightarrow HO\cdot + O\cdot$$

CO 与羟基自由基发生放热反应氧化生成 CO_2:

$$HO\cdot + CO \rightarrow CO_2 + H\cdot$$

卤化氢在火焰中与 $H\cdot$,$O\cdot$ 及 $OH\cdot$ 反应,生成次级卤素自由基:

$$H\cdot + XH \rightarrow H_2 + X\cdot$$
$$O\cdot + XH \rightarrow OH\cdot + X\cdot$$
$$OH\cdot + XH \rightarrow H_2O + X\cdot$$

火焰中的碳氢化合物由于氢转移,与活性卤素自由基反应,则生成 XH:

$$RH + X\cdot \rightarrow R\cdot + XH$$

由于卤化氢使燃烧链反应总速率的降低和自由基间碰撞的终止作用,火焰的放热及向聚合物的传热减少,低于维持燃烧的最低限度时,火焰因燃料缺乏及 XH 覆盖材料表面,稀释空气中的氧而熄灭。

磷系阻燃剂添加到聚合物中,在燃烧火焰中同样有很好的阻燃性。如磷酸三苯酯和三烷基磷氧化物在火焰中分解成小分子组分如 P、PO、PO_2 和 HPO_2,这些组分与体系中的氢原子相互作用,减缓了燃烧链的反应进程。该反应过程可表达为

$$H_3PO_4 \rightarrow HPO_2 + PO \cdot + PO_2$$
$$PO \cdot + H \cdot \rightarrow HPO$$
$$HPO + H \cdot \rightarrow H_2 + PO \cdot$$
$$PO \cdot + OH \cdot \rightarrow HPO + O \cdot$$

添加有三苯基氧化磷的聚合物,其热分解产物经质谱分析,证实有 PO·自由基的存在。

1.3.2.2 物理作用

由于热容和气相中的吸热分解作用,气相阻燃机理并不都是由化学作用实现的,也存在物理作用。Larsen 讨论了关于卤化氢气相阻燃的物理作用。这包括高密度卤化物蒸气的稀释、覆盖作用、微粒表面效应降低火焰能量。比如磷催化纤维发生脱水或炭化,释放出的水即为非燃烧气体,它可以对可燃气体进行稀释,从而达到阻燃目的。而且,高热容的水蒸气还会通过吸热降低燃烧温度,这种物理阻燃作用是十分有效的。

在软质聚氨酯泡沫中添加氯烷基磷酸酯,它既不能产生成炭作用,也不能产生化学反应。但它可以通过气化吸热对火焰起作用,有效地降低聚合物温度和分解速率,达到物理阻燃的目的。

综上,物理作用主要表现在三个方面:首先是对易燃高聚物降温,阻燃剂中一些反应介质在低于聚合物燃烧温度时分解,过程中通过吸热消耗热量来降低燃烧体系的温度,实现阻燃的目的;其次是对可燃物质的稀释,有些阻燃剂在分解过程中产生惰性气体(H_2O、CO_2、NH_3、N_2 等),可燃性气体被上述惰性气体稀释,起到阻燃的作用;除此之外,一些阻燃剂在燃烧和热降解过程中形成气体或固体的保护层,使可挥发性可燃气体与氧气隔离,大大地降低了它们与氧气接触的机会,从而起到阻燃作用。

1.3.3 协效阻燃机理

在聚合物阻燃体系中,为提高阻燃效率,经常采用一种阻燃剂与另一种协效剂并用,这种由两种或两种以上组分组成的阻燃体系称为协效阻燃体系。协效剂本身不一定是阻燃剂,它只有在与阻燃剂并用时才具有一定的阻燃性。协效体系的阻燃作用,往往大于由单一组分所产生的阻燃作用之和,故也常称为协同效应(SE)。

协同效应在大多数情况下可以根据具有最佳阻燃效率(EFF)的协效体系所得结果计算得出。而在某些协效体系中的协效阻燃作用可能会降低甚至消失,如磷衍生物和腈类物质并用。因此,SE 值与协效体系的关系十分复杂,不具有普遍性。尽管如此,由于 SE 值表示的是最佳协效作用条件下的协同效应,所以在生产实践中常用来做参考。

(1)卤-锑协效作用

卤-锑协效体系的作用涉及固相阻燃及气相阻燃。此体系阻燃的聚合物热裂解时,首先是由于含卤化合物自身分解或它与 Sb_2O_3 或聚合物作用释出 HX,后者又与 Sb_2O_3 反应生成 SbOX。虽然在材料热裂解的第一阶段生成了一定量的 SbX_3,但材料的质量损失情况说明也形成了挥发性较低的含锑化合物,它可能是由于 Sb_2O_3 卤化得到的。生成的 SbOX 又可在很宽的温度范围内吸热分解:在 $245\sim280$℃时,SbOX 分解为 $Sb_4O_5X_2$;在 $410\sim475$℃时,$Sb_4O_5X_2$ 继续分解为 Sb_3O_4X;当温度大于 685℃时,固体 Sb_2O_3 被汽化。

在此过程中,气态的 SbX_3 逸至气相中,而 SbOX 则保留在凝聚相中,促进 C—X 链的断裂。在用氯化物处理的纤维素织物中加入 Sb_2O_3 可降低成炭温度。在用脂肪族含氯化合物得克隆处理的聚烯烃中加入 Sb_2O_3,可显著提高成炭率。

Sb_2O_3 的主要作用通过气相阻燃机理实现,卤化锑进入气相后,与原子氢反应,生成 HX、SbX、SbX_2 和 Sb,Sb 又与原子氧、水和羟基自由基反应,生成 SbOH 和 SbO,而此两者可捕获气相中的氢原子。此外,Sb_2O_3 也可与水反应,生成 SbOH。并且很好分散于火焰中的固体 SbO 和 Sb 可催化氢自由基化合。另外 Sb_2O_3

的存在会因延迟卤素逸出而增加其在火焰中的浓度,同时可稀释可燃性气体。

卤-锑协效作用最早应用于纤维素中的阻燃,采用氯化石蜡和 Sb_2O_3。现在,该体系已广泛用于聚酯、聚酰胺、聚烯烃、聚氨酯、聚丙烯腈及聚苯乙烯等聚合物。

氯-锑协效体系的阻燃机理是在高温下三氧化二锑能与氯系阻燃剂分解生成的氯化氢反应生成三氯化锑或氯氧化锑,而氯氧化锑又可在很宽的温度范围内继续分解为三氯化锑,反应式为

$$Sb_2O_3(s) + 6HCl(g) \longrightarrow 2SbCl_3(g) + 3H_2O$$

$$Sb_2O_3(s) + 2HCl(g) \xrightarrow{250℃} 2SbOCl(s) + H_2O$$

$$5SbOCl(s) \xrightarrow{245 \sim 280℃} Sb_4O_5Cl_2(s) + SbCl_3(g)$$

$$4Sb_4O_5Cl_2(s) \xrightarrow{410 \sim 475℃} 5Sb_3O_4Cl(s) + SbCl_3(g)$$

$$3Sb_3O_4Cl(s) \xrightarrow{475 \sim 565℃} 4Sb_2O_3(s) + SbCl_3(g)$$

氯-锑体系协同效应主要来自三氯化锑,这是由于密度大的三氯化锑蒸气能较长时间停留在燃烧区,具有稀释和覆盖作用;氯氧化锑的分解为吸热反应,可有效地降低阻燃材料的温度和分解速率;液态及固态三氯化锑微粒的表面效应可降低火焰能量;三氯化锑能促进固相及液相的成炭反应,而相对减缓生成可燃气体的聚合物的热分解和氧化分解,且生成的炭层可阻止可燃气体进入火焰区,并保护下层材料免遭破坏。

三氯化锑在燃烧区内可按如下过程与气相中的自由基反应,改变气相中的反应方式,减少反应放热量而使火焰淬灭。

$$SbCl_3 + H \cdot \rightarrow HCl + SbCl_2 \cdot$$

$$SbCl_3 \rightarrow Cl \cdot + SbCl_2 \cdot$$

$$SbCl_3 + CH_3 \cdot \rightarrow CH_3Cl + SbCl_2 \cdot$$

$$SbCl_2 \cdot + H \cdot \rightarrow SbCl + HCl$$

$$SbCl_2 \cdot + CH_3 \cdot \rightarrow CH_3Cl \cdot + SbCl \cdot$$

$$SbCl \cdot + H \cdot \rightarrow Sb + HCl$$

$$SbCl \cdot + CH_3 \cdot \rightarrow Sb + CH_3Cl$$

同时，三氯化锑的分解也缓慢地放出氯自由基，后者又按下面反应与气相中的自由基（如 H·）结合，因而能较久地维持阻燃功能。

$$Cl· + CH_3· \rightarrow CH_3Cl$$
$$Cl· + H· \rightarrow HCl$$
$$Cl· + HO_2· \rightarrow HCl + O_2$$
$$HCl + H· \rightarrow H_2 + Cl·$$
$$Cl· + Cl· + M \rightarrow Cl_2 + M$$
$$Cl_2 + CH_3· \rightarrow CH_3Cl + Cl·$$

反应式中的 M 是吸收能量的物质。

最后，在燃烧区中，氧自由基可与锑反应生成氧化锑，后者可捕获气相中的 H· 及 OH· 生成水，也有助于使燃烧停止和火焰自熄，反应式为

$$Sb + O· + M \rightarrow SbO· + M$$
$$SbO· + H· \rightarrow SbOH$$
$$SbOH + OH· \rightarrow SbO· + H_2O$$

综上，氯-锑协效体系的阻燃主要在气相进行，但也兼具固相阻燃作用。

聚乙烯中添加十溴二苯醚及 Sb_2O_3 时，在熔融高温条件下，溴-锑反应多在固相中进行，并生成表面隔离层，从而遏制熔体流，缩小被氧化表面积，进而延缓可燃气体的释放。热解的中间体有机胺溴氢化物及黄色的三溴化锑配合物是有效的阻燃剂，如对十溴二苯醚、Sb_2O_3 在尼龙 11 中的研究表明，氮参与了溴-锑体系的协效作用。

（2）卤-磷协效作用

在聚丙烯腈（PAN）中加入不同比例的聚磷酸铵（APP）与六溴环十二烷（HBCD）有协效作用，后者在体系中是一种起泡剂，APP 则作为成炭剂，该体系的 SE 值为 1.55。这是膨胀型阻燃剂按固相阻燃方式进行阻燃的。这种情况在含有溴和磷的聚醚型聚氨酯软泡中，也发现溴能促进泡沫成炭作用。

聚对苯二甲酸乙二醇酯(PET)与聚碳酸酯(PC)共混物中,添加磷酸三苯酯(TPP)与含溴聚碳酸酯混合物,计算出的 SE 值为1.38。当用溴原子与磷原子比为 7:3 的含溴磷酸酯阻燃 PET/PC 共混物时,其 SE 值达 1.58。实验表明,溴-磷阻燃体系不仅能捕获自由基,延缓燃烧链反应进行,还具有膨胀成炭能力。溴-磷协效作用在 PC/PBT 共混体系中也有类似结果。

磷化物可以取代锑作为一种卤素协效剂。以磷-溴体系阻燃的含氧聚合物,如尼龙 6 和 PET 中,其协效作用更为明显。并且对于 PET 来说,与常规的溴、磷添加剂相比,溴和磷添加剂的总量会降低 90%。在聚对苯甲酸丁二醇酯(PBT)、PP、PS、耐冲击性聚苯乙烯(HIPS)和丙烯腈-丁二烯-苯乙烯(ABS)中,溴-磷协效体系同样有协效作用。对于 PE,其降低量会达到总量的 40%。在同 1,2-烷基 4-羟基-3,5-二溴苯甲基磷酸酯分子中同时存在溴、磷原子时,也具有协效效应,并已成为在 ABS 中应用的一种阻燃剂。以不同含量的三溴苯基丙烯酸酯及磷酸三苯酯阻燃并经紫外线辐射交联的酰化聚氨酯,也可得到类似的协同效果。当溴、磷比为 2.0 时,其协效作用最大。

卤-磷体系中加入氧化锑时,卤-磷及卤-锑间没有协效作用,还呈现对抗作用。如以含卤及磷的阻燃剂处理 PE,添加 Sb_2O_3 并不能提高阻燃效率。

(3)溴-氨协效作用

用 NH_4Br 阻燃 PP 时,其阻燃效果特别好,单位溴提供的氧指数,即 LOI/Br 高达 1.24,而采用脂肪族溴化物,此值仅为 0.6。其原因可能是由于 NH_4Br 分解为 HBr 和 NH_3 的能量远低于C—Br 键解离能之故。在 320℃ 时,NH_4Br 的分解率达到38.7%,于是当 PP 降解时,有相当多的 HBr 可用来阻燃。然而,HBr 和 NH_3 在气相中的协效可能性是不能忽视的,因为两者同时产生,同时进入火焰之中,HBr 基本上是作为自由基捕捉剂来发挥作用的。

（4）溴-氯协效作用

溴衍生物与氯衍生物之间具有协效作用，如在 Sb_2O_3 存在的条件下，氯化石蜡及五溴甲苯混合物存有协效作用。在多数情况下，当 Br/Cl 比为 $1：1$，且溴氯总含量为 $10\%\sim12\%$ 时，协效作用最佳。以得克隆/51％溴代环氧树脂/5％ Sb_2O_3 体系阻燃 ABS 时，其 EFF 值及 SE 值分别为 0.8 和 1.67。这个协效体系只有在 Sb_2O_3 存在条件下，而且当 Sb_2O_3 的含量为 6％时，才有最好的协效作用。

对聚溴乙烯 PVB 与聚氯乙烯 PVC 及 Sb_2O_3 混合物进行热裂解分析，热裂解产物中 HCl 与 HBr 的浓度都相当高，但与 $SbBr_3$ 相比，$SbCl_3$ 的浓度很低，这说明 HCl 与 Sb_2O_3 的反应比 HBr 与 Sb_2O_3 反应慢得多，这与 HCl 比较高的稳定性及低的反应活性有关。溴-氯协同作用可能是通过溴-锑路线产生的。所以不含锑的溴-氯体系阻燃几乎未见报道。此外，Br · 及 Cl · 不仅可以生成 Br_2 和 Cl_2，还可以生成 BrCl，而 BrCl 有极性，反应活性高，可以与 H · 反应生成 HBr 和 Cl ·，有助于提高阻燃效率。这也就是含溴化物及氯化物的阻燃配方比只含溴化物的阻燃配方阻燃性要好的主要原因。

目前，Br—Cl 协效体系只用于少数聚合物，但是，溴化物及氯化物的化学结构、稳定性、浓度、在配方中的比例及 Sb_2O_3 或其他协效剂的用量，对不同聚合物阻燃协效作用有着深远影响，并为研究协效问题开辟了新的领域。

1.4 阻燃剂的发展趋势

随着高分子材料的迅速发展，"绿色-环保"意识的提高和可持续发展理念的推广，使得新型绿色环保产业革命飞速发展，其理念是从源头上控制和预防污染，对废物进行循环利用，最后生产出环境友好型产品。这种绿色产品浪潮对传统的阻燃材料提出了挑战,特别是以多溴二苯醚为代表的卤素阻燃剂因毒性和腐蚀性问题受到严峻挑战。20 世纪 90 年代以来,阻燃材料的无卤素化呼声很高,围绕阻燃材料的生产、应用、加工等环境和后处理的影响的综合性评价引起广泛重视,新的阻燃体系的开发和应用得到发展。

1.4.1　绿色阻燃技术

绿色阻燃技术是伴随着绿色化学的形成而发展的。在国内以绿色化学和技术为基础开发的阻燃材料称为绿色阻燃材料、清洁阻燃材料或生态型阻燃材料,绿色阻燃技术是以最先进的绿色化学和阻燃技术为基础,在阻燃材料及成品设计、原料选择、制造工艺以及废弃物处理等各个环节,对人类和环境友好,尽可能利用可再生资源或可以循环使用的材料,在确保材料有足够的消防安全的前提下,以最低的资源和环境代价制造阻燃材料。其目标是最大限度地使用已有成熟技术,实现阻燃材料最低毒性、最低生烟量和全过程无环境污染。

近年来,以三聚氰胺氰尿酸盐作为阻燃剂的阻燃尼龙增长迅速,这是因为这种阻燃体系不仅有优良的阻燃等综合性能,且是绿色环保的阻燃材料,主要体现在:

①三聚氰胺氰尿酸盐阻燃尼龙的废弃物可采用焚烧或填埋处理,处理过程安全,对环境无不良影响。

②三聚氰胺氰尿酸盐阻燃尼龙在燃烧过程中或废品在焚烧处理时,其发烟量和有毒有害物质产生的量与纯尼龙相当。

③三聚氰胺氰尿酸盐只含有氮、炭、氢和氧,不含卤素和磷。本身低毒,无腐蚀,不溶于水,对人体和其他动植物几乎无毒害。

④绿色的阻燃剂生产工艺。三聚氰胺氰尿酸盐可以采用水作为介质合成,反应条件温和,且介质能循环使用,或采用无溶剂的同相反应合成。

⑤加工使用安全。三聚氰胺氰尿酸盐分解温度在 350℃以

上,加工过程很稳定,不分解。此外,三聚氰胺氰尿酸盐可以制作成母料使用,加工使用方便。

⑥三聚氰胺氰尿酸盐阻燃尼龙可以多次重复使用。如果将其废品填埋,三聚氰胺氰尿酸盐可以在自然环境下,经微生物等作用后,转化为含氮的化肥,对环境无不良影响。

就现有技术而言,绿色阻燃材料可以通过无卤素阻燃技术、膨胀阻燃技术、催化阻燃技术、接枝和交联阻燃技术、无机阻燃技术、纳米阻燃技术等制备。

1.4.2　绿色阻燃剂

在阻燃领域,人们越来越重视绿色环保产业理念的推广和应用,表现出对阻燃剂及相关产品要求的提高。首先,要求阻燃剂本身具有高效、添加量少、低毒、低烟的特点;其次,添加阻燃剂后不影响材料本身的机械性能和加工性能,而且还要具备某些特定的使用功能,如屏蔽功能、抗静电功能、耐热性和导电性及耐辐射等。

1.4.2.1　绿色无机阻燃剂

近年来,随着人们对材料绿色环保要求的提高,无机化合物,特别是氢氧化铝、氢氧化镁和无机硼化合物在阻燃材料中的应用增长迅速。但欧盟 REACH(《化学品注册、评估、许可和限制》)指令中的一些无机硼化合物如硼酸钠等被限制使用,因此新型硼化合物的阻燃剂开发要慎重。

由于氢氧化物等无机物是强极性材料,将其作为阻燃剂填充到聚烯烃中,将导致聚烯烃材料的电性能,如介质损耗和相对介电常数极度恶化,而这些性能对阻燃电线电缆尤其重要,甚至还可能影响到其他应用性能。

采用接枝的方法,在聚烯烃分子链上引入极性基团如羧酸基团、酸酐基团和羟基等,从而改善聚合物与无机物之间的相容性,使应力在聚合物基体和填料间有效传递,从而改善材料的电性能等。

1.4.2.2 有机硅阻燃剂

近年来,有机硅试剂在有机反应中表现出许多特异的性能。在阻燃领域也不例外。有机硅化合物或聚合物具有高效、无毒、低烟、无熔滴、无污染的特点,在众多的非卤阻燃体系中,硅化合物正异军突起,在阻燃家族中备受青睐。常见的有硅油、硅烷偶联剂、硅树脂、硅橡胶、有机硅烷醇酰胺、聚硅氧烷、硅树脂微粉、有机硅粉末等。作为阻燃体系的加工助剂,有机硅降低了挤出加工时的扭矩,同时是一种良好的分散剂,提高了阻燃剂在高分子材料中的分散性,使得材料的力学性能降低较少;此外,有机硅具有优异的热稳定性,这取决于由构成其分子主链的—Si—O—键的性质。

在高分子材料中加入硅系阻燃剂,在阻燃的同时,还能使其具有良好的加工性能以及力学性能,尤其是低温冲击强度;硅系阻燃剂具有低烟、低 CO 生成的特点,是环境友好型阻燃剂,符合阻燃发展的要求。

硅系阻燃剂可分为有机及无机两大类。

①有机硅系阻燃剂包括硅油、硅树脂、硅橡胶及多种硅氧烷共聚物,目前有机硅氧烷共聚物发展最为迅速。

②无机硅系阻燃剂主要有硅酸盐(如蒙脱土)、硅胶、滑石粉等。

无机硅阻燃更多的创新在于组合技术,Li Y. C. 等利用逐层交替沉积法技术在棉织物上包覆很薄的黏土/聚合物纳米复合涂层,并证明了其阻燃性能得到了加强。纳米二氧化硅和多面体低聚硅倍半氧烷(POSS),也被用于阻燃性纳米涂层组装。这些涂料虽然改进了火焰传播行为,但因其只是在表面构建了一层阻燃屏障,所以并没有真正阻止织物燃烧,而且因其被动性,涂料也并没有完全阻燃,不能使面料自熄。

（1）硅系阻燃机理

硅系阻燃剂最重要的阻燃途径是通过增强炭层阻隔性能来实现，即形成覆盖于表面的炭层，或增加炭层的厚度、数量或强度。

①增加可燃性气体的溢出难度。

②使燃烧时的热量反馈受到抑制。

③炭层还起到降低烟气浓度的作用。

此外，有一类本质阻燃聚合物有别于"添加型"和"反应型"阻燃剂，它们因自身特殊的化学结构而具有阻燃性，不需要改性和阻燃处理。

（2）有机硅氧烷类阻燃剂

硅是地球上较为丰富的元素，其在地表含量达 23％，资源丰富，并且随着环保呼声的日益高涨，该类阻燃剂也将是今后阻燃剂研究与开发的主要趋势之一。

聚硅氧烷具有燃烧时发热量低、烟雾少和毒性低等优点。日本三菱瓦斯化学公司在使用经苯基烷基封端的聚二甲基硅氧烷制备有机硅阻燃剂方面做了大量的工作，成功地合成了一系列含聚硅氧烷链段的阻燃剂，并申请了多项专利。在这些阻燃剂中，分子结构中一般包括以下两部分：

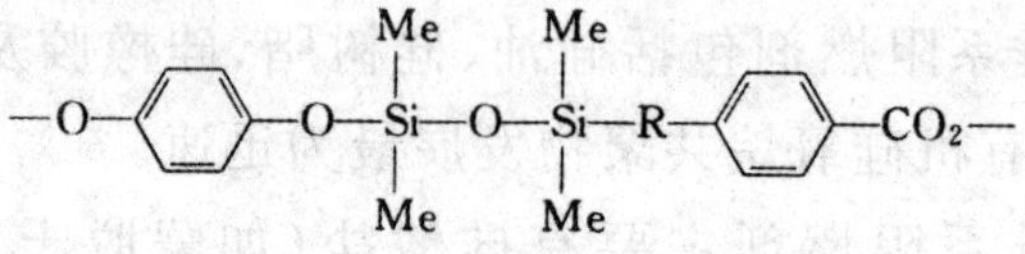

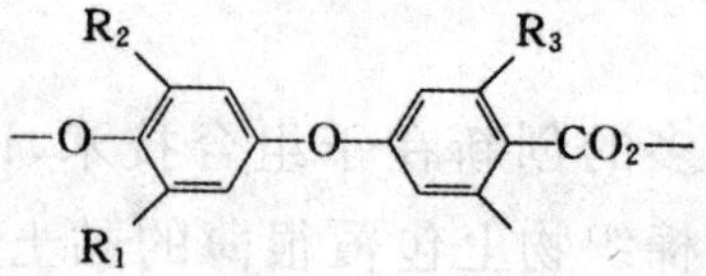

该类阻燃剂具有良好的阻燃性、耐热性、透明性和低温冲击强度。

（3）聚硅氧烷系阻燃剂

XC 99-B5654 是带有芳香基、含支链结构的特种聚硅氧烷，是一种新型聚硅氧烷系阻燃剂，产品为颗粒状，软化点为 85～

105℃,XC 99-B5654 的突出特点在于其分子结构经过科学设计,达到了最佳水平。与聚甲基硅氧烷相比,它在树脂 PC 中有良好的分散性,对 PC、PC/ABS 合金不但具有高效阻燃性,而且能大幅度提高阻燃材料的冲击强度,同时,材料的耐热性、成型性以及再循环加工性俱佳。XG 99-B5654 分子结构为

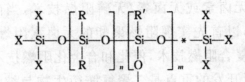

(X:官能端基,控制反应性)

1.4.3 阻燃剂的未来展望

1.4.3.1 逐步向无卤化方向发展

卤系阻燃剂是应用最广的一类阻燃剂[37],虽然该类阻燃剂阻燃性能优异,但是大量的研究和实际应用表明,卤素和磷在燃烧过程中产生大量有毒、腐蚀性气体的烟,特别是产生致癌物质二噁英,并且在燃烧过程中容易产生熔滴现象,对人体健康和生产带来了巨大的安全隐患[38]。因此,理想的绿色阻燃产品应不含卤素和磷,研发无卤环保型阻燃剂来代替卤系阻燃剂已经成为阻燃剂领域发展的趋势。

在无卤素、无磷的阻燃材料开发中,人们已经取得了可喜的进展和实质性的应用,最经济的绿色环保阻燃剂是无机阻燃剂,特别是氢氧化铝和氢氧化镁;高效的环保阻燃剂,如三聚氰胺氰尿酸盐阻燃尼龙,是现今具有代表性的绿色阻燃材料。但在现有技术基础上,所有阻燃材料都采用无卤素、无磷的阻燃体系不容易实现,且在一些阻燃等级要求高的场所,无卤素、无磷的阻燃体系并不能满足需要。

在这一技术领域,开发方向如下。

①利用现代化学合成技术,合成特殊晶型的无机阻燃剂,如

特殊晶须的氢氧化镁等。

②聚烯烃的无卤素阻燃技术，重点在磷-氮型膨胀阻燃体系，双功能的阻燃-光热稳定体系，以及催化成炭阻燃技术的应用。

③尼龙的无卤素、无磷阻燃技术，在无填充、不增强阻燃尼龙中，三聚氰胺衍生物的应用获得成功。

④聚酯的无卤素或无卤素/无磷阻燃技术，当前可以开发高稳定性磷酸酯，以首先实现阻燃聚酯的无卤素阻燃，技术突破在纳米无机材料复合阻燃技术，催化和合金化阻燃技术方面。

因此，今后开发的重点是三聚氰胺衍生物与纳米无机材料的复合阻燃技术，以取得在填充、增强阻燃尼龙中的应用。

1.4.3.2　向微胶囊化、超细化、纳米化方向发展

阻燃材料在聚合物中使用时，由于阻燃材料颗粒太大、填充量大等原因使聚合物材料出现力学性能、加工性能都大幅度下降的问题。因此，将阻燃剂微胶囊化、超细化和纳米化来提高与基体材料之间的相容性和阻燃性能是阻燃领域研究的热点。聚合物/纳米复合材料是近几年开发的新型阻燃材料。研究表明[39-40]，这类材料既具有无机材料的高稳定性、高强度和硬度，又具备聚合物材料的高柔性、易加工性，同时还具有纳米复合材料特殊的电学、力学、光学等性质，使得纳米粒子和聚合物材料的相容性得到了较大提高，能够保持甚至改善聚合物本身的理化性能。作为阻燃材料，聚合物/无机纳米复合材料不但具有良好的阻燃性能，并且还有抑烟、低毒和抗熔滴等优点，因此，已经迅速成为阻燃材料制备技术发展的一个新方向。

第2章　阻燃剂的性能与应用

自第一种阻燃剂研发至今,世界阻燃剂领域一直都保持着欣欣向荣的发展态势。现在已有超过数百个不同的阻燃剂品种,而且随着阻燃技术的不断进步,还会涌现出越来越多新品种。按照不同的划分标准,阻燃剂有多种分类方法。根据添加阻燃剂的方式可将阻燃剂分为添加型阻燃剂和反应型阻燃剂两种,以添加型阻燃剂数量居多;若以有机、无机类别划分,又可将阻燃剂分为有机阻燃剂和无机阻燃剂两大类。本章主要以元素种类划分,将阻燃剂分为卤系、磷系、镁系、硼系等。

无机阻燃剂具有热稳定性好,不挥发,在燃烧过程中不产生有毒或腐蚀性气体等优点,使得它们越来越受到世界各国的普遍重视。1984年,日本无机阻燃剂消费量占阻燃剂总消费量的64%以上。1985年,美国无机阻燃剂消费量占阻燃剂总消费量的55%以上。这种比例在工业发达国家近年来仍呈上升趋势。我国无机阻燃剂的矿产资源极其丰富。如锑的储量占世界总储量的48.2%,钼、硼、镁的资源也比较丰富。丰富的矿产资源为我国的无机阻燃剂工业的发展创造了有利的条件。

2.1　溴系阻燃剂

2.1.1　溴系阻燃剂概况

2.1.1.1　卤系阻燃剂的种类与特点

卤系阻燃剂是在低于聚合物降解温度或在降解温度范围内

产生卤化物和卤素的自由基起阻燃作用的阻燃剂[26]。该类阻燃剂具有阻燃效果好、用量少和生产成本低等优点，被广泛应用于PS、PP、PE、ABS 和 PC 等高分子材料中[27-29]。卤系阻燃剂的种类多达 70 多种，其中氯系脂肪族与脂环族化合物复配的阻燃剂效果较好。含氯量高达 70% 的氯化石蜡应用于聚烯烃类聚合物中表现出良好的阻燃性能。同属于卤系阻燃剂范畴的溴系阻燃剂在保持材料较好的物理性能的同时，还可维持比较高的热变形温度，其中四溴双酚 A、十溴二苯醚、十溴二苯乙烷等溴系阻燃剂应用最为广泛[30-31]。

尽管卤系阻燃剂由于阻燃效率高和价格低廉等优点而得以广泛应用，但自身却有着致命的缺陷——燃烧时释放有毒气体并且伴有浓烟，对人体健康造成极大的危害。该类阻燃剂燃烧释放出的卤化氢会使人窒息，这是火灾伤亡的主要原因[32]。据统计，火灾死亡事故中有 80% 左右是由于有毒气体和烟窒息导致的，欧盟已经限制了卤系阻燃剂的应用范围。

2.1.1.2　溴系阻燃剂的阻燃机理

卤系阻燃剂在高温受热分解时会释放出大量卤素自由基 $Cl \cdot$ 和 $Br \cdot$。这些自由基首先迅速捕捉由易燃高聚物分解产生的可维持燃烧所需的 $H \cdot$ 和 $OH \cdot$，并与之形成卤化氢。后者再与 $H \cdot$ 和 $OH \cdot$ 结合生成氢气、水和卤素自由基，以减少自由基的数量，终止自由基链式反应，实现阻燃的目的。

对于溴系阻燃剂，其阻燃作用主要在气相中进行，并主要通过溴-锑协同效应发挥优异的阻燃作用。

①自由基捕捉。溴系阻燃剂受热分解过程中，溴成分能够捕捉燃烧链式反应过程中的活性自由基（如 $OH \cdot$，$O \cdot$，$H \cdot$），生成燃烧惰性物质，致使燃烧减缓或中止。

②隔氧。无论是溴化锑还是 HBr 均为密度较大的气体，且难燃，它不仅能稀释空气中的氧，还能覆盖于材料的表面，隔绝空气，致使材料的燃烧速度降低或自熄。

③吸热。卤-锑协同体系在燃烧过程中生成的卤氧化锑可在很宽的温度范围内按三步吸热反应分解为三卤化锑。另外,在更高温度下固态三氧化二锑可吸热气化,有效地降低聚合物的温度和分解速度。

④成炭。三卤化锑能促进凝聚相的成炭反应,炭层能够覆盖在基材表面,可以降低火焰对基材的热辐射及热传导,减缓聚合物的受热分解,减少气相可燃性物质的产生及逸出并进入火焰区,降低燃烧的强度。

2.1.2　十溴二苯乙烷

十溴二苯乙烷是一种广谱型阻燃剂,可用于 PP、PS、ABS、HIPS、高密度聚乙烯(HDPE)、低密度聚乙烯(LDPE)、热塑性弹性体、热固性环氧树脂等产品中。

十溴二苯醚,简称 DBDPO,含溴量高,有优异的热稳定性。由于其分解温度高于 350℃,与各种高聚物的分解温度匹配,因此能于最佳时刻在气相及凝聚相同时起到阻燃作用,不仅添加量小,且阻燃效果好。但 DBDPO 在燃烧时会产生有毒致癌的多溴代苯并噁英(PBDD)和多溴代二苯并呋喃(PBDF),在一些国家禁用。

十溴二苯乙烷是十溴二苯醚被限制使用后的首选替代品,其与十溴二苯醚的相对分子质量和溴含量相当,因而阻燃性能基本一致,一般可使用十溴二苯醚阻燃的材料也可以用十溴二苯乙烷替代。十溴二苯乙烷的主要性能见表 2-1。

表 2-1　十溴二苯乙烷的主要性能

性能	指标数值	性能	指标数值
外观	白色或淡黄色粉末	密度/(g/cm³)	3.25
相对分子质量	971.31	溶解性	微溶于醇、醚,室温下水中溶解度为 0.72μg/L
理论溴含量/%	82.3		
熔点/℃	357	离解常数(辛醇/水)	3.2
蒸气压(20℃)/Pa	10^{-4}		

2.1.2.1 十溴二苯乙烷的合成

十溴二苯乙烷由 1,2-二苯乙烷溴代反应合成,其反应式为

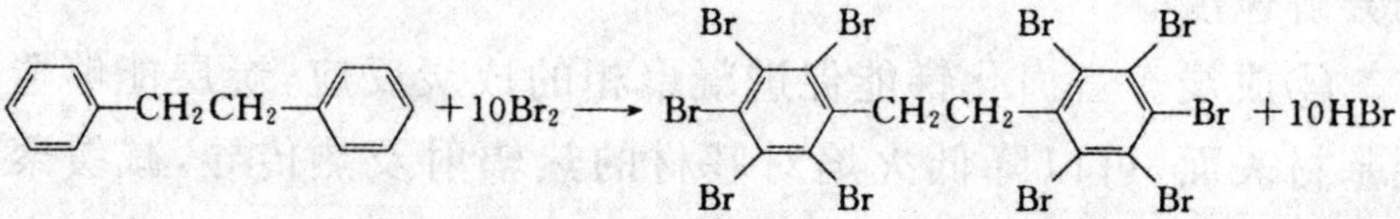

十溴二苯乙烷合成的关键是 1,2-二苯乙烷的合成。

1,2-二苯乙烷是重要的有机合成中间体,主要性能见表 2-2。

表 2-2　1,2-二苯乙烷的主要性能

性能	指标数值
外观	白色针状或片状晶体
熔点/℃	51 ± 1
相对分子质量	182.15
溶解性能	易溶于氯仿、醚、乙醇、二硫化碳和乙酸戊酯,几乎不溶于水

1,2-二苯乙烷的合成方法有如下几种。

(1)Friedel Crafts 烷基化反应

该路线的原料为苯和二氯乙烷,原料充足易得,但由于使用三氯化铝为催化剂,因此反应必须在无水条件下操作,且副反应生成的多烷基产物多,分离精制难度大。其反应式为

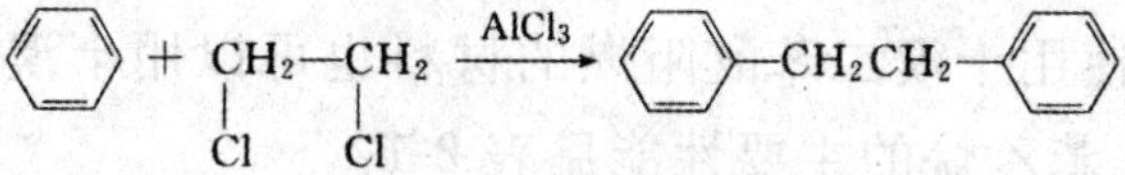

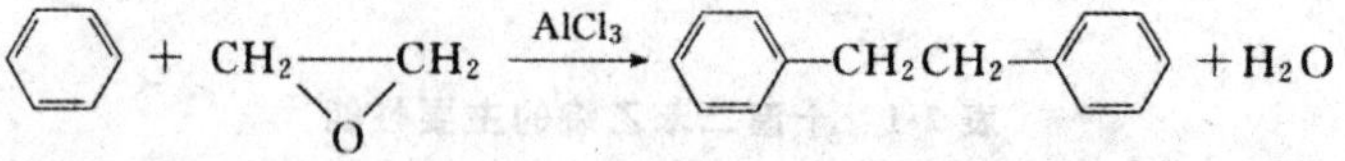

(2)格氏试剂偶联法

其反应式为

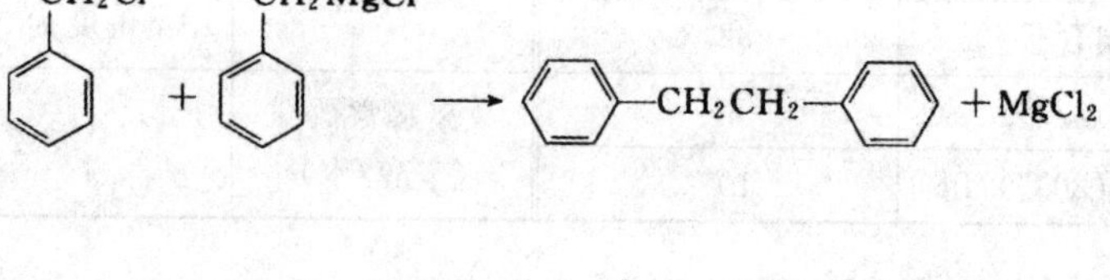

(3)苯偶姻还原法

该路线以苯甲醛原料,在 $TiCl_4/Zn$ 催化剂作用下首先合成 1,2-二苯乙烯,然后再经过加氢反应生成 1,2-二苯乙烷。该方法的缺点是工艺路线较长、生产成本高。其反应式为

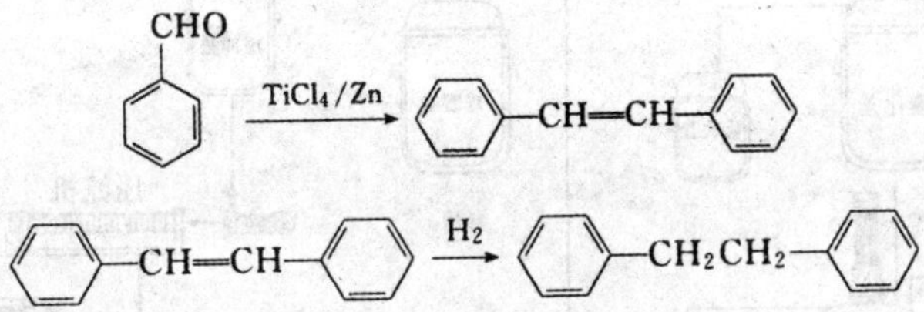

(4)金属偶姻法

该路线以氯化苄为原料,铁粉为催化剂,具有反应温和、原料易得等特点。其反应式为

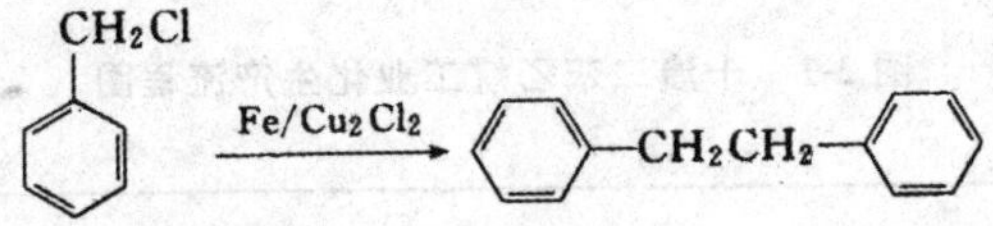

(5)苯甲醛还原法

该路线由日本三菱化成公司开发,采用 Pd/C 催化剂经过醛醛缩合中间体后直接还原得到 1,2-二苯乙烷。

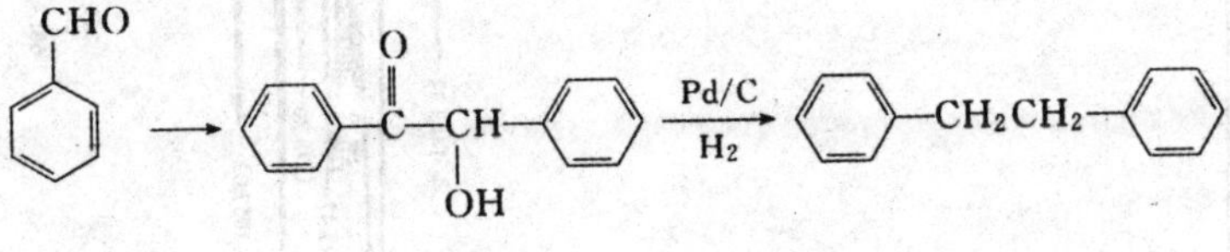

2.1.2.2 十溴二苯乙烷的工业化生产流程

十溴二苯乙烷的工业化生产流程图如图 2-1 所示。

2.1.2.3 十溴二苯乙烷的结构与性能

(1)十溴二苯乙烷的红外光谱分析

如图 2-2 所示为十溴二苯乙烷的红外光谱图。

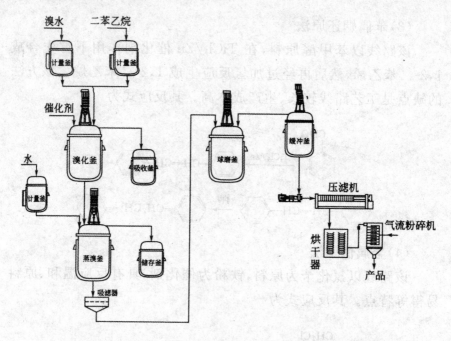

图 2-1 十溴二苯乙烷工业化生产流程图

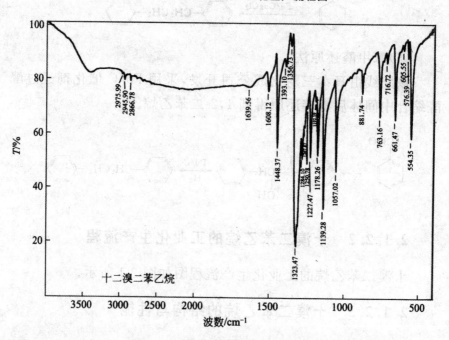

图 2-2 十溴二苯乙烷的红外光谱图

（2）十溴二苯乙烷的热失重分析

如图 2-3 所示，十溴二苯乙烷有优良的热稳定性，完全可以满足 HIPS、ABS、PBT 和聚烯烃的加工要求。

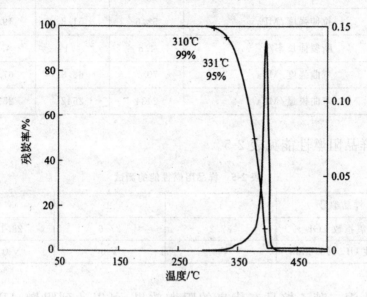

图 2-3　十溴二苯乙烷 TGA 图

2.1.2.4　十溴二苯乙烷在 ABS 中的应用

将十溴二苯乙烷应用于阻燃 ABS 中，按照表 2-3 内配方进行配料，通过螺杆熔融挤出造粒，并注射成样条进行测定。

表 2-3　十溴二苯乙烷（DBDPE）用于 ABS 阻燃的配方（质量份）

样品编号	1	2	3
ABS	81.3	78	75.4
阻燃剂名称	DBDPE	DBDPE	DBDPE
阻燃剂用量	12.5	15.0	17.0
Sb_2O_3	4.2	5.0	5.6
抗氧化剂	1.0	1.0	1.0
偶联剂	1.0	1.0	1.0

注：样品的阻燃剂与 Sb_2O_3 的比例为 3∶1。

样品物理机械性能见表 2-4。

表 2-4 样品机械性能的测试

样品编号	1	2	3
悬臂梁式带 V 形缺口抗冲强度/(J/m)	35.3	33.3	32.5
拉伸强度/MPa	52.6	51.3	49.9
断裂伸长率/%	4.8	4.1	4.0
弯曲强度/MPa	70.7	68.8	67.1
弯曲模量/MPa	2434	2542	2534

样品阻燃性能见表 2-5。

表 2-5 样品阻燃性能的测试

样品编号	1	2	3
极限氧指数 LOI/%	27.2	27.6	28.1
阻燃性 UL94(3.2mm)	V-0	V-0	V-0

十溴二苯乙烷具有优良的阻燃效果,可以达到阻燃 ABS 的目的。从阻燃效果、成本和环保综合考虑十溴二苯乙烷是一种性能优良的阻燃剂。

将硅烷偶联剂改性的十溴二苯乙烷/三氧化二锑与改性的蒙脱土共混阻燃聚丙烯,阻烯性能见表 2-6。混合使用的阻燃剂能够改善蒙脱土在聚丙烯中的分散,并提高材料的成炭率,提高材料的极限氧指数和 UL94 级别以及降低热释放速率,体现了阻燃剂之间的协同效应。

表 2-6 十溴二苯乙烷与蒙脱土复合阻燃 PP 的阻燃性能

成分	LOI/%	UL94 级别
PP	18.0	无级别
PP/30%DPDPE/Sb_2O_3	24.3	V-1
PP/5%OMMT	19.1	无级别
PP/5%MMT/30%DPDPE/Sb_2O_3	25.5	V-0

2.1.3　溴化环氧树脂

近年来,由于其他溴系阻燃剂的性能、环境和健康等问题,溴化环氧树脂(BER)在一些领域的应用开始在国内外市场上受到重视。溴化环氧树脂一般是指由四溴双酚 A 合成的环氧树脂,由于具有优良的熔融流动性、较高的阻燃效率、优异的热稳定性和光稳定性,又能赋予被阻燃材料良好的物理机械性能,被广泛地应用于 PBT、PET、ABS、尼龙 66 和 PC/ABS 合金等的阻燃制品中。

2.1.3.1　溴化环氧树脂的分类

溴化环氧树脂可依据端基不同分为 EP 型和 EC 型,EP 型与EC 型相比,前者的耐光性较佳,但溴含量略低,而后者阻燃的ABS 及 HIPS 具有较优的抗冲击强度,EP 和 EC 型溴化环氧树脂结构式见图 2-4。溴化环氧树脂通常按相对分子质量可分为低、中、高三种,相对分子质量范围在 700～60000,各种不同相对分子质量的溴化环氧树脂由于软化温度区间不同而可以应用于不同材料中,并因此影响阻燃塑料的物理机械性能。相对分子质量在700～800 范围的产品为 EP 型结构,主要作为覆铜板黏结剂和封装材料使用;相对分子质量 1400～4000 的产品为 EC 封端型产品,通常适于阻燃 ABS、PC/ABS 合金和 HIPS;相对分子质量在8000～25000 的EP 型产品适用于 PBT,EC 型产品由于其封端结构、端基稳定而适用于尼龙阻燃。

2.1.3.2　合成方法

用于塑料的溴化环氧树脂按相对分子质量大小分为低、中、高三大类。按端基结构又可分为基本(EP)型、封端(EC)型,它们的溴含量都在 50% 以上,基本(EP)型是由四溴双酚 A 与环氧氯丙烷反应合成的产物;而封端(EC)型是在前者基础上,用具有反

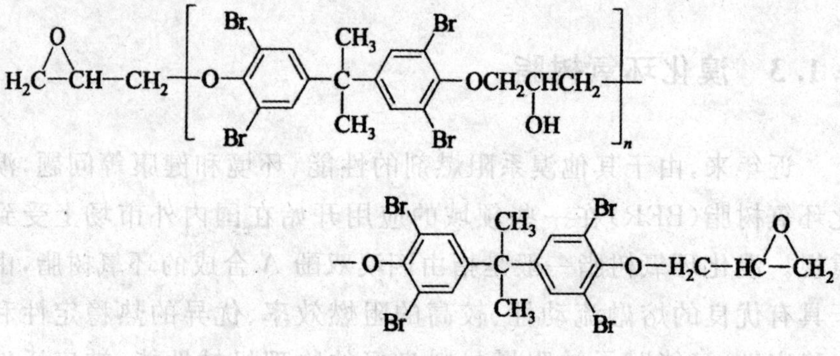

（a）EP型溴化环氧树脂

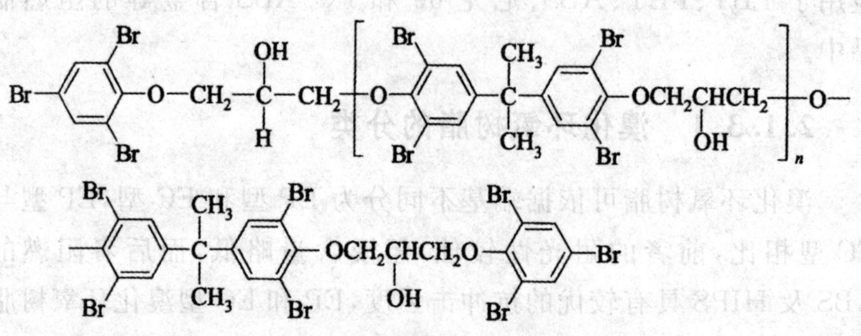

（b）EC型溴化环氧树脂

图 2-4　EP 型和 EC 型溴化环氧树脂的分子结构式

应活性基团的物质对其端基进行封端后的产物，其结构为

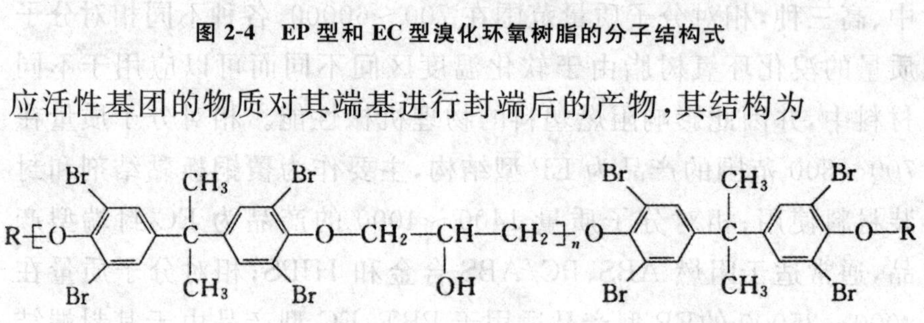

与双酚 A 环氧树脂的合成方法相似，四溴双酚 A 环氧树脂的合成有两种基本方法：一步法和二步法。

（1）一步法

一步法以四溴双酚 A 与环氧氯丙烷为原料，在催化剂和碱的

作用下发生缩合反应而制得,其反应为

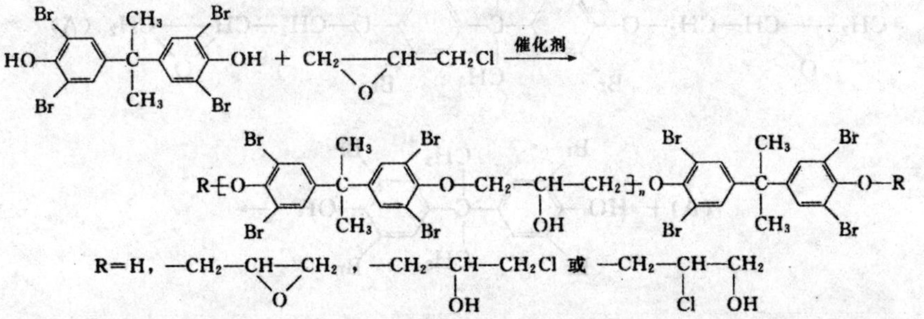

一步法合成工艺简便,反应物配比接近理论用量,因此原料消耗较少,但对原料质量要求高,产品质量较差,颜色较深,相对分子质量分布宽。根据产品质量要求不同,一步法又分为催化剂和碱同时加入和分两步加入两种工艺。催化剂、溶剂、温度及反应时间等工艺条件和加料方式是优选工艺时必须首先考虑的因素。

(2)二步法

二步法合成分两步进行,首先是四溴双酚 A 与环氧氯丙烷经过催化开环和碱性闭环反应生成四溴双酚 A 二缩水甘油醚(即中间体 A),然后中间体 A 再与四溴双酚 A 进行聚合反应得到所需相对分子质量的固体溴化环氧树脂。在二步法合成过程中,第一步的环氧氯丙烷要求大大过量于理论计量的 3～8 倍,这样才能得到纯度较高的四溴双酚 A 二缩水甘油醚(即中间体 A)。如果四溴双酚 A 二缩水甘油醚(即中间体 A)的纯度较低,则下一步的聚合反应所得产物的相对分子质量分布很宽,相对分子质量的提高也很困难。二步法合成的反应为

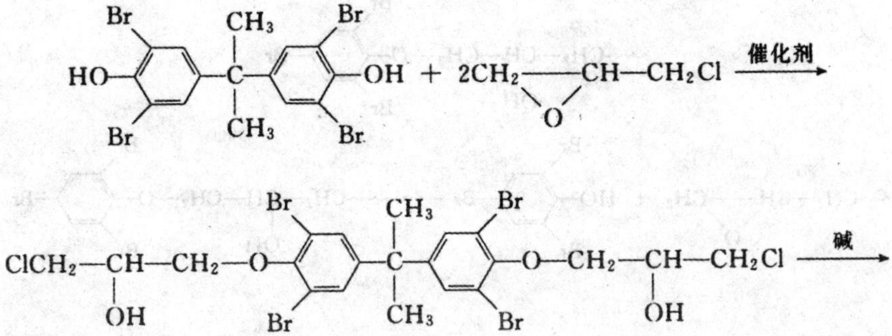

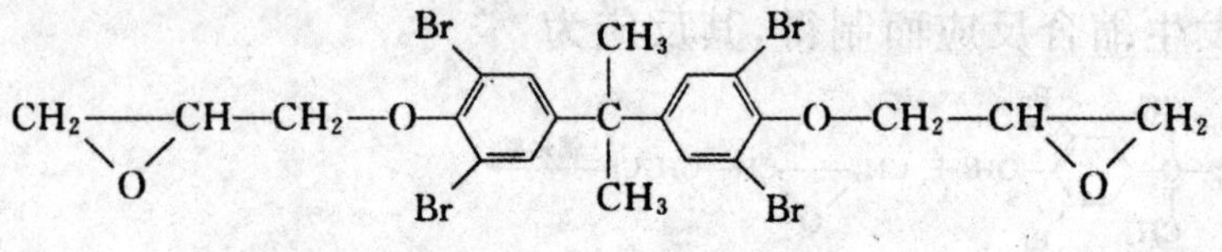

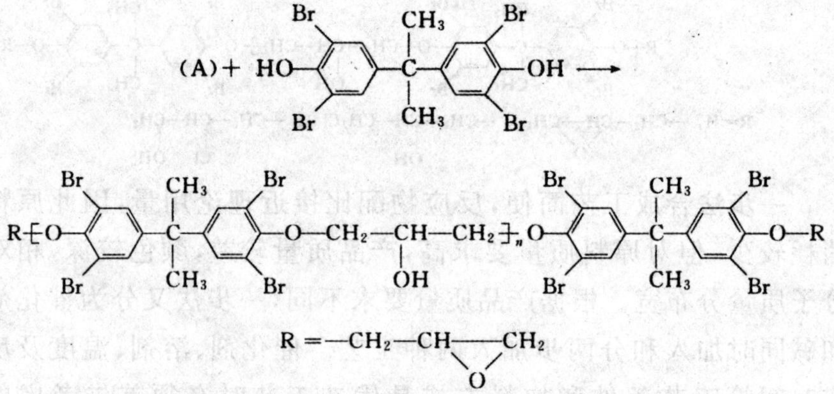

二步法合成路线具有相对分子质量较容易控制、产品色泽好、质量稳定等特点，但由于原料大大过量，因此消耗较高，且合成工艺步骤繁杂，生产周期较长。

（3）封端 EC 型溴化环氧树脂的合成

目前已获得工业应用的封端（EC）型溴化环氧树脂是采用三溴苯酚与溴化环氧树脂进行封端反应制备的。主要通过三溴苯酚的羟基与溴化环氧树脂分子链端羟基或环氧基的缩合或开环加成反应实现。其反应为

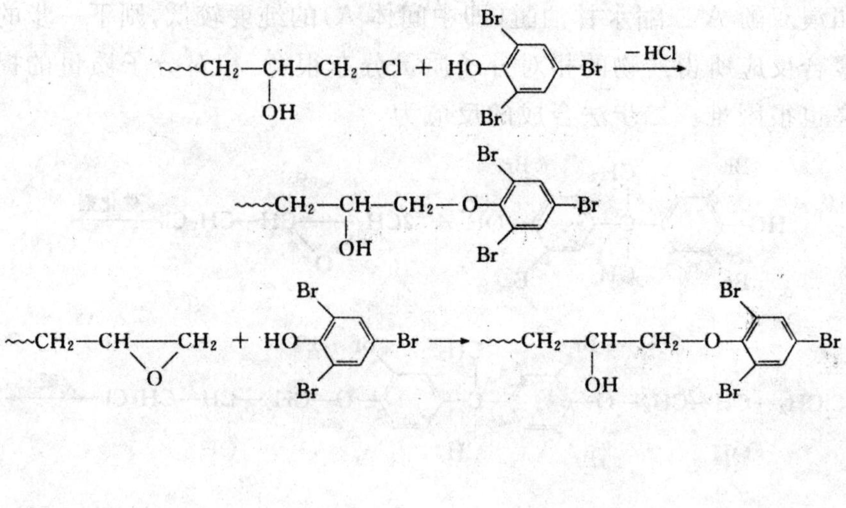

2.1.3.3　溴化环氧树脂的物理化学性能

根据溴化环氧树脂的相对分子质量(M_w)不同,可以将 M_w 在 10000 以下的称为低聚物,主要用于 ABS、HIPS 等苯乙烯系高聚物;M_w 大于 10000 的称为聚合物,主要用于聚酯、尼龙和聚碳酸酯(PC)等或其合金的阻燃。

表 2-7 和表 2-8 分别是日本 Sakamoto Yakuhin Kogyo 公司的 SR-T 系列溴化环氧树脂和以色列死海溴集团溴化环氧树脂的主要牌号和性能。

表 2-7　日本 Sakamoto Yakuhin Kogyo 公司的 SR-T
系列溴化环氧树脂的牌号和性能

项目	低聚物		聚合物		封端型	
牌号	SR-T1000	SR-T2000	SR-TS000	SR-T20000	SR-T3040	SR-T7040
外观	微黄色粉末	微黄色粉末	浅黄色颗粒	浅黄色颗粒	微黄色粉末	浅黄色颗粒
色度	1	2	1~2	1~2	1~2	1~2
环氧当量	1000	2000	5000	15000	30000	40000
软化点/℃	130	160	190	>200	170	200
相对分子质量	2000	4000	10000	30000	6000	14000
溴含量/%	51	52	52	52	54	53
溶解性	不溶于水、甲醇等低级脂肪醇、甲苯等,可溶于 DMF、乙二醇甲醚等溶剂					

表 2-8　以色列死海溴集团溴化环氧树脂的主要牌号和性能

牌号	F-2016	F-2300H	F-2400
外观	白色粉末	乳白色颗粒	乳白色颗粒
溴含量/%	49	50	50
相对分子质量	1600	20000	40000
软化点/℃	105~115	130~150	145~155
热分解温度/℃	370	385	390

2.1.3.4　溴化环氧树脂在 PBT 中的应用

溴化环氧树脂可广泛用于 ABS、HIPS 和 PBT 等的阻燃剂中,以 PBT 的阻燃应用最为普遍,用量也最大。用于阻燃 PBT 聚合物是高相对分子质量溴化环氧树脂主要用途之一。

PBT 树脂呈乳白色,是半透明到不透明的结晶型热塑性聚合物,无味、无臭、无毒。能缓慢燃烧,添加溴化环氧树脂及三氧化二锑后可容易地达到 UL94 V-0 级阻燃性能。

为了提高 PBT 受载荷作用时的使用温度、高温时的刚性和强度,常加入玻璃纤维进行增强改性。玻璃纤维增强 PBT 的机械强度、耐热性、耐化学药品性和难燃性等均优于增强尼龙、聚碳酸酯、聚甲醛、改性聚苯醚等工程塑料。

(1)PBT 加工设备和加工方法

生产玻璃纤维增强 PBT 的工艺流程如图 2-5 所示。

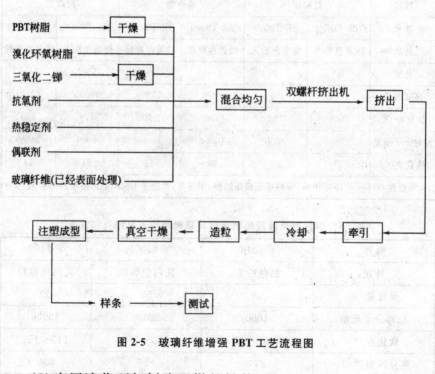

图 2-5　玻璃纤维增强 PBT 工艺流程图

(2)应用溴化环氧树脂阻燃的性能

为了使 PBT 具有阻燃性能,需要添加适量的阻燃剂。PBT 的 BER 阻燃母粒配方见表 2-9。不同溴化环氧树脂含量的 PBT 物理机械性能见表 2-10。

表 2-9　PBT 的 BER 阻燃母粒配方

样品编号	3010	3012	3014	3016
BER20000/%	10	12	14	16
Sb$_2$O$_3$/%	4.5	4.5	4.5	4.5
1076/%	0.05	0.05	0.05	0.05
618/%	0.05	0.05	0.05	0.05
KH-560/%	0.5	0.5	0.5	0.5
玻璃纤维/%	30	30	30	30
PBT/%	54.9	52.9	50.9	48.9

表 2-10　不同溴化环氧树脂含量的 PBT 物理机械性能

样品编号	3010	3012	3014	3016
拉伸强度/MPa	26.4	69.7	94.0	81.7
伸长率/%	0.45	1.15	1.72	1.29
悬臂梁缺口冲击强度/(J/m)	22.3	32.1	35.4	35.4
弯曲强度/MPa	55.0	82.2	117.6	109.5
弯曲模量/MPa	5415	6013	6769	6851

由于溴化环氧树脂的相对分子质量小于 PBT,低相对分子质量物质 BER(20000)的加入,产生增塑作用,使其物理机械性能有所改善;但是随着低分子物质的增加,导致其分子间作用力的下降,在受到外力作用时,其物理机械性能中弯曲强度、伸长率和拉伸强度变差。

随着溴化环氧树脂添加量的提高,极限氧指数迅速提高,显现出优异的阻燃性能,见表 2-11 和图 2-6。

表 2-11　BER 的添加量与材料阻燃性能的关系

样品编号	3010	3012	3014	3016
极限氧指数 LOI/%	22.7	32.0	35.0	37.7
阻燃性 UL94(1.6mm)	HB	V-2	V-0	V-0

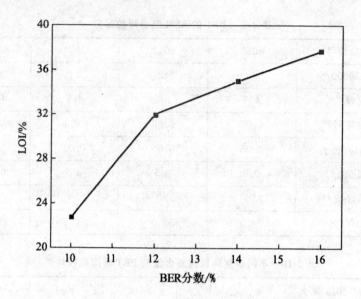

图 2-6　溴化环氧树脂添加量对材料极限氧指数的影响

采用相对分子质量 15000 的三溴苯酚封端的溴化环氧树脂与三氧化二锑（AO）和 $2CaO \cdot 3B_2O_3 \cdot 5H_2O$（HCB）共混用于阻燃 HIPS，其配方见表 2-12。其中添加 23％的溴化环氧树脂和 4％的三氧化二锑的 HIPS 能够达到 UL94 V-0 级阻燃级别，如图 2-7 所示，当少量 AO 被 HCB 替代时，HIPS 能够获得更高的极限氧指数，体现出一定的协同效应。

表 2-12　溴化环氧树脂阻燃 HIPS 的配方

配方	BEO	AO	HCB	AO：HCB
21％BEO,6％AO	21	6	0	—
22％BEO,5％AO	22	0	0	—
23％BEO,4％AO	23	4	0	—
23％BEO,3％AO-1％HCB	23	3	1	3：1
23％BEO,2.7％AO-1.3％HCB	23	2.7	1.3	2：1
23％BEO,2％AO-2％HCB	23	2	2	1：1
23％BEO,1.3％AO-2.7％HCB	23	1.3	2.7	1：2
23％BEO,1％AO-3％HCB	23	1	1	1：3

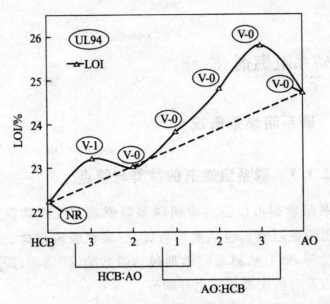

图 2-7　添加 23％溴化环氧树脂和总量 4％的 AO＋HCB
的 HIPS 的 LOI 和 UL94 阻燃级别

　　溴系阻燃剂是有机阻燃剂中的一种,此外,常见的有机阻燃剂还有氮系阻燃剂。

　　氮系阻燃剂主要包括胍盐、三聚氰胺、双氰胺及其衍生物三大类。此类阻燃剂具有较低的毒性、高阻燃效率、低腐蚀性以及高热稳定性等优点,被广泛用于热固型塑料、纤维素材料和尼龙等材料领域。

　　氮系阻燃剂受热分解后,易放出氮氧化物、氨气、氮气、水蒸气等不燃性气体。大部分热量在生成不燃性气体和阻燃剂分解过程(包括一部分阻燃剂的升华吸热)中被带走,使得聚合物的表面燃烧温度急剧下降。不可燃气体,如氮气,不仅能够稀释空气中氧气的浓度和降低高聚物受热分解产生的可燃性气体的浓度,还能与存在于空气中的氧气反应生成水、氮气及深度的氧化物,实现良好的阻燃效果[33]。

2.2　磷系阻燃剂

2.2.1　磷系阻燃剂概况

2.2.1.1　磷系阻燃剂的种类与特点

　　磷系阻燃剂可以分为有机磷系阻燃剂与无机磷系阻燃剂。其中无机磷系阻燃剂包括聚磷酸铵、三聚氰胺磷酸盐、三聚氰胺聚磷酸盐等,而有机磷系阻燃剂包括磷酸酯、磷杂菲、磷腈、有机次磷酸以及有机次磷酸盐化合物等。

　　磷系无机阻燃剂主要是一些磷酸盐、磷酰胺和红磷,它们具有低烟、低毒、添加量少和阻燃效率高等优点被广泛应用于高分子材料阻燃中,并且收到了很好的效果[21]。据统计,全球阻燃剂中磷系阻燃剂大约占到 14%,处理含氮或含氧聚合物的阻燃效果最好,如多元酯、聚酰酯和纤维素等。目前,磷酸铵和多聚磷酸铵及其相应的膨胀型阻燃剂,已成为无机阻燃剂比较活跃的研究领域。该类产品以长链聚磷酸铵为基础,P_2N 阻燃元素含量高,热稳定性好,产品近乎中性,能与其他物质配合,阻燃性能持久,因而发展非常迅猛。

　　磷酸酯化合物通常为小分子液体形态,具有低黏度、良好的相容性等特点,可广泛应用于聚氨酯、环氧树脂等热固性材料以及聚酯等材料的阻燃;磷杂菲(DOPO)作为反应型阻燃剂被引入到其他结构中,由于非对称效应和自由体积效应降低材料的玻璃化转变温度;磷腈结构具有非共轭的特性,呈现柔软的分子结构特性,软化温度较低,但热稳定性良好,单一磷腈结构的阻燃效率不足,需筛选适当磷腈取代基团以获得更加优异的阻燃效率;有机次磷酸盐热稳定性很高,阻燃效率随其烷基侧基的增长而降低,适用于尼龙的阻燃,与三聚氰胺类阻燃剂复合适用效率更高。

　　磷系阻燃剂的阻燃效果通常与材料中磷含量呈正相关性,但当含量增加到某一数量时,单纯依靠增加磷系阻燃剂的数量,材料的阻燃性能提升不再明显;磷系阻燃剂与含氮化合物通常具有较好的 P/N 协效作用,所以调节磷氮成分比例,有助于获得更高效的阻燃体系。

2.2.1.2　磷系阻燃剂的阻燃原理

　　磷系阻燃剂通常在气相和凝聚相同时发挥阻燃作用。

　　①利用磷系阻燃剂燃烧过程中产生的自由基 HPO_2·、PO·和 PO_2·来捕获燃烧链式反应中易燃物释放的 H·和 OH·[22]等活性自由基,终止链式反应,从而达到阻燃目的。

　　②通过磷酸酯或磷酸铵盐加热分解产生的磷酸、偏磷酸、聚磷酸、焦磷酸等酸源和聚合物中的羟基发生酯化反应,促使聚合物脱水炭化,形成均匀、稳定的炭层,对可燃高聚物起到了阻燃作用[23-24]。

　　③磷系阻燃剂持续受热脱水形成富磷的玻璃态物质,覆盖在基材表面,隔绝空气,阻碍可燃性气体的释放,减弱火焰对基材的热量反馈强度。

2.2.2　芳香族磷酸酯

2.2.2.1　三苯基磷酸酯

　　三苯基磷酸酯又称磷酸三苯酯,简称 TPP,具有良好的阻燃性、耐热性、耐水和耐油性,挥发性低,与 PVC 具有一定的相容性,因此大量用作阻燃增塑剂,其用途日益广泛,用量稳步增长。

　　TPP 主要用于酚醛树脂、PVC 和涂料等领域,近年来,该产品在聚苯醚(PPO)、聚苯硫醚(PPS)、PC 等工程塑料及其合金中的应用受到重视。TPP 的主要性能指标见表 2-13。

表 2-13　TPP 的主要性能指标

项目	指标	项目	指标
外观	白色片状固体	自燃点/℃	220（密闭式）
密度/(kg/m³)	1185	溶解性	不溶于水，溶于一般有机溶剂
熔点/℃	48.4～49	—	—

2.2.2.2　间苯二酚双磷酸酯

间苯二酚双磷酸酯，简称 RDP，耐热性能良好，可以满足 PC、PPS、PPO 等工程塑料及合金的加工要求。RDP 在 300℃ 以下稳定，其密度为 1300kg/m³，常温下为黏稠液体。其合成方法如图 2-8 所示。

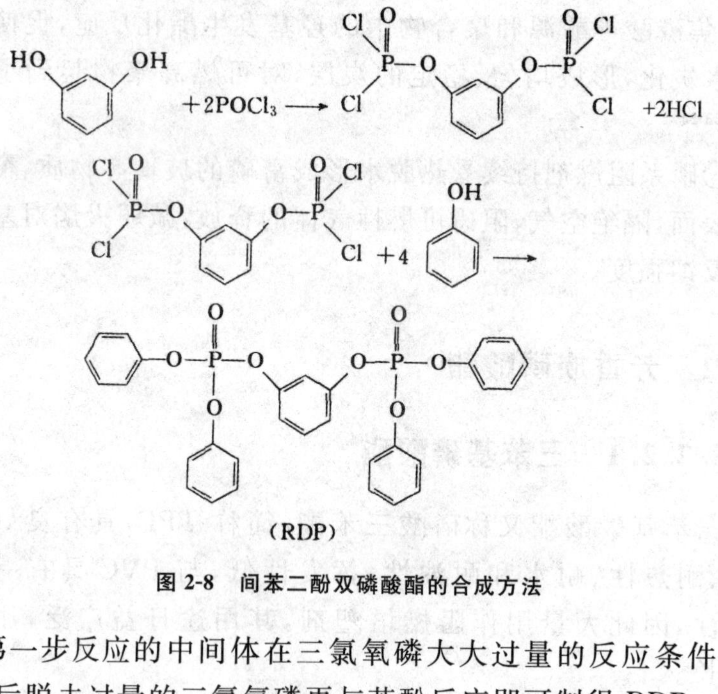

（RDP）

图 2-8　间苯二酚双磷酸酯的合成方法

第一步反应的中间体在三氯氧磷大大过量的反应条件下合成，然后脱去过量的三氯氧磷再与苯酚反应即可制得 RDP。

近年来，日本报道了使间苯二酚的一个羟基磷酸酯化后的产品，其分子结构为

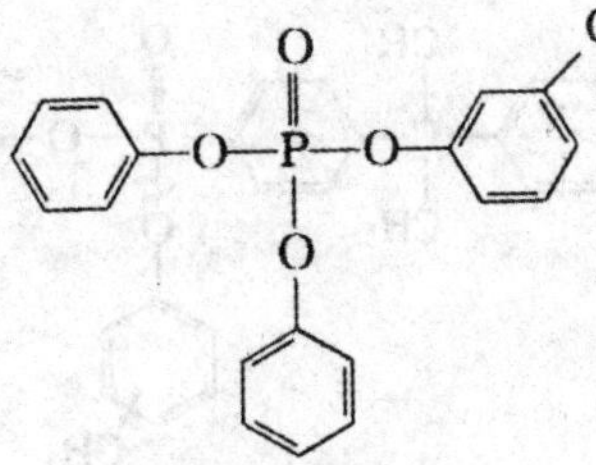

（反应型 RDP）

该产品阻燃的酚醛树脂具有良好的综合性能，其耐热性和耐湿性比添加型磷酸酯好，结果见表 2-14。

表 2-14 反应型 RDP 阻燃酚醛树脂的性能

性 能	处理方法（JIS C6481）	反应型 RDP	TPP
绝缘电阻/Ω	C-96/20/65	8×10^{11}	7×10^{13}
	C-96/20/65,D2/100	6×10^{8}	2×10^{8}
耐湿性（煮沸）	5min	好	差
	10min	好	差
耐热性（200℃）	20min	好	好
	40min	好	差
耐焊接性（260℃）	20s	好	差
	40s	好	差
阻燃性（UL94）	—	V-0	V-0

注：磷酸酯添加量为 15%。

2.2.2.3 双酚 A 二磷酸酯（BDP,BBC）

双酚 A 二磷酸酯有两种：①双酚 A 二（二苯基）磷酸酯（BDP）；②双酚 A 二（甲苯基）磷酸酯（BBC），其分子结构为

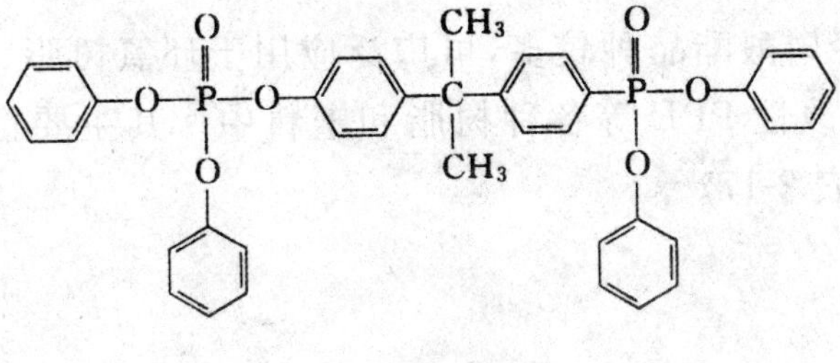

（BDP）

（BBC）

BDP 和 BBC 的合成方法与 RDP 相似。

2.2.2.4 多聚芳基磷酸酯

多聚芳基磷酸酯是一种固体磷酸酯阻燃剂,可作为 BDP 和 RDP 的升级替代品,用作 PC、PC/ABS、PPO 等无卤阻燃剂。

该化合物是一种固体磷酸酯,外观为白色粉末,具有对 PC/ABS 等阻燃效率高、添加量小等特点,其主要性能见表 2-15。

表 2-15　商品化产品的主要性能

项　目	指　标
外观	白色粉末
颜色/APHA	<100
熔点/℃	>95
磷含量/%	>10.5
TPP 含量/%	<2
苯酚含量/$\times 10^{-6}$	<500
水的质量分数/%	$\leqslant 0.1$
酸值/(mg KOH/g)	$\leqslant 0.1$

2.2.2.5 含氮多芳烃磷酸酯

含氮多芳烃磷酸酯品种较多,可广泛应用于环氧树脂、PBT、PET、PC/ABS、改性 PPE 等各种树脂和塑料中。其主要性能分别见表 2-16 和表 2-17。

表 2-16 1,4-哌嗪二磷酸酯的主要性能

性能	指标	性能	指标
外观	白色粉末	磷含量/%	11
相对分子质量	550	熔点/℃	184
氮含量/%	5	分解温度(失重 5%)/℃	300

表 2-17 环己基亚氨基二苯基磷酸酯的主要性能

性能	指标	性能	指标
外观	白色粉末	磷含量/%	9
相对分子质量	330	熔点/℃	130
氮含量/%	4	分解温度(失重 5%)/℃	260

1,4-哌嗪二磷酸酯的分子结构为

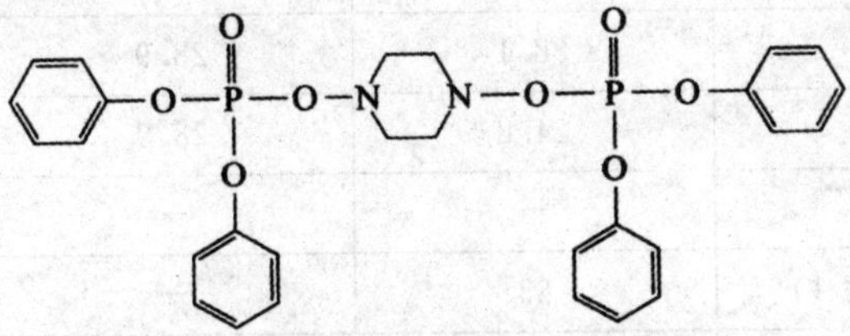

(SP-670)

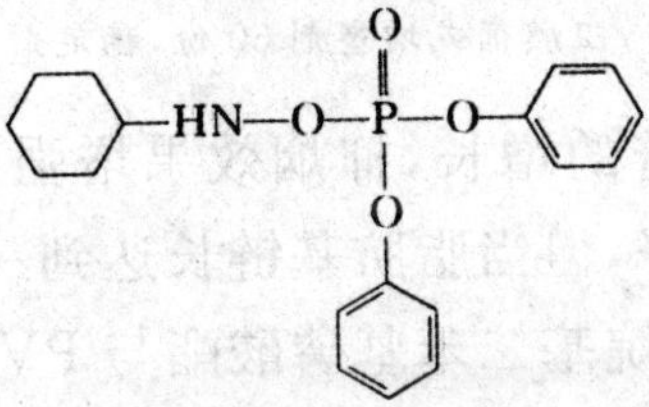

(SP-703)

2.2.2.6 含直链脂肪烃的芳香族磷酸酯

含直链脂肪烃的芳香族磷酸酯品种较多,这类化合物的分子结构式为(其中 R 表示脂肪基)

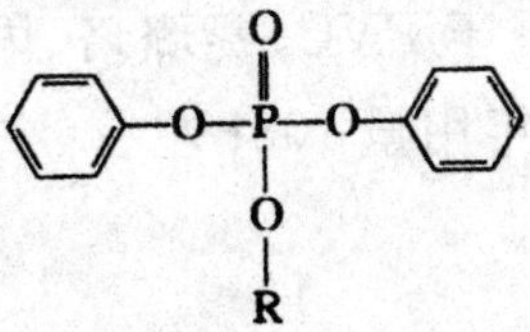

近年来,建筑装饰材料除要求具有阻燃功能外,还要求具有抑烟效果。人们发现,一些单脂肪二芳香基磷酸酯与阻燃剂复配使用后具有良好的抑烟效果,而三芳香基磷酸酯和脂肪二芳香基磷酸酯却没有这种效果,一些脂肪二芳香基磷酸酯在阻燃 PVC 中的阻燃抑烟效果见表 2-18。

表 2-18　脂肪二芳香基磷酸酯在阻燃 PVC 中的阻燃抑烟效果

R	N-溴代丁二酰亚胺 (NBS)烟密度(D_s)	LOI/%	相容性
n-C_4H_9	46	29.8	好
n-C_8H_{17}	30.6	29.4	好
2-乙基己基	32.5	28.9	好
n-$C_{10}H_{21}$	28.2	29.4	好
i-$C_{10}H_{21}$	28.1	28.9	好
n-$C_{12}H_{25}$	24.8	28.9	好
n-$C_{18}H_{37}$	—		差
TOP-TPP(3∶1)	83	—	一般
DOP	75	23.2	好

注:配比为 PVC 100 份,阻燃剂或增塑剂 50 份,稳定剂 2 份。

随着脂肪基碳链的增长,抑烟效果增强,且直链脂肪基比异构化脂肪基的效果好,但当脂肪基链长达到一定程度时其与 PVC 相容性变差,如十八烷基二苯基磷酸酯与 PVC 的相容性差。

十二烷基二苯基磷酸酯(LDPP)和 2-乙基己基二苯基磷酸酯(EHDP)是两种常用的磷酸酯。前者主要用于 PPE、ABS、PET、PBT 等的阻燃增塑剂,近年来,在 PC/ABS 和改性 PPE 等工程塑料中的应用也在推广,在农用 PVC 薄膜的增塑剂以及酚醛树脂层压板中也有应用。Akzo 公司提供该类产品,在日本年用量 600t 以上。后者主要用于 PVC、赛璐珞、丙烯酸酯和合成胶乳等的阻燃增塑剂,在日本年用量 100t 左右。上述产品的主要性能和特点见表 2-19。

表 2-19　LDPP 和 EHDP 的主要性能和特点

项目	LDPP	EHDP
外观	淡黄色液体	黄色液体
密度/(kg/m³)	1303	1090
凝固点/℃	—10	50
自燃点/℃	300	224
黏度(25℃)/(×10⁻³ Pa·s)	630	18
折射率 n_D(25℃)	1.575	1.510
磷含量/%	—	8.5
挥发分(105℃)/%	<0.1	<0.5
特点	高耐热,低挥发,能耐受高的加工温度	低黏度,光热稳定性好,与高分子的相容性好

2.2.2.7　卤代芳香基磷酸酯

具有工业应用价值的卤代芳香基磷酸酯主要是溴代物,其主要品种有三(2,4-二溴苯基)磷酸酯(TDBPP)和三(2,4,6-三溴苯基)磷酸酯(TTBPP),其分子结构为

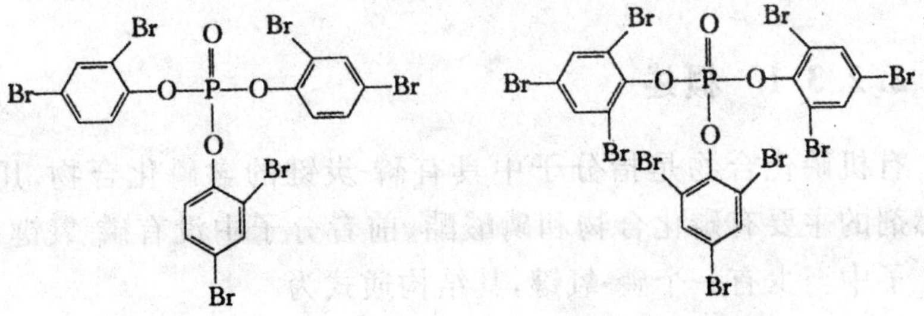

(TDBPP)　　　　　　　　(TTBPP)

TDBPP 和 TTBPP 的主要性能见表 2-20。

表 2-20　TDBPP 和 TTBPP 的主要性能

项目	TDBPP	TTBPP
外观	白色粉末	白色粉末
熔点/℃	110~112	224~225(DSC 法)
磷含量/%	4	3.0

项目	TDBPP	TTBPP
溴含量/%	60	70.0
分解温度/℃	300	345
溶解性	—	不溶于水,不溶于醇、酮、芳香烃、DMSO 等有机溶剂

这两种化合物可以采用溴代苯酚与三氯氧磷在无水金属卤化物催化剂作用下,进行磷酸酯化合成,其反应式为

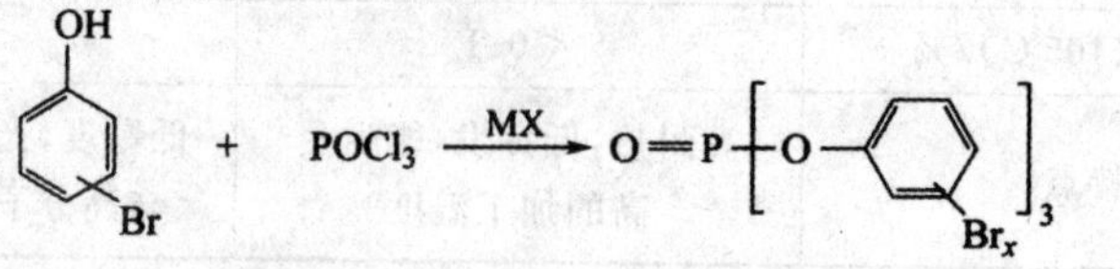

MX 表示金属卤化物,x 等于 2 时为 TDBPP,等于 3 时为 TTBPP。据报道,TDBPP 不仅可以用作阻燃剂,而且还具有防霉和避鼠作用,因此可以用于车辆和仓储等篷布的添加剂,使之具有阻燃、防霉和避鼠等功能。

2.2.3 有机磷化合物

2.2.3.1 概述

有机磷化合物是指分子中具有磷-炭键的含磷化合物,用作阻燃剂的主要有磷化合物和磷酸酯,前者分子中没有磷-氧键,后者分子中至少有一个磷-氧键,其结构通式为

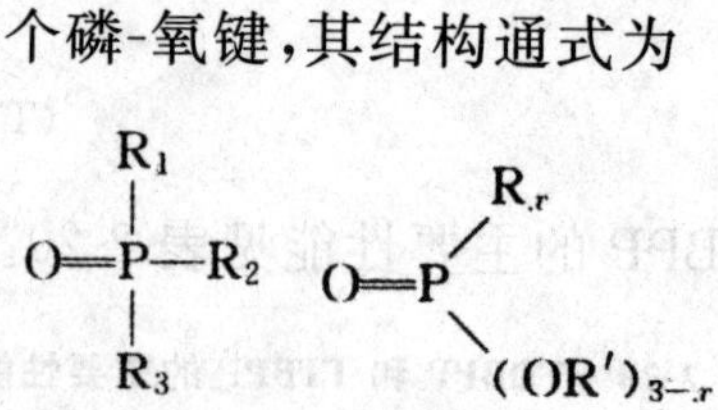

其中 R_1、R_2 和 R_3 可以相同也可以不同,但大多数是含有羟基或羧基以及氨基等活性基团的脂肪基或芳香基;x 可以为 1 或 2;R' 可以是氢、脂肪基或芳香基。

有机磷化合物具有良好的耐水解性,但因合成制备较一般磷

酸酯复杂,因此售价比较高,在工业上获得应用的品种见表 2-21。

表 2-21　一些工业应用的有机磷化合物及磷含量

名称	商品名	结构式	磷含量/%
正丁基双（羟丙基）氧化磷	FR-D		13.95
三羟丙基氧化磷	FR-T		13.81
对二（二氰乙基氧化磷甲基）四甲基苯	RF-699	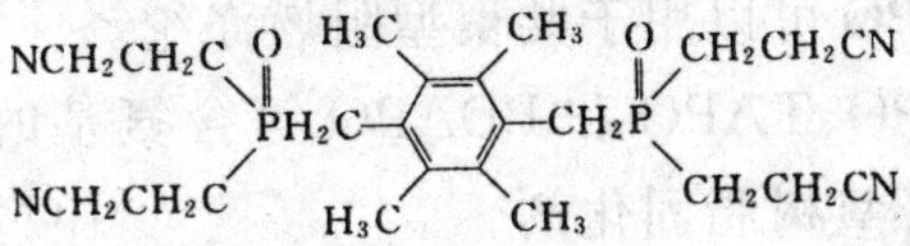	13.17
苯基二（4-羧苯基）氧化磷	BCPPO	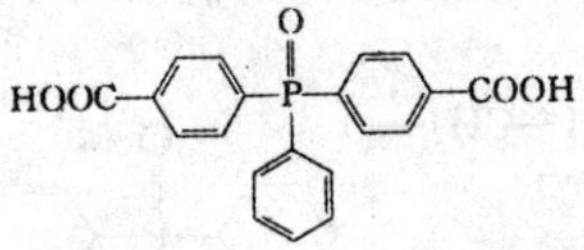	8.45
双（3-氨基苯基）甲基氧化磷	BAMPO	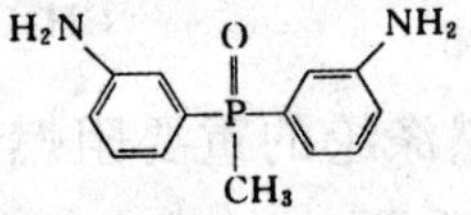	—
三（3-氨基苯基）氧化磷	TAPO	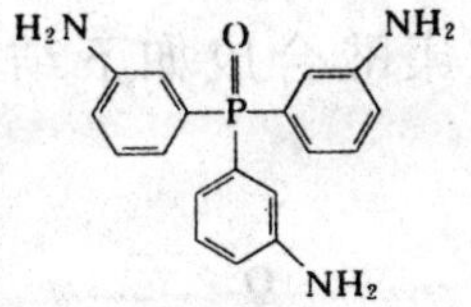	—
苯基二（4-氨基苯基）磷酸酯	BDAPO	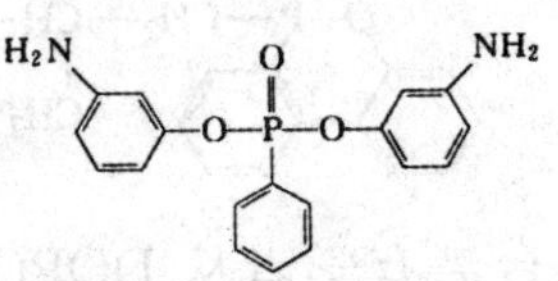	—
双（3-羟基苯基）甲基氧化磷	DBMPO	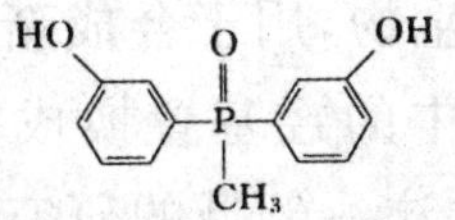	—

续表

名称	商品名	结构式	磷含量/%
2-羧乙基苯基次磷酸	CEPPA	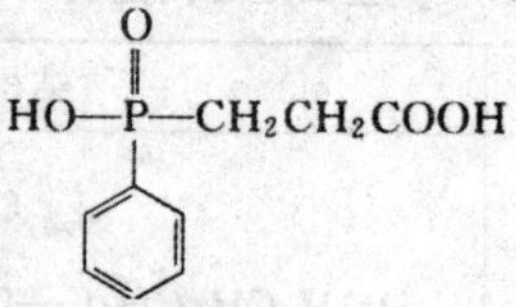	—
9,10-二氢-9-氧-10-氧杂磷菲	DOPO	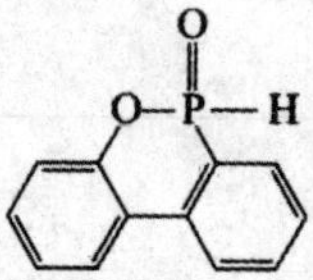	—

FR-D、FR-T 和 FR-699 主要用于聚氨酯、不饱和聚酯树脂等阻燃,BCPPO 可以用于共聚型阻燃涤纶。

BAMPO、TAPO 和 BDAPO 等含氨基的氧化磷可以用作反应型阻燃环氧树脂固化剂。

DBMPO 可以用于合成具有如下结构的含磷环氧树脂:

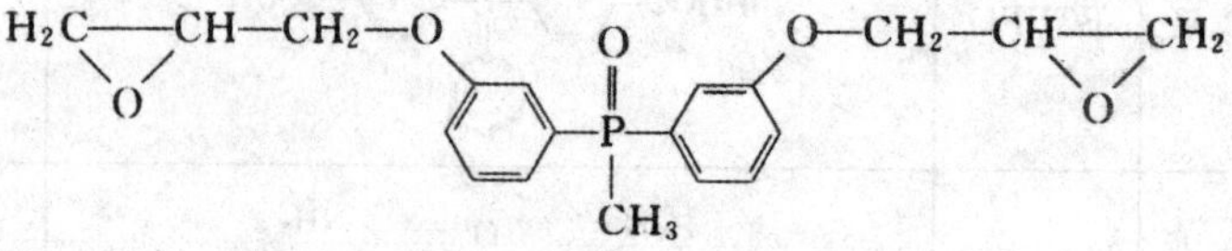

CEPPA 是阻燃涤纶的重要阻燃剂。

DOPO 是一个重要的含磷中间体,可用于生产阻燃涤纶,方法是用 DOPO 与衣康酸合成如下结构的二元羧酸,然后与 PET 树脂单体共聚。

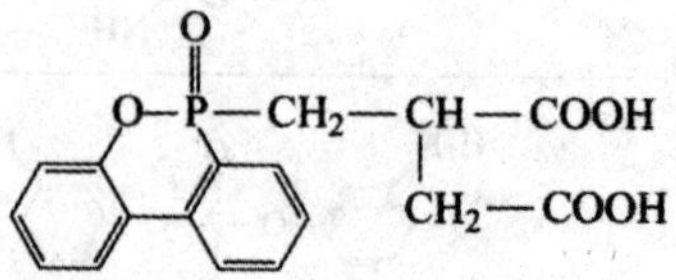

近年来,中国台湾有学者从 DOPO 中间体出发合成具有如下结构的对苯二酚衍生物,用于合成新型无卤素阻燃环氧树脂。同时将对苯二酚分子中的羟基置换成氨基等也可以作为环氧树脂的固化剂使用,有关这一领域的研究在热固性环氧树脂无卤素阻

燃电子电气封装材料和印刷电路板等领域受到广泛关注,在不远的将来将会取得更多实用的研究成果。

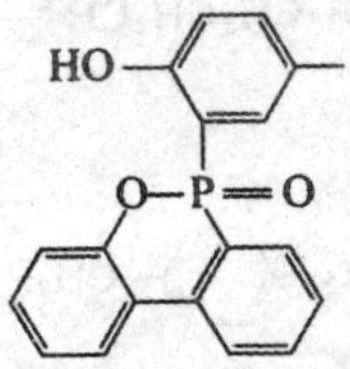

此外,还有以单苯基磷酰氯为基础的一系列相对分子质量在500～2000 的低聚物在聚酯等织物阻燃整理中的开发应用,代表性的品种有如下几种。

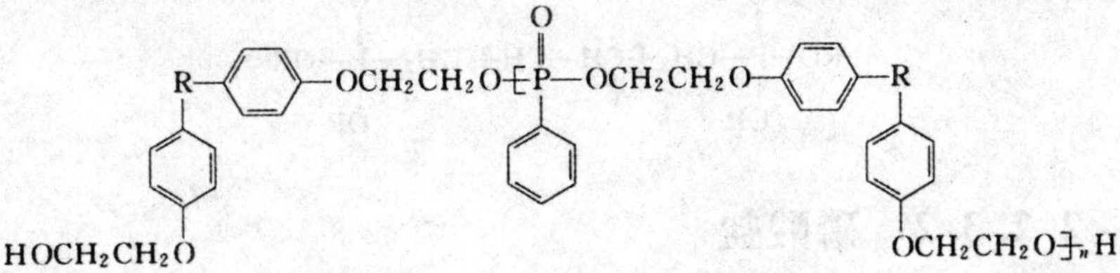

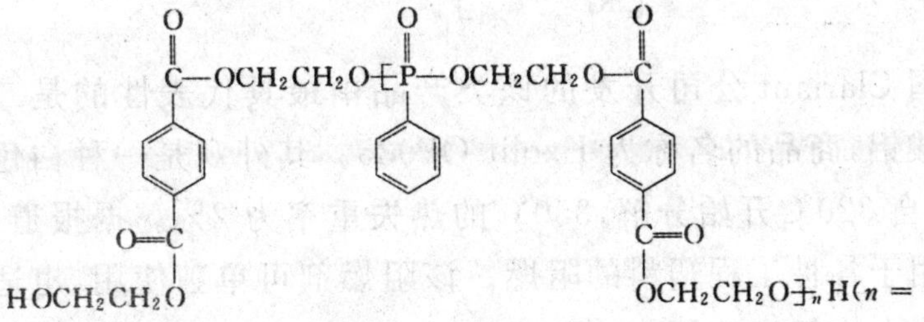

另外,一些双磷酸酯化合物阻燃剂也值得关注。如 1,2-亚乙基双磷酸四甲酯,分子中不含有卤素,是一种无卤环保型阻燃剂。其结构式为

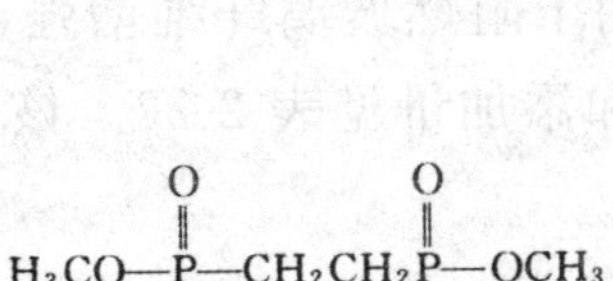

杨锦飞等合成了双磷酸酯类阻燃剂,其结构为

$$RO-\overset{\overset{O}{\parallel}}{\underset{\underset{OR}{|}}{P}}-CH_2CH_2CH_2CH_2-\overset{\overset{O}{\parallel}}{\underset{\underset{OR}{|}}{P}}-OR$$

$$RO-\overset{\overset{O}{\parallel}}{\underset{\underset{OR}{|}}{P}}-CH_2-\underset{}{\bigcirc}-CH_2-\overset{\overset{O}{\parallel}}{\underset{\underset{OR}{|}}{P}}-OR$$

$$RO-\overset{\overset{O}{\parallel}}{\underset{\underset{OR}{|}}{P}}-CH_2CH=CHCH_2-\overset{\overset{O}{\parallel}}{\underset{\underset{OR}{|}}{P}}-OR$$

$$RO-\overset{\overset{O}{\parallel}}{\underset{\underset{OR}{|}}{P}}-CH_2\overset{}{\underset{|}{[}}CH\overset{}{\underset{|}{]_n}}CH_2-\overset{\overset{O}{\parallel}}{\underset{\underset{OR}{|}}{P}}-OR$$

2.2.3.2 磷酸盐

2001 年,德国 Clariant 公司推出了一种新型有机磷酸盐阻燃剂,其分子结构式为

$$\left[\begin{array}{c} R_1 \\ P \\ R_1 \end{array}\overset{O}{\underset{}{\diagdown}}O\right]^{-}_{n} M^{n+}$$

德国 Clariant 公司开发的该类产品中最具代表性的是二乙基亚磷酸铝,商品的名称为 Exolit OP935。其外观是一种白色固体粉末,自 320℃开始分解,350℃的热失重率为 2%。据报道,该产品可用于各种工程塑料的阻燃。该阻燃剂可单独使用,也适合与含氮化合物复配使用。

以二乙基亚磷酸铝为基础复配的 Exolit OP1310(TP)、Exolit OP1240 等可以用于阻燃玻璃纤维增强 PA6 和 PA66 等的阻燃性能,其阻燃等级和添加量见表 2-22。该系列产品近年来销售量一直持续增长。

表 2-22　**Exolit OP1310 阻燃玻璃纤维增强 PA6 和 PA66 的阻燃性能**

基础材料	添加质量分数/%	标准	结果和等级
PA6-25%玻璃纤维	15	LOI	28%(3.2mm)
PA6-25%玻璃纤维	1520	UL94	V-0(1.6mm)
PA66-25%玻璃纤维	15	LOI	31%(3.2mm)
PA66-25%玻璃纤维	1520	UL94	V-0(1.6mm)

  Exolit OP1310(TP)与聚磷酸铵复配的膨胀阻燃体系具有与红磷相似的吸湿性,在储运和使用中要注意防潮,挤出成型时要注意排气。Exolit OP1310(TP)阻燃玻璃纤维增强 PA66 与不阻燃的同等 PA66 的主要性能对比见表 2-23。

表 2-23　**Exolit OP1310(TP)阻燃玻璃纤维增强 PA66 的性能**

项　目		增强 PA66	阻燃增强 PA66
配方	PA66	70	60
	玻璃纤维	30	25
	Exolit OP1310(TP)	—	15
阻燃性能	LOI/%	21	31
	UL94(3.2mm)	—	V-0
	UL94(1.6mm)	—	V-0
	拉伸模量/MPa	9161	9234
	断裂强度/MPa	153	122
	断裂伸长率/%	5.2	2.9
	漏电起痕指数(CTI)/V	600	450/500

  陈佳等以甲基亚磷酸单丁酯(BMP)为原料,通过三步简单的合成工艺制备出甲基环己基亚磷酸铝/锌/镁/钙/铁/亚铁/铋这七种金属盐阻燃剂,该类化合物具有如下结构

$$\left[H_3C-\underset{\underset{\displaystyle \bigcirc}{|}}{\overset{\overset{\displaystyle O}{\|}}{P}}-O-M \right]_n$$

其中,M 为 Al、Zn、Fe(Ⅲ、Ⅱ)、Ca、Mg、Bi 等金属离子,n 为 1～3 的正整数,对应于金属离子的化合价。

将所合成的七种阻燃剂应用于环氧树脂(EP)的阻燃性能见表 2-24。

表 2-24　甲基环己基亚磷酸盐阻燃环氧树脂的阻燃性能

阻燃剂质量分数为 15%	阻燃性能	
	LOI/%	UL94(3.2mm)
空白	19.9	V-0
Al(MHP)	28.7	—
Zn(MHP)	25.4	—
Mg(MHP)	25.8	V-2
Ca(MHP)	26.1	—
Fe(Ⅲ)(MHP)	22.8	—
Fe(Ⅱ)(MHP)	22.3	—
Bi(MHP)	20.9	—

2.2.4　磷杂菲类阻燃剂

2.2.4.1　9,10-二氢-9-氧杂-10-磷杂菲-10-氧化物

9,10-二氢-9-氧杂-10-磷杂菲-10-氧化物(DOPO)由于其具有磷杂菲基团所特有的含磷、非共平面性、与分子内或分子间基团的相互作用性等特征,常作为合成反应中间体用于构建新型功能化合物或聚合物,可赋予新型化合物或聚合物以阻燃特性、独特的聚集态结构、发光性能和良好的有机相容性等性能。在新型无卤阻燃剂、无卤阻燃环氧树脂、阻燃聚酯,以及发光材料和液晶高分子等功能材料领域具有广阔的应用前景。

作为新型反应型阻燃剂中间体,DOPO 的 P—H 键与其他不饱和化合物发生加成反应,或与醇或酚发生醚化反应等,使磷杂菲基团能够容易地引入到其他分子中,构建成新型化合物或聚合

物。新构建的分子由于结构上的明显变化以及磷杂菲基团的引入,物理化学性质也将发生极大的改变。因此,DOPO 在各种功能高分子材料领域具有广阔的应用与研究前景。

DOPO 的分子式为 $C_{12}H_9O_2P$。由于分子内具有活泼的 P—H 键,因此易于均裂产生 H·、DOPO·自由基,后者能够淬灭氧自由基而作为抗氧剂来使用。

9,10-二氢-9-氧杂-10-磷杂菲-10-氧化物的结构为

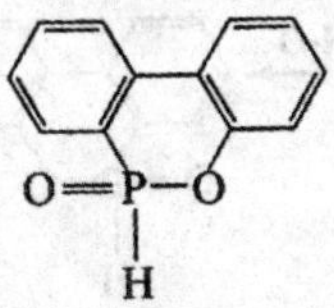

(DOPO)

DOPO 的结构中含有联苯基骨架和环状 C—P—O 键,且磷原子直接连接在联苯基骨架上,因此具有良好的化学稳定性和热稳定性。DOPO 分子中的 P—H 键具有活泼的反应性,因此可以较方便地设计合成出一系列新型化合物或聚合物,已被广泛应用于合成纤维、电子电气用树脂、电路板和半导体封装材料等的阻燃。同时 DOPO 由于其本身的特殊功能,还可用于高分子材料的化学改性。此外,DOPO 还可作为杀虫剂、杀菌剂、固化剂、抗氧剂、稳定剂、光引发剂、黏结剂、有害金属离子的封锁剂、有机物的淡色剂、紫外光吸收剂、有机发光材料的母体等使用。

由于 DOPO 的分子结构中存在 P—C 键,因此阻燃性能比一般的磷酸酯更好。它和衣康酸、衣康酸酯或衣康酸酐的反应产物可广泛用作聚酯纤维的反应型共聚阻燃剂。

(1)DOPO 合成原理及方法

DOPO 由 Saito 等人最早合成,合成原理如图 2-9 所示。

合成 DOPO 的原料是邻苯基苯酚和三氯化磷,其中要使用氯化锌作为催化剂,具体步骤如下。

①邻苯基苯酚(OPP)和三氯化磷进行酯化反应生成 2-苯基-苯氧基亚磷酰二氯。

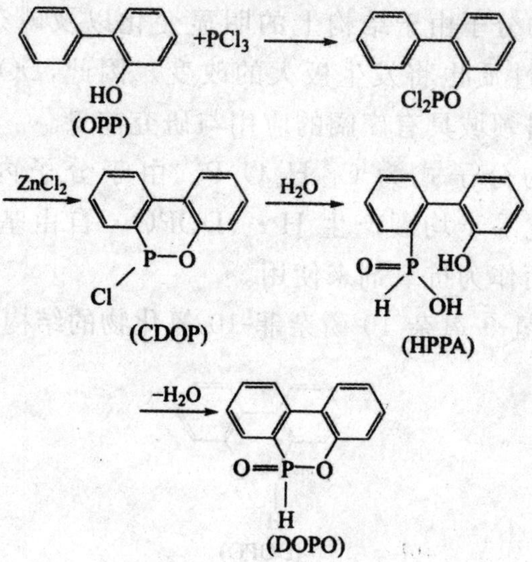

图 2-9 DOPO 的合成原理

②2-苯基-苯氧基亚磷酰二氯在氯化锌等催化作用下进行分子内酰基化反应生成 6-氯-(6H)二苯并-(c,e)-氧磷杂己环(CDOP)。

③CDOP 水解生成 2-羟基联苯基-2-亚磷酸(HPPA)。

④HPPA 脱水生成 DOPO。

（2）DOPO 衍生物

DOPO 中的 P—H 键能够与许多不饱和基团发生加成反应，如醌、醛、酮、炭炭双键和三键以及环氧基团等。反应条件简单，只需要加热，不需要催化剂，且反应迅速。

DOPO 与苯醌和萘醌等醌类化合物在甲苯、乙氧基乙醇、四氢呋喃等溶剂中反应时，反应的产率接近 100%。得到的产物为

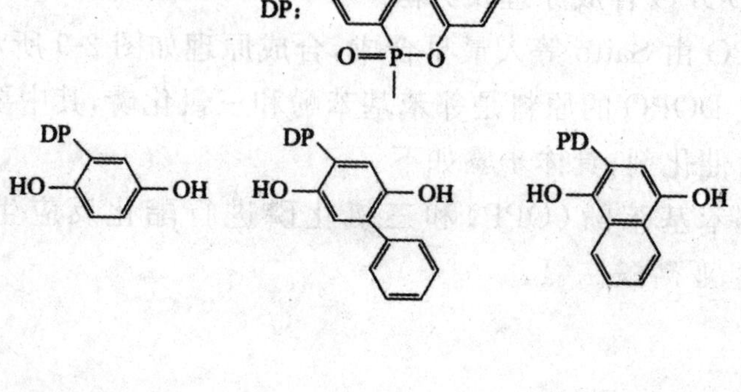

　　这些生成产物可以作为制备酯类或环氧树脂化合物的重要原料,能够将磷杂菲基团引入其中,以便赋予酯类或环氧树脂化合物新的特性。

　　再者,DOPO 与另一类不饱和化合物醛酮也能比较容易地发生反应。如在反应温度为 90~110℃,溶剂为甲苯或二甲苯的条件下,甲醛和苯甲醛能够制备出含磷杂菲的羟基类化合物,其结构式为

DP: —CH$_2$OH

在 160~180℃时,DOPO 能与酮直接发生反应,制备出含磷杂菲基团的酚类和氧基类化合物,其结构式为

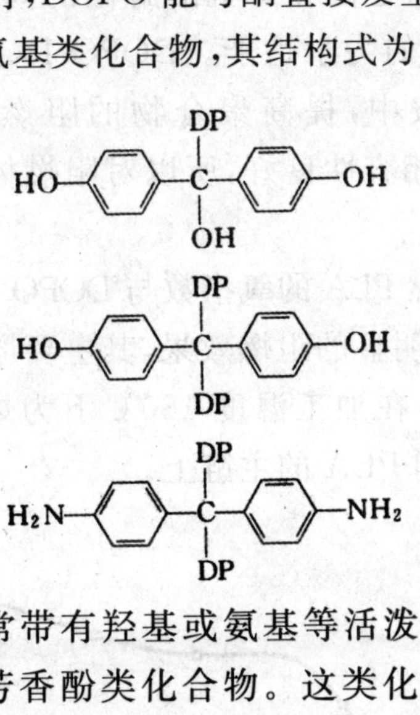

　　醛酮化合物通常带有羟基或氨基等活泼基团,因此,反应后可能得到芳香胺或芳香酚类化合物。这类化合物可以作为酚醛树脂固化剂或环氧树脂的酚类反应单体以及制备聚酰胺的反应单体,并将磷杂菲基团引入其中以获得新的特性。

　　此外,王春山将 DOPO 分别与衣康酸、马来酸和苯醌反应得到三种 DOPO 衍生物,其结构式分别为

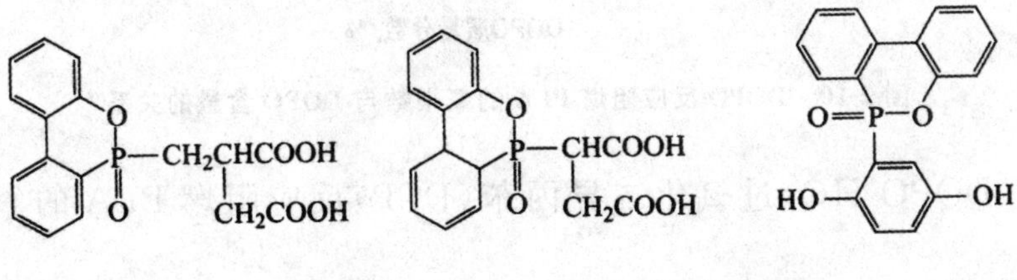

2.2.4.2 DOPO 衍生物阻燃聚乳酸

聚乳酸(PLA)是由乳酸合成的无毒、可完全生物降解的聚合物,具有与丙烯腈/丁二烯/苯乙烯共聚物(ABS)相当的机械强度和刚性。但 PLA 耐热性能差,容易燃烧,并伴有熔滴现象,在实际应用中,需对其进行阻燃改性。

邓晶晶等通过 DOPO 与苯醌反应合成了 DOPO 衍生物 10-(2,5-二羟基苯基)-10-二氢-9-氧杂-10-磷杂菲-10-氧化物(DOPO-HQ)。DOPO-HQ 具有高效的阻燃性。由于有 P—C 键存在,该衍生物化学稳定性好,耐水,能永久阻燃且不迁移,在提高高分子材料的阻燃性、热稳定性和有机溶解性的同时,还能够保持或部分改变高分子材料的力学性能。DOPO-HQ 可以通过共聚键入聚酯、聚醚、聚酰胺中,提高聚合物的阻燃性和热稳定性。因 DOPO-HQ 与聚酯相容性良好,所以对阻燃体系物理机械性能的影响较小。

DOPO 反应阻燃 PLA 的氧指数与 DOPO 含量的关系如图 2-10 所示。DOPO 具有明显的阻燃效果,其主要原因可能是 DOPO 熔点较低(约 120℃),在加工温度 180℃下为熔融状态,能与 PLA 发生反应,并连接到 PLA 的主链上。

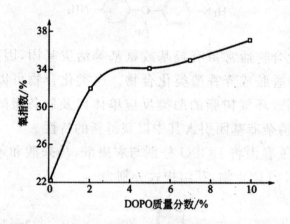

图 2-10 DOPO 反应阻燃 PLA 的氧指数与 DOPO 含量的关系

DOPO-HQ/过氧化二异丙苯(DCP)反应阻燃 PLA 的氧指

数与 DOPO-HQ 含量的关系如图 2-11 所示。从图中可以看出，DCP 与 DOPO-HQ 复配阻燃的 PLA 体系的氧指数高于未加 DCP 体系，且当 DOPO-HQ 质量分数为 5％时，氧指数达到最大值。这可能是因为 DCP 可促进 DOPO-HQ 反应接枝 PLA，从而使得阻燃效果更明显。

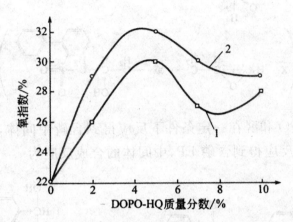

图 2-11　DOPO-HQ/DCP 反应阻燃 PLA 的氧指数与 DOPO-HQ 含量的关系
1—DOPO-HQ 阻燃 PLA；2—DOPO-HQ/DCP 阻燃 PLA

比较图 2-10 和图 2-11 可见，DOPO-HQ 的阻燃效果比 DOPO 差，原因是 DOPO-HQ 在加工温度下不能熔融，混合的均匀程度明显低于 DOPO 阻燃体系，难以有效阻燃 PLA。

从上述试验结果可看出 DOPO 及 DOPO-HQ 均可作为 PLA 的阻燃剂，只是两者的反应机理不同。前者是直接与 PLA 亲核加成反应接枝，后者是在过氧化物引发下通过自由基共聚反应接枝。添加质量分数 5％的 DOPO 后 PLA 的氧指数达 32％，阻燃效果优良；5％DOPO-HQ/0.5％DCP 反应阻燃 PLA 的氧指数达 32％，阻燃效果良好。

2.2.4.3　DOPO 阻燃环氧树脂

含 DOPO 环氧树脂的合成主要有以下两种途径。

①通过 EP 和 DOPO 直接反应得到产物，其反应过程为

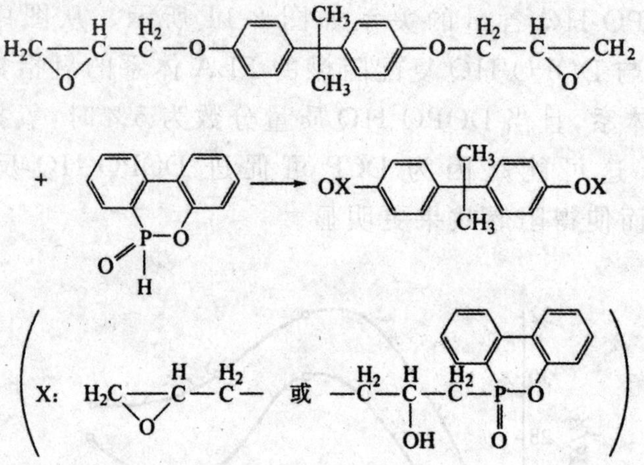

②DOPO 和醛在一定条件下反应得到含磷中间体,然后将中间体与 EP 反应得到含磷 EP,中间体的合成反应为

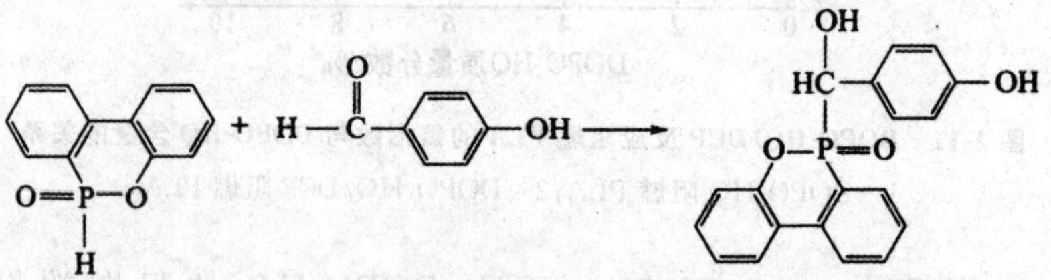

2.3 硅系和硼系阻燃剂

2.3.1 硅系阻燃剂

2.3.1.1 硅系阻燃剂及其阻燃原理

硅系阻燃剂可分为有机及无机两大类,前者主要是聚硅氧烷,包括硅油、硅树脂、硅橡胶及多种硅氧烷共聚物,而发展最为迅速的是有机聚硅氧烷;后者主要有硅酸盐(如蒙脱土)、硅胶、滑石粉等。目前,硅系阻燃剂已经广泛用于聚合物,如聚烯烃、聚酰胺、聚酯和聚氨酯等。

阻燃作用机理:单纯从元素角度来讲,硅系阻燃剂最重要的阻燃途径就是通过增强炭层的阻隔性能来实现的,即通过形成覆盖于表面的炭层,或增加炭层厚度,或增加炭层数量,或增加炭层强度,使燃烧过程中的热量反馈受到抑制,增加可燃性气体溢出的难度,同时利用炭层减少烟气浓度。

2.3.1.2　无机硅系阻燃剂

(1)聚合物/层状硅酸盐纳米复合材料

聚合物/层状硅酸盐纳米复合材料实现了聚合物基体与无机粒子在纳米尺度上的结合,克服了传统填充聚合物的缺点,赋予了材料优异的力学性能、热性能及气体阻隔性能,有明显的抗熔滴作用和成炭作用。该技术已成功地广泛应用于聚合物中,包括聚乙烯醋酸乙烯酯共聚物(EVA)、聚丙烯(PP)、聚苯乙烯(PS)、聚甲基丙烯酸甲酯(PMMA)、聚氨酯(PU)和环氧树脂。

1986 年,丰田公司最早开发出了商业应用的聚合物/层状硅酸盐纳米复合材料。即由己内酰胺单体在改性的蒙脱土插层中的原位聚合制备。研究表明,当添加蒙脱土的质量分数达到 4.2%时,这种聚合物纳米复合材料的弹性模量提高了 200%,拉伸强度增加 50%,热形变温度增加 80℃,阻燃效果也有很大提高。

聚合物/层状硅酸盐纳米复合材料的阻燃机理是:由于纳米插层的形成,阻碍了氧气进入聚合物基体以及聚合物降解的产物扩散到气相当中,纳米复合材料燃烧过程中生成炭保护层,起到了绝燃和屏蔽双重作用。因此,聚合物和氧在插层上被捕获,从而在聚合物表面形成一个“纳米级反应场所”,以及发生炭化反应。

Serge 等通过原位插层聚合的方法制备了聚苯乙烯/蒙脱土纳米复合材料。其中采用的蒙脱土改性剂是 N,N-二甲基-十六烷基-乙烯基苄-氯化铵。研究发现,添加了有机蒙脱土的纳米复合材料的阻燃性能相对于 PS 有了很大的提高。这是因为蒙脱土在复合材料燃烧时形成炭层,降低了复合材料的降解,并且在复合材料中形成阻隔片层。

Camino 等研究纳米级黏土分散性和聚氨酯/黏土纳米复合材料中的热稳定性和阻燃性能的影响。结果表明,与纯的聚合物相比,纳米复合材料的热初始分解温度提高了 10℃,热释放率降低了 43%,热释放量降低了 80% 以上,在 UL94 测试中消除了火焰引发的熔融滴落现象,阻燃性良好。

Hu 等采用熔融插层的方法制备了乙烯-醋酸乙烯共聚物(EVA)/蒙脱土纳米复合材料。经锥形量热仪分析,添加蒙脱土纳米复合材料的热释放速率(HRR)要比纯 EVA 低 40%,显示出良好的阻燃性能。

(2)纳米二氧化硅

目前,制备纳米二氧化硅(SiO_2)采用最多的是气相法和溶胶凝胶法。纳米 SiO_2 广泛应用于橡胶、工程塑料、涂料、胶黏剂、封装材料和化妆品等行业。

Ma 等在研究环氧树脂/SiO_2纳米复合材料时,发现该复合材料表现出较高的热稳定性和优异的阻燃性,正硅酸乙酯(TEOS)的含量为 20% 时,复合材料热失重为 5% 时的分解温度由 281℃上升到 350℃。力学性能也有很大提高,其中弯曲强度增加了50%,弯曲模量增加了 94%。

Wang 等研究了以聚磷酸铵(APP)、季戊四醇(PER)和二聚氰胺(MEL)作为酸源、炭源和气源,并将纳米 SiO_2 均匀添加到不同的分子结构和相对分子质量的丙烯酸树脂的表面涂层,采用DTA、TG、LOI、SEM、XPS 等方法测试反应生成的焦炭,发现相对分子质量低的丙烯酸树脂在 300～450℃时导致形成连续膨胀的焦炭,纳米 SiO_2 粒子在丙烯酸酯树脂体系中的均匀分布可以改善高温成炭和抗氧化作用。这表明这种阻燃的丙烯酸树脂纳米复合材料优于传统的丙烯酸树脂阻燃涂层。

Leroy 等将纳米 SiO_2 粒子与含有氢氧化镁和有机改性蒙脱土的膨胀性阻燃矿物体系填充到 EVA 中,研究其对燃烧性和残留物的凝聚力的影响。结果表明,高长径比的 SiO_2 取代部分金属氢氧化物,可以降低高填充量对聚合物基体力学性能的影响。类似地,粒径小和高比表面积的 SiO_2 粒子材料的点火时间由 123s 减少到 104s,也提高了自熄能力。经锥形量热仪分析,SiO_2 在较高温度下有更好的热稳定性,最高热释放率也有所下降。

2.3.1.3　有机硅化物阻燃剂

(1)有机硅氧烷

含聚硅氧烷的薄膜具有良好的热稳定性和阻燃性能,它使材料的防火性能集中在聚合物表面并保留了材料的本体性能。

Wei 等合成了一种新型含硅阻燃剂 9,10-二氢-9-氧杂-10-磷杂菲-10-氧化物/乙烯基甲基二甲氧基硅烷/N-β-(氨乙基)-7-氨丙基甲基二甲氧基硅烷。当该阻燃剂的质量分数为 30％时,能使聚碳酸酯(PC)/ABS 合金的极限氧指数(LOI)从 21.2％提高至 27.2％。锥形量热测试结果表明,添加该阻燃剂后,PC/ABS 合金的热释放速率峰值、平均热释放速率、总热释放、有效燃烧热都有所降低。在 800℃时的残炭量也从 12％提高至 17％,扫描电子显微镜分析表明,阻燃剂 PC/ABS 合金燃烧后形成的炭层外表面较光滑而内表面蓬松,这对于提高树脂的阻燃性起到积极的作用。

Mercado 等研究了聚己内酰胺和聚己内酰胺纳米复合薄膜的对比实验。结果表明,添加黏土的薄膜阻燃效果良好,其极限氧指数增加了 130％。同时,热释放率和总热释放量分别减少了 41％和 33％。这是由于聚合物在燃烧过程中形成了硅和炭质保护层,这个硅炭层阻碍并限制了聚合物和火焰之间的物质转移和热传递,减缓了聚合物燃烧释放生成气体的速度。聚己内酰胺纳米复合薄膜的作用更加明显,具有非常好的阻燃性。

Nodera 等在 PC/聚二甲基硅氧烷(PDMS)的结构性能方面做了大量的工作。研究表明,当 PDMS 的质量分数为 1％时,PC/PDMS 的 LOI 最高,为 37％。PDMS 高温分解为无定形的二氧化硅聚集在燃烧聚合物表面,起到一个屏蔽热辐射的作用,另外这层二氧化硅还起到了与底层的聚合物绝缘的作用。

（2）本质阻燃聚合物

本质阻燃聚合物与"添加型"阻燃剂和"反应型"阻燃剂不同，因其自身的特殊化学结构而有阻燃性，不需要改性和阻燃处理。把含硅基团导入聚合物分子的主链、侧链等部位，所得含硅本质阻燃聚合物除拥有阻燃、耐高热、抗氧化、不易燃烧等特点外，还具有较高的耐湿性和分子链的柔软性。

欧育湘等将四（苯乙炔基）苯与主链上含硅、硼及二乙炔基的聚合物混合，如图 2-12 和图 2-13 所示。当加热混合物至 200℃，将形成的熔融物彻底搅拌均匀，乙炔基团发生热聚合而形成共轭交联聚合物，它是一种含硅及硼的具有本质阻燃性的杂化共聚物。多乙炔苯聚合物如果主链上除含硅氧基外，还含有二乙炔基等单元，则由于后者能进行热反应或光化学反应而形成韧性的含共轭网络的交联聚合物。

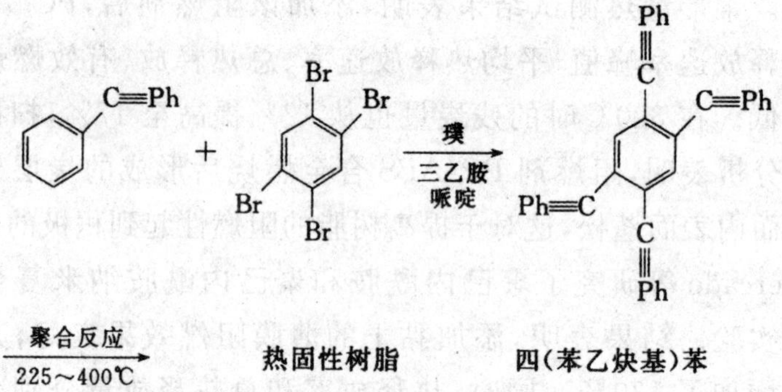

图 2-12 四（苯乙炔基）苯的合成及其聚合反应

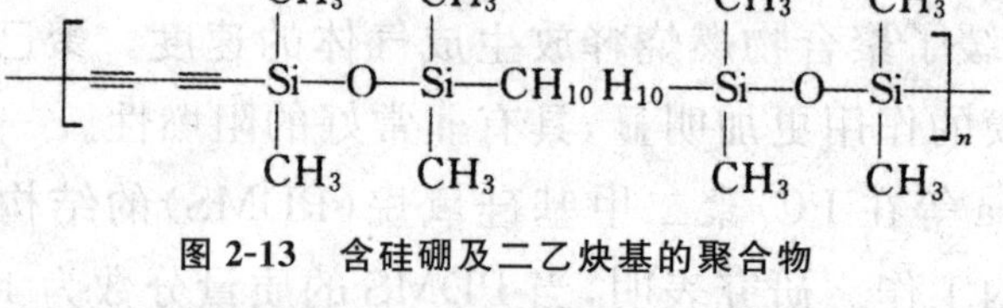

图 2-13 含硅硼及二乙炔基的聚合物

该聚合物的阻燃机理是：高温条件下，这些具有网络结构的聚合物生成炭-陶瓷、玻璃-陶瓷膜，保护下面的炭层，阻止材料的进一步燃烧和氧化；网络结构的存在降低了材料的可燃性，可燃物的生成量也相应减小。上述共聚物在空气中受强热时可形成炭-陶瓷物质膜，此膜可保护由乙炔芳烃形成的炭层，阻止材料在高温下进一步被氧化。实验证明，共聚物在高至 1000℃ 的空气中仍具有罕见的抗氧化性。而且，共聚物的抗氧化功能与其中硅的含量相关，含量越高，抗高温氧化性越好。

（3）有机硅环氧树脂

有机硅环氧树脂的分子链结构中含有—Si—O—键，使得有机硅环氧树脂具有有机硅和环氧树脂两者的优点，有阻燃、防潮、耐水、耐热等优良特性，并具有良好的电气性能和良好的工艺加工性能。

最有效地提高环氧树脂的阻燃性的方法是化学反应法，即阻燃化合物通过环氧化物或固化剂与聚合物主链反应复合。已报道端羟基硅氧烷直接用在环氧树脂的制备，端基是二氨基的硅氧烷也可以被用来作为固化剂能有效地将硅引入环氧树脂中去。更复杂的是合成含有硅的氧化物，它们本身固化或者与其他环氧共聚单体共混，关于硅的环氧单体三环氧丙烷苯基硅氧烷的合成也已有报道。

Mercado 等研究了含硅的不同化合物包括含硅的环氧化物和含硅的预聚物与环氧树脂经 4,4-二氨基二苯甲烷固化反应，如图 2-14 所示。热固性树脂的 T_g 随着硅含量的增加适度地下降，同时初始分解温度也下降，焦炭增加。由于硅的高效阻燃，环氧树脂具有很高的极限氧指数。

Sing 等利用多种含硅固化剂，对含双戊二烯的环氧树脂进行了固化研究，得到了一系列的含硅氧烷环氧树脂。结果表明，传统固化剂 4,4'-二氨基二苯甲胺（DDM）固化环氧树脂的残炭量为 2.1%，极限氧指数为 19%，而含硅固化剂固化环氧树脂的残炭量为 5% 左右，极限氧指数为 31% 以上，获得了较好的阻燃效果，并改善了韧性。Wang 等合成了新型含硅反应性环氧树脂单体三缩水甘油基苯基硅烷，通过 DDM 固化。研究表明，该体系的极限氧

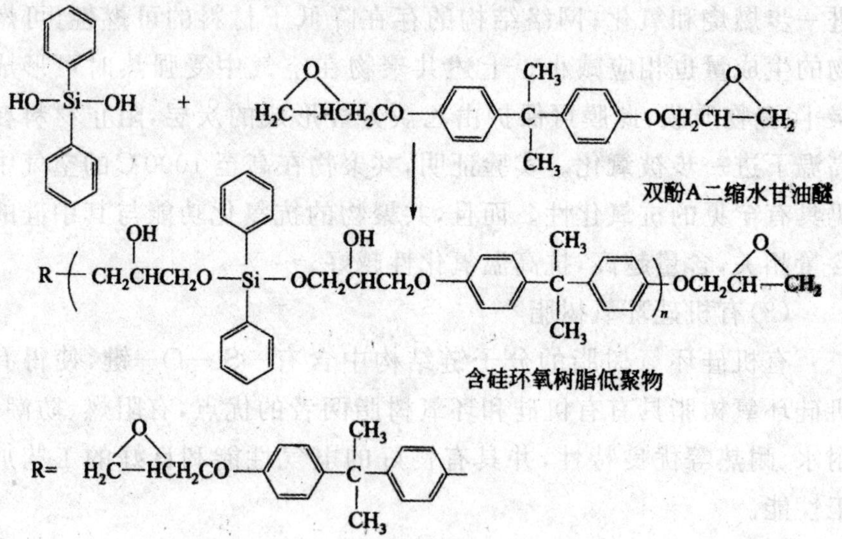

图 2-14 含硅预聚物与环氧树脂的固化反应

指数达到 35％,在氮气氛围中 800℃时,残炭量为 40％,而相对于传统的环氧树脂(Epon 828)仅为 12％。证明其是一种性能优良的反应性阻燃剂。

(4)笼状倍半硅氧烷(POSS)改性聚合物

POSS 是一种特殊的具有笼状结构的倍半硅氧烷。经 POSS 改性的高分子主要有 POSS 的聚合物如苯乙烯-POSS 聚合物体系、甲基丙烯酸-POSS 聚合物体系、降冰片烯-POSS 共聚物体系、乙烯-POSS 共聚物体系、环氧-POSS 共聚物体系以及硅氧烷-POSS 共聚物体系等。

目前研究较多的是 POSS 作为侧链或主链组分的线型聚合物,而 POSS 作为交联点插入到网络聚合物中的研究目前尚少。几种典型的结构如图 2-15 所示。

Bourbigot 等通过锥形量热仪测试涂有聚氨酯和 POSS (TPU-POSS)纳米复合涂料的纺织品和纤维织物。将 TPU-POSS 涂于聚酯织物,导致热释放速率峰值的显著降低(达 50％),特别是使用苯基 T_{12}-POSS 和聚乙烯基笼状硅氧烷树脂,然而研究人员发现异丁基 T_8-POSS 却几乎没有效果。同一研究

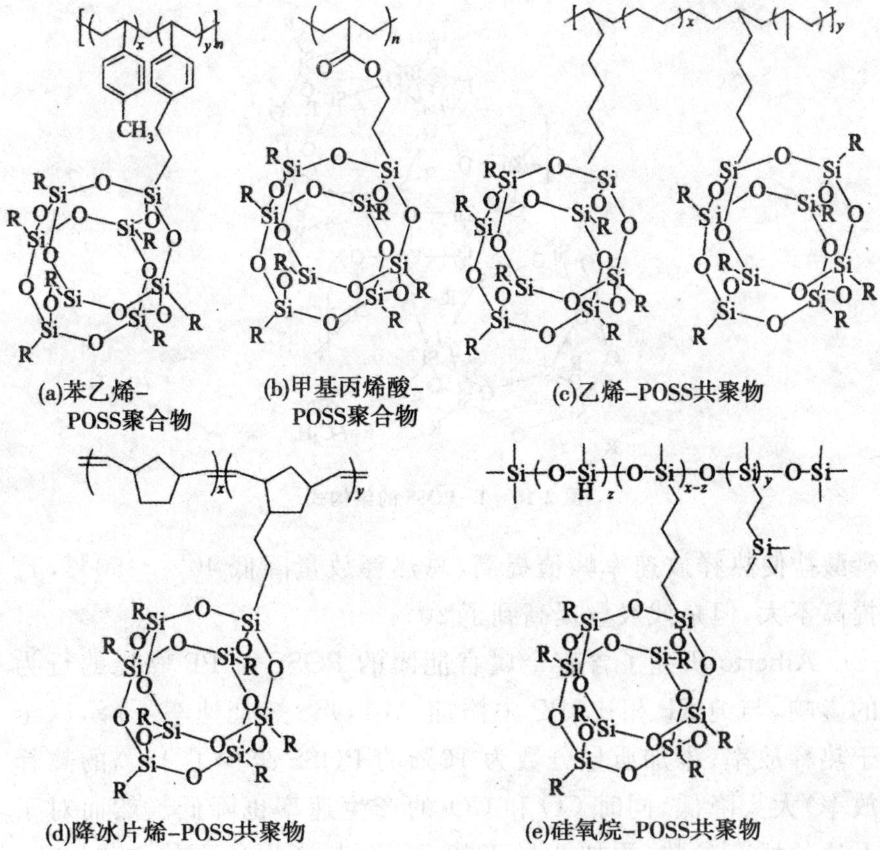

(a)苯乙烯-
POSS聚合物

(b)甲基丙烯酸-
POSS聚合物

(c)乙烯-POSS共聚物

(d)降冰片烯-POSS共聚物

(e)硅氧烷-POSS共聚物

图 2-15　POSS 聚合物的结构

小组还研究了复纱织物与聚丙烯/聚乙烯基硅氧烷树脂纳米复合材料,结果表明只是增加了点火时间,而对热释放率几乎没有影响。异丁基 T_8-POSS 的结构示意图如图 2-16 所示。

Charles 通过锥形量热测试法研究了 PMMA-三硅烷醇苯基 POSS 的纳米复合材料的燃烧行为,与纯的 PMMA 相比没有改善。至于热固性聚合物,研究表明,与纯的树脂相比,添加乙烯基-POSS 的乙烯酯树脂减少了烟释放,降低了热释放速率、延长了点火时间。

Charles 还研究了含磷的阻燃剂在热固性乙烯基酯树脂(PVE)纳米复合材料的协同作用。添加质量分数为 4% 的乙烯基-POSS 使热释放速率峰值显著降低,而再添加质量分数为 4% 的三甲苯基

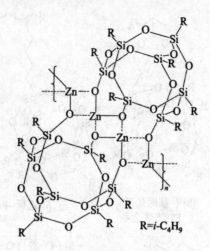

图 2-16 T_8-POSS 的结构式

磷酸盐使热释放速率峰值提高,总热释放量降低 $40\%\sim50\%$,T_g 提高不大,但是残炭量提高到了 20%。

Alberto 研究了含有金属官能团的 POSS 对 PP 燃烧的行为的影响,与纯 PP 相比,PP 中添加 Al-POSS 燃烧速率下降,以至于热释放率(添加质量分数为 10% 的 POSS 减少了 43% 的热释放率)大大降低,同时 CO 和 CO_2 的产生速率也降低。然而对于上述的所有参数,添加八异丁基 POSS 却产生负面的效果。Zn-POSS 对 PP 的燃烧行为的影响很小。Al-POSS 的影响最有可能与它的化学活性有关,在聚合物燃烧过程中催化二次反应有利于生成适量的残炭。Al-POSS 和 Zn-POSS 的结构示意图如图 2-17 和图 2-18 所示。

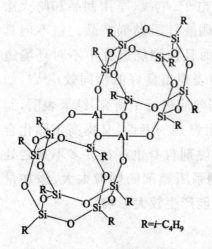

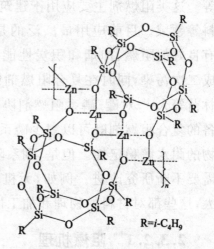

图 2-17　Al-POSS 的结构式　　　图 2-18　Zn-POSS 的结构式

　　硅氧烷的笼形结构与金属通过定位接触反应,选择这类有利于 POSS 笼形亚微观结构在聚合物基体分散的化合物。就更高的热失重温度来说,含有金属官能团的 POSS 强烈影响了复合材料的热降解性能,提高了热稳定性。

　　含有 POSS 的环氧树脂用来制备纳米加强型环氧网状结构,当 POSS 有机基团与环氧网状结构不兼容时会出现相分离。研究表明,T_8-POSS 和 Al-POSS 不同,Al 原子有着很强的影响,主要是 Al 定位 POSS 的笼形结构,与任何异丁基自由基 Si 原子的基团连接。与 T_8-POSS 相比的是改善的 Al-POSS 是由于金属在燃烧过程中的催化诱导效应,在聚合物降解过程中 Al 的接触作用促进了二次反应使部分 PP 发生炭化,导致燃烧率降低的机理是化学的,而非物理的。在这两种情况下,燃烧过程中 POSS 降解只在样条表面形成一个非连续的薄状陶瓷层,对燃烧过程没有表现出物理的阻碍作用。

2.3.2　硼系阻燃剂

　　硼酸锌和硼酸盐是两种最早被广泛使用的阻燃剂,其中硼系无机阻燃剂主要包括偏硼酸铵盐、钠盐和钡盐、五硼酸铵、硼酸锌等。这类阻燃剂主要应用于建筑、电子、电线、军用制品和防火涂料等领域。目前应用最广泛的是硼酸锌阻燃剂产品。它不但具有良好的阻燃、抑烟和积炭性能,而且在燃烧过程中不对环境造成二次污染,同时在复合阻燃剂中表现出良好的协同效应[11],如林苗等人[12]对硼/磷系阻燃剂协同效应进行了研究,结果表明,制备的复合阻燃剂既可以减少磷系阻燃剂的毒性,又提高了硼化合物的耐水解稳定性。但是,硼系阻燃剂自身也存在许多不足之处需要不断研究改进。例如,无机硼系阻燃剂的颗粒太大、添加量大,这些都对材料的物理和加工性能产生较大影响。

2.3.2.1 阻燃机理

研究表明:硼系阻燃剂的熔点都比较低,在燃烧温度下形成黏性玻璃化熔体,分解释放出水蒸气可使黏性玻璃体膨胀,覆盖到聚合物表面,阻止热量和可燃性气体的释放,从而起到阻燃作用。

①在燃烧温度下放出结合水,起冷却、吸热作用。

②硼酸盐熔化、封闭燃烧物表面,形成玻璃体覆盖层,或与其他阻燃成分共同作用,生成致密炭层,隔热隔氧;有机硼阻燃剂在燃烧过程中产生硼酸酐或硼酸,硼酸在热裂解时形成类似的玻璃状的熔融物覆盖在材料表面,隔热隔氧。

③改变某些可燃物的热分解途径,抑制可燃性气体生成。

④能够与其他阻燃剂发生协同效应,如卤系阻燃剂,具有阻燃增效的作用。

⑤具有一定的抑烟能力,降低生烟量。

⑥减少高温熔滴生成,防止二次火灾。

⑦与氮、卤、硼等元素具有产生协同效应的可能。

2.3.2.2 硼酸锌化合物

硼酸锌可以与众多产品复合使用以提高其他类型阻燃剂的阻燃效率,当其少量添加时,可以通过与其他阻燃剂的协同作用产生更高的阻燃效率,如膨胀阻燃体系、N-甲基哌嗪(MPP)、

BDP、红磷、氢氧化镁等;也可以替代部分价格昂贵的金属化合物,如锑,但进一步提高其添加量时,阻燃效率又会迅速下降。因此,硼酸化合物在我们设计配方时,可以作为一种重要的协效成分。

硼酸锌的另一个作用是具有一定的抑烟能力,能够降低烟气的产生和减少 CO 和 CO_2 的数量。这在硼酸锌与包括膨胀型阻燃体系在内的阻燃剂复合使用时经常能被观测到。

目前最常用的硼系阻燃剂就是水合硼酸锌产品,简称 FB 阻燃剂,硼酸锌能够明显提高制品的耐火性。水合硼酸锌,通式为 $xZnO \cdot yB_2O_3 \cdot zH_2O$,按其结晶水分为下列品种:$ZnO \cdot B_2O_3 \cdot 2H_2O$、$3ZnO \cdot 2B_2O_3 \cdot 5H_2O$、$2ZnO \cdot 3B_2O_3 \cdot 3.5H_2O$、$2ZnO \cdot 3B_2O_3 \cdot 7H_2O$、$4ZnO \cdot B_2O_3 \cdot H_2O$ 等多个品种。

水合硼酸锌中最常用的品种是 $2ZnO \cdot 3B_2O_3 \cdot 3.5H_2O$。白色结晶形粉末,熔点 980℃,相对密度 2.8,折射率 1.58,不溶于水和一般的有机溶剂,可溶于氨水生成配合盐,在 300℃ 以上开始失去结晶水,平均粒度为 $2 \sim 10\mu m$,毒性 $LD_{50} > 10g/kg$,没有吸入性和接触性毒性,对皮肤不产生刺激,也没有腐蚀性,对眼睛也没有刺激性。

(1)硼酸锌化合物制备方法

①硼砂法。

$$3.5ZnSO_4 + 3.5Na_2B_4O_7 + 0.5ZnO + 10H_2O \rightarrow$$
$$2(2ZnO \cdot 3B_2O_3 \cdot 3.5H_2O) + 3.5Na_2SO_4 + 2H_3BO_3$$

将硼砂和硫酸锌按一定配比溶于水中,一定温度下进行反应,反应结束后经漂洗去除硫酸钠,然后压滤、干燥、粉碎即得产品。

②硼酸法。

$$2ZnO + 6H_3BO_3 \rightarrow 2ZnO \cdot 3B_2O_3 \cdot 3.5H_2O + 5.5H_2O$$

将硼酸、氧化锌按一定配比溶于水中,在一定温度下进行反应,反应结束后漂洗、压滤、干燥、粉碎即得产品。

③硼酸锌的表征。

如图 2-19 所示为水合硼酸锌的红外光谱图。

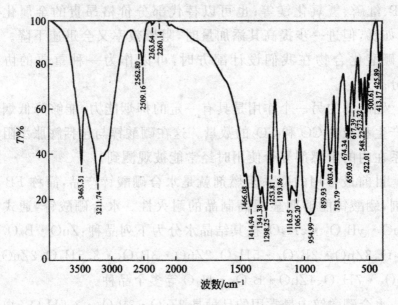

图 2-19　水合硼酸锌的红外光谱图

从热失重图 2-20 可以看出,硼酸锌的初始分解温度约335℃,经高温热解之后会有比例很高的残炭率,这一特性使其能够应用于众多热塑性及工程塑料之中。

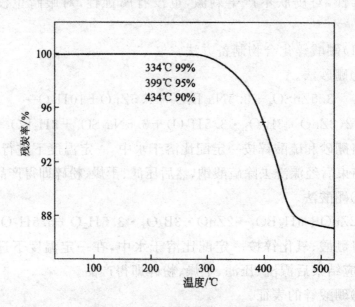

334℃ 99%
399℃ 95%
434℃ 90%

图 2-20　水合硼酸锌的 TGA 图

通常硼酸锌的颗粒呈现微米级的正六方颗粒,颗粒粒径均匀。当然,有研究表明,通过调整硼酸锌成盐时的外部化学环境,可以获得针状、球状等多种形态的硼酸锌微粒。

2.3.2.3　有机硼化物阻燃剂

由硼酸和三乙醇胺的反应产物常被用来作为纺织品的阻燃整理剂,但有些有机硼化合物的水洗牢度极差,难以满足实际应用耐久性的要求,而其中具有硼-氮配位键的、环硼氮烷类、含卤芳基硼酸类的有机硼化合物被认为具有较好的水解稳定性。

目前国内对有机硼阻燃剂的报道很少,有人将有机硼和有机磷阻燃剂复配使用,但硼、磷协同作用的先决条件是硼、磷相互接近到一定距离才会形成配位键,这样才有可能产生阻燃协同效应。有人尝试将硼、磷元素以最佳协同配比引入同一分子结构中制备成有机硼磷阻燃剂,提高了硼阻燃剂的耐水解性,应用于纯棉织物的阻燃整理中,比复配使用的硼系阻燃剂具有更好的阻燃性能,且阻燃整理的织物手感要好些,燃烧时烟雾也少一些。

2.4　金属化合物阻燃剂

金属化合物从最初作为溴系协效剂的锑氧化物,到广泛应用的镁铝氢氧化物,以及具有优异抑烟性能的钼化合物,在整个阻燃助剂以及阻燃材料领域占有重要的地位。

2.4.1　金属氢氧化物

氢氧化物阻燃剂是无机阻燃剂的重要组成部分,主要以氢氧化镁(MDH)和氢氧化铝(ATH)为主要产品,它们具有发烟量小、不产生有毒气体并且稳定性好等优点被广泛应用于电缆绝缘层[13]、弹性体产品、PF、EP 及一些不饱和聚酯类化合物等塑料行业[14]。目前,关于氢氧化物阻燃剂的研究已经取得了很大的进展,如 Zhang X. G 等人[15]采用纳米级的氢氧化铝用于 EVA 的阻燃并且取得很好的效果。Li Z. Z 等人[16]采用氢氧化镁与石墨复合后对 EVA 的阻燃研究结果表明材料的阻燃性能有了很大提高,同时还体现出良好的抑烟性。虽然氢氧化物阻燃剂的研究取得了很大的发展,但是,在实际应用中也暴露了很多不足。例如,氢氧化物颗粒太大,严重影响材料的相容性、加工性能、力学性能,并且在基体材料中的填充量较大,一般情况下只有当添加量达到 40%时才能具有理想的阻燃效果[17]。

2.4.1.1　金属氢氧化物阻燃原理

金属氢氧化物包括氢氧化镁和氢氧化铝,是阻燃剂应用中数量最大的一类,在阻燃电线电缆、聚烯烃等产品中具有广泛的应用,但这一类材料的阻燃效率偏低,所以在应用中添加数量比较大,通常添加量会在 40%~60%的范围;要想使添加量降低,可以将它与其他类型的阻燃剂复合使用,发挥协同阻燃作用。

氢氧化物阻燃剂主要利用冷却阻燃机理发挥阻燃作用。如氢氧化镁、氢氧化铝等[18-19]在高温时发生吸热脱水、分解、相变或其他吸热反应,在此过程中产生的水挥发时会消耗大量的汽化热,降低了聚合物表面和燃烧区的温度,延缓了聚合物的分解速率,使可燃性气体的挥发量减少,破坏了维持聚合物继续燃烧的条件,起到阻燃作用[20]。除了冷却阻燃机理外,氢氧化物还可以在一些聚合物中起催化的作用,使聚合物发生酸化脱水反应,这样有助于在聚合物表面形成保护型炭层。

①金属氢氧化物在受热以后,能够吸热分解释放水气,在这一过程中可以吸收大量的热量,从而使基材温度难以升高维持在着火点以上,阻碍或者延缓火灾的发生。

②大量水蒸气释放到基材外部环境中,可以稀释空气和可燃性气体,降低火灾发生的可能。

③金属氢氧化物分解后残留的金属氧化物,如氧化铝和氧化

镁,非常稳定,作为阻隔层覆盖于基材表面,可以起到隔热、隔氧、抑烟的效果。

2.4.1.2 氢氧化镁

氢氧化镁(MDH)的化学式为 $Mg(OH)_2$,相对分子质量 58.32,无色六方柱晶体或白色无定形粉末,密度 $2.36g/cm^3$,难溶于水。在 350℃分解成氧化镁。在碱性溶液中加热到 200℃以上时变成六方晶系结构。粒径 $1.5\sim2\mu m$,目数 10000,白度 $\geqslant95\%$。

氢氧化镁阻燃剂具有优异的触变性、低表面能,无机械杂质,同时兼具阻燃、抑烟、填充三种功能,而且其热稳定性更高,可用于很多工程塑料;吸热量比氢氧化铝高约 17%,有助于提高阻燃效率;抑烟能力优于氢氧化铝;硬度低于氢氧化铝,对模具的损耗小,有利于延长设备的寿命并降低成本。因此氢氧化镁被认为是最有发展前途的环境友好型无机阻燃剂,成为近几年各国研究的热点。

(1)制备技术

在阻燃方面,尽管氢氧化镁优于氢氧化铝,但在基体中的分散性差、填充量大会降低材料的力学性能等。因此,制备超细化、多晶型氢氧化镁是该阻燃剂今后的发展方向和研究热点。目前,制造方法主要有直接沉淀法、均匀沉淀法、水热法、溶胶凝胶法等湿法工艺。

李秋菊等以氯化镁(分析纯)为原料,反向滴加到氨水中制备普通氢氧化镁,然后在 200℃反应釜中对普通氢氧化镁进行水热改性,得到不同 pH 条件下晶体生长情况和产品收率。其中常温沉淀过程中 pH 值为 10.0 时,产品收率高、粒径分布均匀、分散性好。

顾惠敏等以自制的高纯硫酸镁和由氨水、氢氧化钠组成的复合碱液为原料制备高纯纳米氢氧化镁粉体。得到的氢氧化镁粉体为六方片状颗粒,粒度在 $50\sim140nm$,且粒度分布均匀,分散性好,纯度很高。

吴士军以氯化镁和氨水为原料，加入适量聚乙二醇（PEG 2000）作为表面活性剂，利用直接沉淀法合成了粉末状、粒度均匀且分散性好的纳米氢氧化镁，制备纳米氢氧化镁适宜的工艺条件为：体系温度 25℃，沉淀时间 20min，搅拌速率 500r/min，反应物氯化镁和氨水的配比（物质的量）为 1∶3.0，PEG 2000 用量为 1.50g/mol $MgCl_2$。

龙旭等在聚乙烯吡咯烷酮（PVP）/一缩二乙二醇溶液体系下，利用回流方法，选择性地制备出了氢氧化镁花状和中空圆片状多晶结构。其中典型花状多晶微粒边缘为层状结构，直径约为 1.5μm；典型中空圆片状多晶微粒从顶部看呈柱状中空结构，直径约为 900nm，用扫描电镜观察呈圆片状结构，厚度约为 60nm。

（2）应用

团聚问题是纳米 $Mg(OH)_2$ 阻燃剂制备、收集、干燥和使用过程中的一个难题。解决团聚问题的基本方法是在 $Mg(OH)_2$ 粉体表面进行相应的物理或化学处理，包括表面吸附、表面包覆、表面接枝等，所有的表面修饰或改性都是在纳米微粒的表面进行。

刘立华等采用不同改性剂对纳米氢氧化镁进行表面改性，改性后的纳米氢氧化镁粉体在软质 PVC 体系中有较好的分散性；其中硬脂酸锌的改性效果较好；改性纳米氢氧化镁的阻燃性能要优于微米级氢氧化镁。

陈一等湿法改性 MDH 有效地将偶联剂附着在 MDH 上，改性 MDH 粒子尺寸略微增大。然后通过熔融共混制备了改性纳米氢氧化镁（MDH）/微囊红磷（MRP）无卤阻燃高密度聚乙烯（HDPE）复合材料，表面改性有利于阻燃剂在树脂中的分散。MRP 和 MDH 产生协同效应，有效地提高了体系的阻燃性。HDPE/MDH/MRP 质量比为 100∶50∶7.5，复合材料垂直燃烧等级达到 FV-0 级，LOI 为 28.7%。

Balakrishnan 等研究了含量为 20%～50% 的氢氧化铝对 PA6/PP 复合材料的阻燃性能的影响。结果表明，随着氢氧化镁含量的增加，体系的 LOI 和 UL94 阻燃级别均得到提高，其中

LOI 最高可达 40.8％。当氢氧化镁添加量为 40％时,体系的 UL94 垂直燃烧阻燃等级可达 V-0 级。此外,PA6/PP 复合材料的热释放速率峰值(PHRR)为 $845kW/m^2$,而添加氢氧化镁后,其 PHRR 最低可降至 $188kW/m^2$。

2.4.1.3　氢氧化铝

氢氧化铝(ATH)的化学式为 $Al(OH)_3$,相对分子质量78,别名三水铝矿、水铝石,是铝的氢氧化物。它是一种碱,由于又显一定的酸性,所以又可称之为铝酸(H_3AlO_3)。外观为白色粉末状固体,主要有 325 目、800 目、1250 目、5000 目四个规格。

无机氢氧化铝不挥发、无毒、对基体材料腐蚀较小、对环境不产生二次污染,且又能与多种物质产生协同效应。但由于与有机聚合物的亲和性差,界面结合力小,因此造成填充量大、相容性差,不利于聚合物的加工,降低了其制品的力学性能等。然而,超细氢氧化铝常温下物理和化学性质稳定,白度高,具有优良的色度指标,在树脂中分散性好,即使添加量较多也不易发生弯曲发白现象。

(1)制备技术

氢氧化铝的传统制备方法有拜耳法、烧结法以及二者的结合法等。对于化学液相沉淀法所制备的氢氧化铝,其中 pH 值对其晶相和微结构具有很大的影响。随着溶液 pH 值从 5 增加到 11,氢氧化铝晶体结构依次为非晶态氢氧化铝、勃姆石[γ-AlOOH]、拜耳石[α-Al(OH)$_3$],相应粉体颗粒由分散的、超细的纳米絮粒到平均直径为 50nm 的絮球,再到 150nm 无规则的团聚体。

为了改善氢氧化铝与基体树脂的相容性及其在树脂中的分散性,降低氢氧化铝颗粒的尺寸是一种行之有效的手段。目前,采用新型技术来制备纳米级、多晶型氢氧化铝是国内外的研究热点。

(2)应用

纳米改性氢氧化铝(CG-ATH)与包覆红磷(RP)混合成为无

卤阻燃剂,纳米 CG-ATH 和包覆红磷能协效阻燃 PBT 复合体系,在包覆红磷添加量为 10 份、纳米 CG-ATH 为 20 份时,PBT 复合材料的氧指数从 21% 提高到 30%,达到 V-0 级。类似地,将同样的阻燃体系添加到 PA66 中,也得到了较好的阻燃效果。

采用不同偶联剂改性纳米氢氧化铝(ATH)及 ATH/红磷复合体系填充阻燃 PP,表面改性可有效提高 ATH/PP 体系的阻燃性,硅烷偶联剂较油酸钠和钛酸酯改性效果更好;在 PP 体系中,其最佳添加用量为 ATH 质量的 2%,体系中 PP/ATH 质量比为 100∶50 时,改性可使体系氧指数提高 14%～30.3%,垂直燃烧等级达 FV-1 级。少量红磷加入可与纳米 ATH 形成协同阻燃,体系中 PP、ATH 与红磷质量配比为 100∶45∶5 时比单独使用 ATH 阻燃效果更好。

2.4.2　锑系阻燃剂

无机锑系阻燃剂是一类很有前景的阻燃剂,单独使用时通常阻燃作用小,但与卤素阻燃剂并用时可大大提高卤素阻燃剂的效能。无机锑系阻燃剂主要包括三氧化二锑、五氧化二锑溶胶及锑酸钠等。其中三氧化二锑最重要且用量最大,它是几乎所有卤素阻燃剂不可缺少的协效剂。

2.4.2.1　基本性能

三氧化二锑的化学式为 Sb_2O_3,相对分子质量 291.5,相对密度 5.22～5.67。熔点 652～656℃,沸点 1525℃,为白色晶体,受热时显黄色,冷却后重新变为白色或灰色。

三氧化二锑在空气中加热变为四氧化二锑,可溶于浓硫酸、浓盐酸、浓硝酸、氢氧化钠、氢氧化钾、酒石酸、醋酸、草酸等,不溶于水、乙醇、稀硫酸和有机溶剂。

2.4.2.2　应用

三氧化二锑的主要制备方法有干法(即辉锑矿法)、湿法(即氨解法)等。在氨解法制三氧化二锑时,将粗三氧化二锑加入反应器中,加入质量分数为 30％的盐酸,在搅拌下溶解生成三氯化锑;过滤,滤液在水解槽中水解生成氧氯化锑;水解完成后用氨水中和,控制 pH＝8 左右;中和完成后过滤,用水洗涤,滤饼经干燥即得产品。

由于三氧化二锑与卤素阻燃剂协效使用作为非常经典的体系已应用十分广泛,因此,对三氧化二锑自身的超细化、纳米化、复合化及表面处理等方面的研究日益受到人们的重视。

三聚氰胺氰尿酸盐(MCA)与纳米级 Sb_2O_3 的不同配比对 PA6 的阻燃效果具有明显影响,纳米级的 Sb_2O_3 与 MCA 的质量比为 1.5：8.5 时,协效效果较好,氧指数达 33％,且 PA6/MCA/Sb_2O_3 体系中纳米级 Sb_2O_3 具有促进成炭的作用。

将 IFR(APP/PER)与协效剂 Sb_2O_3 添加到 PP 中,制备出 FR-PP。IFR 占阻燃 PP 体系总量的质量分数恒为 25％,研究不同添加量的 Sb_2O_3 对体系阻燃性能的影响。结果表明,在 Sb_2O_3 的存在下,阻燃 PP 的氧指数从 27.8％提高到 36.6％,且 Sb_2O_3 添加量为 2％时,UL94 垂直燃烧测试能够达到 V-0 级。

2.4.3　钼系阻燃剂

2.4.3.1　基本性能

钼系阻燃剂,如 α-三氧化钼、八钼酸铵和钼酸钙等,不但能阻燃,而且能抑烟,是迄今为止人们发现的最好的、可同时用作许多高聚物的阻燃抑烟剂,其特点不是由于促进燃烧而消烟,而是在不损害材料阻燃性的同时达到低发烟的目的。

目前,钼系消烟阻燃剂的品种很多,主要有钼的氧化物、钼酸盐、钼化物与其他阻燃剂的复配物。

其中,工业生产的三氧化钼和八钼酸铵的主要物理性能见表 2-25。

表 2-25　三氧化钼和八钼酸铵的主要物理性能

性能	三氧化钼	八钼酸铵
外观	淡蓝色流散性粉末	白色或近白色流散性粉末
钼含量/×100	66.5	61.10,5.43(氨含量)
平均粒径/μm	2.5	1
99.9%的粒径/μm	<32	<10
堆积密度/(g/cm³)	0.38	0.26~0.32
相对密度	4.69	3.18
折射率	>2.1	—
10%浆料的 pH	2.9	—
热稳定性/℃	>540	250(分解温度)
水中溶解度/(g/100mL)	0.68	4
DOP	41	—

2.4.3.2　应用

采用熔盐法合成的纳米钼酸镁、铝酸钙、钼酸钡,其中钼酸钙热稳定性较差,钼酸镁的失重温度比钼酸钙、钼酸钡高,在分解过程中整体属于放热,而钼酸钙、钼酸钡属于吸热过程,且钼酸镁、钼酸钡和钼酸钙的阻燃效果依次递增。

采用钼酸铵、磷酸二氢钠、钨酸钠通过化学沉淀法合成磷钼钨杂多酸铵(AMTP)。在 n(磷酸二氢钠):n(钼酸铵):n(钨酸钠)=1:6:6,pH=1.5,温度为 60℃ 的条件下反应 1h,所得磷钼钨杂多酸铵纯度高,结晶状态良好且无明显的团聚现象。

2.5　无机纳米阻燃助剂

近年来,随着纳米技术的日趋成熟以及纳米技术与无机阻燃助剂的有机结合,无机纳米阻燃助剂正逐渐成为人们研究的热点。由于纳米粒子具有特殊的效应,如表面效应、量子尺寸效应和小尺寸效应,因此,无机纳米阻燃助剂在性能上要优于常规的阻燃助剂。众所周知,含卤阻燃剂在燃烧过程中容易产生有毒或者有腐蚀性的气体,并伴有大量的烟雾,造成"二次灾害"。而对于常规的无机的无卤阻燃剂,如 ATH、MDH,由于与有机聚合物的亲和性差、界面结合力小,因此造成填充量大、相容性差,不利于聚合物的加工,降低了其制品的机械性能等。因此,研究开发新型高效的无机纳米阻燃助剂无疑是提高聚合物材料综合性能的重要途径。

无机纳米阻燃剂可分为无机纳米粉体、无机纳米层状、无机纳米纤维状和纳米金属催化阻燃剂四大类。

2.5.1　无机纳米粉体阻燃剂

2.5.1.1　金属氢氧化物

在聚合物材料中能被用作阻燃剂的金属氢氧化物之中,最重要的就是氢氧化镁(MDH)和氢氧化铝(ATH),二者在 PP、PE、PS、PA、EVA、PET 等聚合物体系中已经得到了广泛的应用。然而,它们也有一些严重的不足,如相对较低的阻燃效果和热稳定性,而且会降低基体的机械性能。

由于在金属氢氧化物质量分数相同的情况下,阻燃性能和力学性能与其粒径和分散度有关,推动了微纳米尺寸金属氢氧化物在聚合物中用作阻燃方面的发展。姚佳良等研究了纳米级和微米级氢氧化镁/PP 的阻燃性能和力学性能。研究结果表明,与微米级氢氧化镁/PP 复合材料相比,含有适当比例的纳米级氢氧化镁能够赋予复合材料更好的阻燃性,同时提高其强度和韧性。

然而并不是纳米级的氢氧化镁的阻燃性能最佳,如氢氧化镁填充的 EVA。黄宏海等通过氧指数测试,水平/垂直燃烧测试和锥形量热仪测试来研究其燃烧性能,发现当 EVA 中氢氧化镁质量分数由 35% 变化到 70% 时,纳米级氢氧化镁填充的复合材料并不是一直拥有最好的阻燃性能,而在微米级氢氧化镁填充的复合材料中间,800目氢氧化镁填充的复合材料表现出最好的阻燃性能,1250目填充的复合材料呈现出最差的阻燃性能。可将这些差异归因于氢氧化镁的粒径效应和分散程度。

尽管纳米级金属氢氧化物的添加改善了金属氢氧化物/聚合物复合材料的阻燃性能,但与此同时,复合材料的力学性能并没有明显提高。因此,为进一步提高聚合物基质中金属氢氧化物的分散性和相容性,以最大限度地改善力学性能和阻燃性能,研究方向主要集中在表面改性和微胶囊化。铝酸酯、钛酸酯和硅烷类偶联剂常常被用作金属氢氧化物的表面处理。

2.5.1.2 氧化物

除了通常的阻燃剂外,氧化物也是一种有效的阻燃剂,其中包括二氧化钛(TiO_2)、三氧化二铁(Fe_2O_3)、三氧化二铝(Al_2O_3)、二氧化硅(SiO_2)等。

Laachachi 等研究了纳米级 TiO_2 和 Fe_2O_3 微粒对 PMMA 热稳定性能和燃烧性能的影响。结果发现,加入少量(质量分数 5%)的纳米级 TiO_2 或 Fe_2O_3 能够提高 PMMA 纳米复合材料的热稳定性能。试样的 HRR 值依赖于填料的含量,在较高含量下,其 HRR 值会降低。尽管 Fe_2O_3 纳米微粒与 TiO_2 有相似的粒径和表面积,但是在锥形量热实验中,它们的加入会引起不同的燃烧行为。在质量分数 20% 的 TiO_2 的存在下,PMMA 纳米复合材料的 pk-HRR 会减少大约 50%,然而使用同等含量的 Fe_2O_3 时仅降低 37%。另外,含有 TiO_2 时引燃时间会明显增加,但在更高的 TiO_2 含量下,引燃时间基本上保持不变。

Cinausero 等人研究了纳米级憎水性氧化物(Al_2O_3 和 SiO_2)和多聚磷酸铵(APP)复配阻燃剂对 PMMA 与 PS 燃烧性能的协同作用。通过对纳米级亲水性与憎水性氧化物进行对比表明,憎水性 Al_2O_3 比亲水性 Al_2O_3 更易形成稳定的、裂纹少的残炭。此外,在 PMMA 和 PS 中添加结合 APP 的憎水性 SiO_2 后,可观察到 pk-HRR 和烟密度有明显的降低,且 LOI 有所增加。纳米复合材料阻燃性能的改善主要是由于材料在燃烧过程中形成了一种特定的硅偏磷酸盐(SiP_2O_7)晶相,这种晶相有助于促进炭化和形成一种有效的隔热层。

Tibiletti 等研究了纳米级 Al_2O_3 和亚微米级 $Al(OH)_3$ 对不饱和聚酯树脂(UP)热稳定性能和燃烧性能的影响。实验发现,单独使用任一种粒子对 UP 的燃烧性能基本上没有影响。然而,通过利用锥形量热仪测试发现,添加两种粒子的混合物能使 UP 的可燃性明显降低。将两者以 1∶1 混合后,添加 10% 可使树脂的 pk-HRR 值降低 32%,而且质量损失减慢,残炭形成量提高。这种协同效应能够归因于燃烧过程复合材料表面两种不同平均粒径的矿物粒子的排列所引起的物理阻隔效应,这种效应也进一步促进了氧化物纳米粒子比表面积所产生的催化效应。

2.5.1.3　笼形聚倍半硅氧烷(POSS)

POSS 是一种类似二氧化硅的无机纳米笼形结构体,能被多个位于笼形体顶角上的有机基团所包围,其化学式可表示为 $(RSiO_{1.5})_n$,典型结构如图 2-21 所示。这些有机基团决定着 POSS 单体的性质,如结晶性、溶解性、与聚合物基体的相容性。

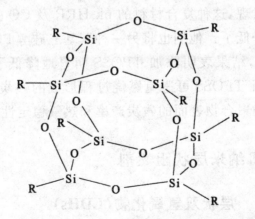

图 2-21　POSS 的典型结构

近年来,纳米 POSS 作为一种新型的增强材料被广泛地研究。通过共混、接枝、交联或者共聚等方法，POSS 几乎可以被添加到所有的热塑性或热固性材料中。此外，研究人员发现在这些复合材料热解甚至燃烧期间，POSS 能够充当前驱体，在高温下形成热稳定的陶瓷质材料。

与其他无机纳米填料相似，POSS 添加到聚合物中能够有效地改善熔体黏度和聚合物基体的力学性能。而且，作为一种前驱体陶瓷混合物，POSS 可通过减少燃烧过程的热释放总量来影响燃烧性能。

Fina 等研究了在 PP 中加入二聚和低聚的铝（或锌）-丙基倍半硅氧烷（Al-POSS 和 Zn-POSS）的影响。实验结果表明，不同的 POSS 化合物通常会显示出不同的阻燃效果。Al-POSS 的存在有助于残炭形成并引起 HRR 的降低，同时导致 CO 和 CO_2 产率也有所减少。而 Zn-POSS 则不会明显地影响 PP 的燃烧特性。

杨荣杰等研究了 DOPO-POSS 对 PC 复合材料的力学性能、热学性能和阻燃性能的影响。结果表明，当 DOPO-POSS 的添加量为 4% 时，复合材料的 LOI 由 24.1% 增加到 30.5%，UL94 级别达到 V-0 级。与此同时，复合材料的力学性能也有所提高。

胡源研究小组制备了一种八面体的 POSS（octaTMA-POSS），并通过熔融共混制备了 PS/POSS 复合材料。通过锥形量热仪测试发现，这种复合材料的 pk-HRR 及 CO 的浓度和释放速率显著地降低了。他们也将另一种苯基三硅醇 POSS（TPOSS）应用到 PC 中，结果表明添加 TPOSS 明显地降低了复合材料的 pk-HRR，并且 TPOSS 可避免燃烧过程形成的残炭被氧化，并因此能提高燃烧聚合物表面的残炭产率和热氧稳定性。

2.5.2　无机纳米层状阻燃剂

2.5.2.1　层状双氢氧化物（LDHs）

对聚合物的阻燃性能已经表现出积极影响的其他金属氢氧化物称为层状双氢氧化物（LDHs）。LDHs 是一种主客体材料，主体是带正电的金属氢氧化物片层,客体是插层阴离子和水分子。分子式为 $[M_{1-x}^{2+}M_x^{3+}(OH)_2]A_{x/n}^{n-} \cdot yH_2O$,其中,$M^{2+}$ 和 M^{3+} 分别是二价的和三价的金属阳离子,如 Mg^{2+} 和 Al^{3+},A^{n-} 是层间阴离子,如 CO_3^{2-}、Cl^- 和 NO_3^-。

由于 LDHs 填料的特殊结构,使其有别于常规的阻燃材料,具有多种独特的性能,目前已经广泛应用在 PMMA、聚酰亚胺(PI)、EVA、EP、PLA 等纳米复合材料中。此外,已有研究表明,即使 LDHs 不是以纳米级分散在聚合物基体中,也能使复合材料的 pk-HRR 值有实质性的降低。这一点与蒙脱土(MMT)层状硅酸盐有很大的不同。

张泽江等发现,用 Mg-Al 层状双氢氧化物这种合成的阻燃剂与 APP 结合后处理 PS,与仅仅添加 LDHs 或 APP 的 PS 相比,表现出一个更高的 LOI。另外,在 LDHs 含量相同的情况下,通过乳液和微波聚合制备的 PS/LDHs 纳米复合材料的 LOI 要高于 PS 和纳米 LDHs 的常规混合物的 LOI 值。

韩恩厚等研究了纳米 LDHs 对阻燃涂料的残炭形成以及耐火性能的影响。结果表明,由 LDHs 形成的互穿网络结构能够有效地促进残炭的形成和完善残炭的结构。将测试板的温度达到 300℃所需要的时间定义为耐火时间,添加质量分数为 1.5% 的纳米 LDHs 时,阻燃涂料的耐火时间最高,为 100min,且炭化层的厚度为 17.1mm。另外,其黏接强度为 0.47MPa。由此可见,添加质量分数为 1.5% 的纳米 LDHs 就能有效地提高复合材料的耐火性能和力学性能。

Wilkie 等探究了 EVA/LDHs 的阻燃机理。结果表明,LDHs 在 EVA 降解的第一步中起着重要的作用,且 LDHs 分散性越好,纳米复合材料的 pk-HRR 值降低得越多。

对含量 2% 的 Zn-Al-LDHs 的 PLA 纳米复合材料的形态与燃烧性能研究表明,Zn-Al-LDHs 在 PLA 基体中具有良好的分散状态,因此,添加 Zn-Al-LDHs 对提高 PLA 纳米复合材料的阻燃性能是非常有效的。

2.5.2.2 层状硅酸盐

层状硅酸盐是由一个铝氧(镁氧)八面体夹在两个硅氧四面体之间靠共用氧原子而形成的层状结构,长、宽从30nm到几微米不等,层与层之间靠范德华力结合,并形成层间间隙。这种材料在许多领域都具有特殊的性能和潜在的应用。整体上,聚合物/层状硅酸盐(PLS)纳米复合材料,作为一种具有超细相尺寸的填充型聚合物,结合了有机和无机材料的优点,如轻质、耐挠性、高强度和热稳定性等,这些性能是很难从单一组分获取的。而且,由于是纳米级分散,以及聚合物与层状硅酸盐之间的相互作用,PLS纳米复合材料表现出较高的阻燃性能。

(1)蒙脱土

用作阻燃方面的天然层状硅酸盐包括云母、氟云母、水辉石、氟水辉石、滑石粉、皂土、海泡石等。蒙脱土经纳米有机改性后,可将层内亲水层转变为疏水层,从而使聚合物与蒙脱土具有更好的界面相容性。目前,有机改性蒙脱土(OMMT)已经广泛使用在PP、PS、ABS、EP、PA、PVA等复合材料中。

马海云等通过熔融共混制备了ABS/OMMT和ABS-g-MAH/OMMT纳米复合材料。与ABS、ABS-g-MAH、ABS/OM-MT相比,ABS-g-MAH/OMMT的pk-HRR、平均热释放速率(AHRR)、热释放总量(THR)均表现出最低值,分别为$621kW/m^2$、$175kW/m^2$、$31.9MJ/m^2$。这主要是由于在ABS-g-MAH/OMMT纳米复合材料中形成了更为完善的OMMT网络结构,从而极大地提高了纳米复合材料的阻燃性能。此外,OMMT网络结构还提高了熔体黏度,并且在燃烧期间对聚合物链的迁移产生抑制作用,这进一步提高了纳米复合材料的阻燃性能。

郑辉等制备出了PP/IFR/OMMT阻燃纳米复合材料,当复合材料中IFR含量为25%时,加入4%的OMMT,体系的缺口冲击强度为$7.8kJ/m^2$,拉伸强度为25.3MPa,弯曲模量为1520MPa,LOI提高到26%,而耐热性也得到提高。通过对膨胀炭层的 SEM 分析表明,OMMT 可以使炭层更加紧密。由此可以看出 OMMT 能够同时改善纳米复合材料的力学性能、热性能和阻燃性能。

胡智等在 PC/P[DOPO-乙烯基三乙氧基硅烷(VTES)]体系中,加入 MMT 后,通过 LOI 测试和 UL94 级别测试发现,残炭的形成速率明显加快,这也许是由于 MMT 的催化效应引起的。当 MMT 的质量分数为 2% 时,它的 LOI 从 32.8% 下降到 29.8%,但 UL94 级别从 V-2 级达到 V-0 级,这是由于快速形成的炭层阻碍了二次点燃。

在聚合物基体中添加相对低量的有机阳离子改性纳米黏土可以在燃烧过程中产生一个保护层。一旦加热,熔融的聚合物/层状硅酸盐(PLS)纳米复合材料的黏度随着温度升高而降低,而且使黏土纳米层更容易迁移到表面。此外,传热促进了有机改性剂的热分解和黏土表面上强质子催化位点的生成。这些催化位点能催化形成一种稳定的炭化残留物。因此材料表面上累积的黏土充当了一种保护性屏障,限制了热量、可燃的挥发性降解产物以及氧气向材料中扩散。

(2)凹凸棒土

凹凸棒土是一种结晶的、含水的镁铝硅酸盐矿物,具有理想的分子式:$Mg_5Si_8O_2O(HO)_2(OH_2)_4 \cdot 4H_2O$。凹凸棒土的结构可以看成是一种特殊的层状链式结构。

Yang 等研究发现,凹凸棒土或者二氧化硅加入到 SINK 填充的 PS 中可通过促进残炭形成和降低燃烧过程的总热释放量来进一步提高这些材料的阻燃性能。在 SINK 填充的 PS 中,加入 10% 二氧化硅后可使 PHRR 降低 56%;加入 3% 凹凸棒土可使其值降低 44%。

2.5.2.3　磷酸锆

磷酸锆(ZrP)类材料是近年来逐步发展起来的一类多功能材料,既有离子交换树脂一样的离子交换性能,又有像沸石一样的选择形吸附和催化性能。同时又有较高的热稳定性和较好的耐酸碱性。这类材料以其独特的插入和负载性能而呈现广阔的发展前景,并成为国内外的研究热点。

近年来,纳米级的 α-磷酸锆和 γ-磷酸锆已经被用来制备纳米复合材料,用在 PP、PET、PA6、EVA 和 PVA 中。这些新型材料具有很好地降低聚合物燃烧速率的能力。

在早期的研究中,ZrP 表现出了能够降低聚合物可燃性的能力及其与膨胀型阻燃剂结合后表现出的协同效应。然而,与黏土不同,单独添加相同含量的 α-ZrP 不能有效地降低聚合物的 pk-HRR。作为一种固体酸性催化剂,α-ZrP 极有可能是通过化学而非物理效应,来促使材料的 pk-HRR 降低的。

通过溶液共混,已经制备出 PVA/ZrP 和 PVA/层状硅酸盐(蒙脱土和水辉石)纳米复合材料。与基于黏土的样品相比较,PVA/ZrP 纳米复合材料在 $200\sim350℃$ 的温度范围内表现出一个较快的炭化过程,且在 350℃ 以上呈现更高的热稳定性和更大的残炭产率。通过观察残炭的电镜照片可以发现其独特的结构:该残炭是由覆盖在紧密卷曲的 ZrP 纳米薄片上的炭组成的。

2.5.3 无机纳米纤维状阻燃剂

2.5.3.1 海泡石

海泡石是一种纤维状的含水硅酸镁矿物,具有许多优良性能,如分散性、热稳定性、耐高温性(可达 $1500\sim1700℃$)。目前已经被使用在 PP、PA、PLA、涂料等材料中。

通过采用盐酸对海泡石进行改性处理的方法,吴娜等研究了改性海泡石对聚丙烯的影响。将处理后的海泡石,通过双螺杆与 PP 熔融共混。结果表明,海泡石在 PP 基材中分散比较均匀,具有很好的抑烟效果,可以促进 PP 燃烧成炭。

Bodzay 等研究了海泡石对膨胀型涂料的残炭形成和耐火性能的影响。结果表明,加入海泡石有助于形成厚度适当、空间结构良好的保护层,这样就赋予了膨胀型涂料极好的隔热性能。进一步对比研究发现,海泡石的阻燃效应要优于其他的被研究的黏土类型(有机改性蒙脱土、坡缕石)。

2.5.3.2　炭纳米管

在阻燃领域,研究最为广泛的纳米纤维状材料是炭纳米管(CNTs),包括小直径即 1～2nm 的单层纳米管(SWNTs 以及较大直径 10～100nm 的多层纳米管(MWNTs)。

炭纳米管具有较高的长径比,在聚合物基质中低含量的 CNTs 可以渗透形成网络,同时使聚合物的性能出现明显的提高,如力学性能、流变性能和阻燃性能。

Kashiwagi 等研究了炭纳米管分散状态和浓度对 PMMA 纳米复合材料的阻燃性能的影响。结果表明质量分数仅 0.5% 的 SWNTs 适当分散在 PMMA 中,可导致材料的热量会在一个更长的时间内被释放。然而,SWNTs 分散状态不佳时,PMMA 纳米复合材料的燃烧特性表现得与未添加的 PMMA 相似。在相对较高的浓度下,残炭可形成一个不带有任何可见裂纹的连续层,覆盖在整个样品表面上。

Dubois 等研究了 MWNT 平均尺寸对 EVA 可燃性的影响,将质量分数为 3% 的 MWNT 和粉碎的 MWNT 被添加到 EVA 共聚物中。结果表明,当添加粉碎的 MWNT 时,体系引燃时间有明显的增加。这可能是由于在纳米管粉碎过程中形成的且存在于粉碎的炭纳米管表面或末端上的自由基之间发生了化学反应。

第3章　聚合物/无机纳米复合阻燃材料的制备与性能

聚合物/无机纳米复合材料是将无机纳米结构单元分散于聚合物基体中形成的复合材料。由于综合了有机、无机、纳米材料三方面的特性,充分发挥、利用纳米粒子独特的光、电、热、磁、力、化学活性、催化等性能,近年来受到各国学者的高度重视,已成为材料领域的研究热点之一[116]。

3.1　聚合物纳米复合材料概述

"纳米复合材料"广泛用于描述一种范围极广的材料,这种材料至少有一个组分的尺寸为亚微米级。对真正的纳米复合材料而言,一个更好且更严格的定义应是"本质新材料"(杂化体),其中纳米级组分或结构可赋予材料本质的新性能,而该性能是非纳米复合材料和单组分材料所不具备的。定义"本质新材料"的必要条件是:纳米结构的尺寸小于材料某一物理性能的特征尺寸。例如,对导体或半导体的电子特性而言,该尺寸与电子的德布罗意波长相关;对聚合物的力学性能而言,该尺寸与聚合物链段或晶体的尺寸相关;高聚物玻璃体的热力学性能相关于其协同长度。

对纳米复合材料而言,本质的新性能主要源自于邻近填料表面聚合物特性的改变,如聚合物吸附于填料表面或限制于填料片层之间,同时也主要取决于填料的有效作用面积。因此,只有在填料添加量相当低且接近高长径比填料的渗流阈值,并达到良好分散时才能形成真正的纳米复合材料。但现在,除填料的分散以外,这些填料的纳米结构与超高表面积都未被充分研究与利用,这就导致由许多纳米级无机填料形成的复合材料沦为传统复合材料。

经过适当的改性后,纳米级层状无机填料就可高效分散于聚合物基体中。近年来,该领域的研究获得了重要的进展,这主要源自于开创这类材料复兴的两个主要发现:①Unitika 与 Toyota 的研究人员发现,少量的无机填料即可使尼龙 6/MMT 纳米复合材料的热性能和力学性能同时获得显著提高;②Giannelis 等发现,聚合物与未经有机改性的黏土可进行熔融共混。自此,工业应用的高度期望激发了研究的热潮,这些研究表明,多种良好分散的纳米级层状无机填料可显著提高聚合物的多项性能。实际上,这些性能的提高源自于纳米结构,且通常适用于大多数聚合物。

3.1.1　聚合物纳米复合物的形成

非均匀多组分体系的相界面具有一定的厚度,其性质不同于单个组分。相界面的形成是通过聚合物在填料表面上的吸附、各组分的相互扩散或各种化学反应实现的。图 3-1 显示了聚合物/$CaCO_3$复合物的界面厚度与界面酸碱作用强度以及接触面积大小间的关系。PP 与 PE 属于非极性聚合物,与 $CaCO_3$ 混合时,它们之间的作用强度不大,因此相界面较薄。反之,PVC 为极性聚合物,与 $CaCO_3$ 的作用很强,因此它们之间形成的界面要厚得多。对于纳米复合物而言,巨大的相界面之间的作用强度比常规的非纳米的聚合物要强百倍,故而赋予材料以特殊的性质。以硅烷处理的相界面为例,其界面厚度取决于用掉的硅烷的量及其间的作用强度。界面层的性质则取决于有机官能团的种类。

若没有充分地混合均匀,纳米效应是无法体现的,更不能构成优良的聚合物纳米复合物。分散性的优与劣对 HRR 影响很大,低劣分散的混合物与纯聚合物间的 HRR 相差无几。分散性与均匀性的好坏既取决于加工的设备条件，又取决于纳米复合物主体的聚合物性质（如种类、组成、表面、界面改性等）。

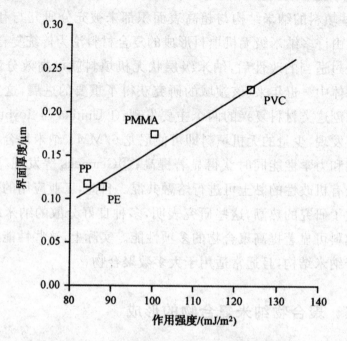

**图 3-1 聚合物/CaCO₃ 复合物的界面厚度
与界面作用强度（酸碱作用）间的关系**

纳米复合物的产生属于热力学驱动反应，它的生成与界面内极性基团间的作用有关。聚合物与纳米填料混合过程的能量变化既有来自粒子紊乱程度又有来自粒子间作用程度的贡献。基于热力学观点，反应过程的进行与否应该取决于两方面的因素，即熵变 ΔS 与焓变 ΔH。判断整个过程进行的方向依赖于过程热力学能的变化 ΔF_T（$\Delta F_T = \Delta H_T - T\Delta S_T$），式中 T 表示温度。ΔF_T 值越负（<0）的反应越容易自发进行，进行程度越高。混合过程的焓变 ΔH_T 主要取决于聚合物与无机填料间的化学作用或范德华引力作用，或者说，多相体系中 ΔH_T 值取决于参加组分的极性或表面能。混合过程的熵变表明各组分粒子紊乱程度的变化。混合过程是紊乱度由小向大变化的过程。因此混合过程的 $\Delta S_T > 0$。总之，ΔH_T 的值越负、ΔS_T 的值越正，则 ΔF_T 值为负，混合过程越容易发生。

Vaia 等由热力学分析得出促进生成聚合物纳米复合物的两个基本条件：①常用的烷基-阳离子表面活性剂可以产生足够的焓变；②聚合物-无机物间混合焓变的作用大于表面活性剂-无机物的作用。

3.1.2　纳米填料对材料性能的影响

3.1.2.1　常见的纳米填料

PNC 的研发离不开纳米颗粒的介入。不同纳米粒子，如阳离子黏土 MMT、阴离子黏土 LDH、海泡石、CNT、POSS 等，由于结构上的差异可赋予纳米复合物以多种不同的性质。

（1）蒙脱土

蒙脱土（MMT）为阳离子型黏土，其层间电荷密度低，在聚合物中容易以剥离形式存在，因此近年来 MMT 类型的黏土在聚合物纳米复合物的研发中得到了广泛的关注。表 3-1 及图 3-2 分别为 2：1 云母型层状硅酸盐的化学组成及其结构。

表 3-1　层状硅酸盐（2：1 云母型）的化学组成

名称	同形取代位置	化学通式
MMT	八面体	$M_x(Al_{4-x}Mg_x)Si_8O_{20}(OH)_4$
水辉石	八面体	$M_x(Mg_{6-x}Li_x)Si_8O_{20}(OH)_4$
皂土	四面体	$M_x Mg_6(Si_{8-x}Al_x)O_{20}(OH)_4$

（2）层状双羟基化物

层状双羟基化物（LDH）亦称为阴离子黏土，比阳离子黏土（MMT）容易合成。其化学通式为

$$[M_{1-x}^{II}M_x^{III}(OH)_2]_{intra}^{x+}[A_{x/m}^{m-}\cdot nH_2O]_{inter}^{x-}$$

$$M^{II} = Mg^{2+}, Zn^{2+}, Ca^{2+}, Co^{2+}, Ni^{2+}, Cu^{2+}, Mn^{2+};$$

$$M^{III} = Al^{3+}, Cr^{3+}, Fe^{3+}, Co^{3+}, Ga^{3+}, Mn^{3+};$$

$$A^{m-} = 层间可交换的阴离子(Cl^-, CO_3^{2-}, SO_4^{2-}, NO_3^-)$$

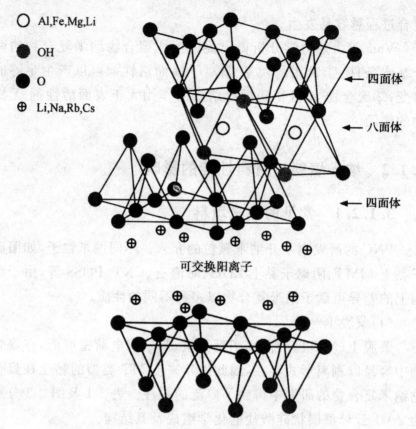

图 3-2　2：1 云母型层状硅酸盐结构系列

LDH 的结构与类水镁石结构 $[M^{II}_{1-x}M^{III}_x(OH)_2]^{x+}_{intra}$ $[A^{m-}_{x/m} \cdot nH_2O]^{x-}_{inter}$ 相似，即由以 Mg^{2+} 为中心的 $Mg(OH)_2$ 八面体共边组成。每个 Mg^{2+} 周围的六个—OH 基围绕着中心 Mg^{2+} 形成六重配位结合的二维羟基片层。羟基片层彼此又通过氢键连接而堆积成 LDH 晶体结构，与聚合物分子可形成二维纳米复合物。如果没有 M^{III} 离子存在，整体结构类同于 $Mg(OH)_2$。当部分 Mg^{2+} 被三价 Al^{3+} 取代时，则羟基片层荷正电。必须在羟基层间引进阴离子 A^{m-} 和 H_2O 分子才能达到稳定的电中性。因此，LDH 是含有正电荷同时具有阴离子与水分子插层的水镁石层状结构，在结构上有别于纯的 $Mg(OH)_2$，后者虽呈片层结构，但并不具备插层的可能，因此不可能通过插层的途径将 $Mg(OH)_2$ 制成纳米复合物。

　　MgAL-LDH 是典型的类水滑石化合物,如图 3-3 所示。其制备方法是 Al_2O_3 首先与 M^{II} 离子浸渍,然后再与 M^{III} 离子浸渍,在此过程中,M^{II} 和 M^{III} 在 Al_2O_3 上共沉淀。

　　LDH 层间的组成具有高度的可调性,从中可以获得多种性质,具有多方面的用途,如催化剂、吸附剂、稳定剂、陶瓷前体、电化学、生物医疗等。与阳离子硅酸盐黏土相比,因层与阴离子间的静电引力过大,很难获取完全剥离形态的复合物。如 PA6/MgAl-LDH 很难通过熔态挤出法制成完全剥离型的纳米复合物。可以通过提高 M^{II}/M^{III} 的比值,即降低 M^{III} 的含量,从而降低阴离子交换能力(AEC),从而有利于剥离型纳米复合物的生成,如图 3-4 所示。这也是影响 LDH 研发的原因之一。当然,剪切与阴离子交换能力(AEC)可能是影响 LDH 在 PA6 中分散的重要因素。

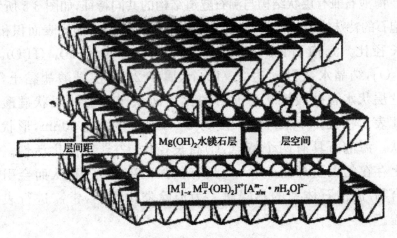

层间距　　$Mg(OH)_2$水镁石层　　层空间

$$[M_{1-x}^{II} M_x^{III}(OH)_2]^{x+}[A_{x/m}^{m-} \cdot nH_2O]^{x-}$$

图 3-3　类水滑石化合物的典型结构示意图

　　Kang 等由 UL94 水平燃烧试验获知:相对于常规 ATH、MMT 及 APP 而言,制得的 LDH/环氧树脂纳米复合物具有较低的燃烧性能,并认为是由金属氧化物插层纳米结构的形成所致。其间所释放的 H_2O、CO_2 等有吸热和稀释作用,使得点燃时间(TTI)延长,有一定的阻燃效果。LDH 的热分解产物呈多孔状,其大比表面能够吸附燃烧过程产生的烟和气,故 LDH 又有抑烟

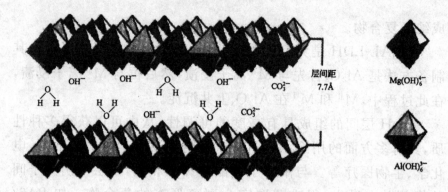

图 3-4　LDH 层间结构示意图

作用。由结构和化学组成来看，LDH 与 $Al(OH)_3$ 及 $Mg(OH)_2$ 有很多相似之处。PMMA/LDH 纳米复合物的效果与 PMMA/(ATH＋MDH)常规体系的效果相当。

（3）海泡石

海泡石兼有层状结构与沸石隧道结构的共同特征，如图 3-5 所示。海泡石的特殊构造使其具有一系列通道，因而有极大的比表面积和高的长径比。海泡石的化学组成为 $[Si_{12}O_{30}\text{-}Mg_8(OH)_4(H_2O)_4 \cdot nH_2O]$，结晶水数目 n 达 2～12 个，属于 2∶1 层硅酸盐黏土，为薄片层状水合硅酸镁。海泡石的比表面积比一般的层状硅酸盐的比表面积大。单根纤维长度为 2～3mm，直径约 50nm，形状呈针状。海泡石具有两个特点：①高长径比；②具有催化活性。表面上存在的大量羟基(—OH)具有很强的催化作用，从而会引起聚合物/海泡石体系的热降解。为消除催化影响，常需进行表面覆盖。

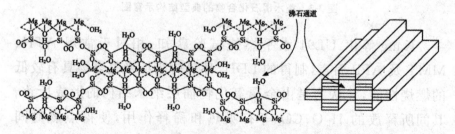

图 3-5　海泡石纤维结构及其化学结合方式示意图

由于外部有不连续的氧化硅片存在,故在边角处联结有大量的硅醇基团(—SiOH),整体呈纤维状。

高比表面及微小尺寸导致海泡石纤维易于通过范德华引力、离子作用以及氢键作用而形成凝聚体。如何控制海泡石纳米纤维在聚合物中的分散性则成为一个重要问题。DSM 公司采用马来酸酐改性聚丙烯(PP-g-MA)、双嵌段共聚物 PP-PEO、含有羧酸基的聚丙烯(PP-酸)处理海泡石。形貌与力学分析表明后两者的改性效果优于 PP-g-MA。

(4)CNT

CNT 内在的高长径比和各向异性的结构特点,使之显现出优越的电性能和热性能。CNT 可通过电弧放电、激光消融、热等离子体化学气相沉积等途径制备。

CNT 常作为聚合物阻燃剂使用。很低浓度的 CNT 就可通过逾渗作用在聚合物基体中形成网络结构。用量少于 3%(质量分数)即可赋予 EVA、PS、PMMA、PA6、LDPE、PP 等聚合物以一定的阻燃性能。例如,加入 0.5%(质量分数)分散均匀的单壁碳纳米管(SWCNT)足以使 PMMA 的 HRR 下降 50%。加入 0.5%～1.0%(质量分数),可以在 PP 表面上形成网络,连续布满整个表面且无可见的裂纹。

3.1.2.2　海泡石对热稳定性的影响

在惰性气体或含氧气氛(空气)中,所有聚合物/黏土纳米复合物的热稳定性较之纯聚合物都有所提高。这种现象与填料/聚合物间的作用有关,常归结为纳米复合物表面阻挡层的生成。可以认为这种作用与纳米填料的几何形状以及长径比有一定的关系。热分析(TGA/DTG)常用于研究聚合物纳米复合物的热行为,包括热稳定性、老化性、成炭过程等。

Tartaglione 等以 PP、聚对苯二甲酸丁二醇酯(PBT)聚合物为例研究了有机改性海泡石对其形貌的影响以及催化热降解等问题。表 3-2 列出了海泡石的表面处理方式及采用的有机改性剂。PBT 的热降解不同于纯 PP,处在空气中海泡石对 PBT、PBT/海泡石复合物的热重分析(TGA)及微商热重(DTG)影响也是微小的。主要的热降解反应发生在 410℃。在约 450℃时由于氧化脱氢反应,有 7％的残余量存在。因为海泡石对于氧只起到阻挡层的作用,不可能推迟热降解过程。混合时间似乎对系统的热稳定性不产生影响。

表 3-2　海泡石的表面处理与有机改性剂

材料	方法	代号	有机改性剂
Sepiolite(海泡石)	—	S1	—
Sepiolite MT2ETOH	吸附	S2	CH_3-N^+-T，带有 CH_2CH_2OH 和 CH_2CH_2OH
Sepiolite 2MHT	吸附	S3	CH_3-N-HT，带有 CH_3
Sepiolite 2MBHT	吸附	S4	$CH_3-N^+-CH_2-$苯基，带有 CH_3 和 HT
Sepiolite PrSH30ET-Si	接枝	S5	$HSCH_2CH_2CH_2Si-OC_2H_5$，带有 OC_2H_5 和 OC_2H_5

注:结构式中"T"意为油脂。

以低密度聚乙烯(LDPE)/海泡石纳米复合物为例,图 3-6 为 N_2 及空气气氛下聚合物及几种纳米填料复合物的 TGA 曲线。相应 TGA 试验数据见表 3-3。样品分别为含 5％(质量分数)纳米填料的复合物:LDPE-SPH、LDPE-LAM、LDPE-FIB 以及参考样品 LDPE。

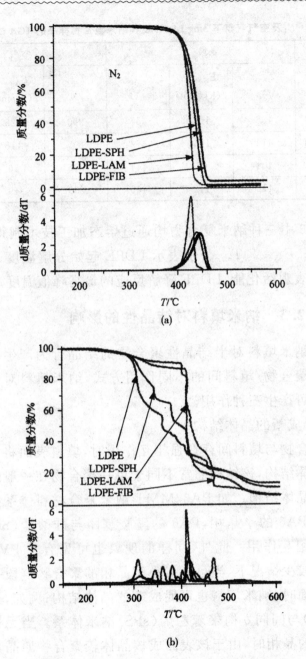

图 3-6　N$_2$(a)及空气(b)气氛下 3mg LDPE 及其
纳米复合物样品(5%纳米填料)的 TGA 曲线

(SPH 为有机处理的三维球形纳米 SiO$_2$ 颗粒；LAM 为有机处理的二
维片状纳米 MMT 颗粒；FIB 为有机处理的一维海泡石针状纳米颗粒)

表 3-3　　N$_2$ 及空气气氛下 3mg LDPE 及其纳米复合物样品的 TGA 试验结果

样品	N$_2$			空气		
	T_{onset} /℃	$E_{A,onset}$ /(kJ/mol)	T_{max} /℃	T_{onset} /℃	$E_{A,onset}$ /(kJ/mol)	T_{max} /℃
LDPE	408	168	457	290	125	310
LDPE-SPH	413	144	463	295	118	—
LDPE-LAM	404	62	444	296	36	413
LDPE-FIB	412	142	465	299	49	412

图 3-6 中三种纳米复合物均通过熔态加工技术制得。表 3-3 内的 T_{onset}、$E_{A,onset}$、T_{max} 分别表示 LDPE 起始分解温度、LDPE 降解反应的表观活化能、LDPE 降解反应的最高峰值温度。

3.1.2.3　纳米填料对结晶性的影响

添加纳米填料对半结晶性聚合物的结晶行为产生较大的影响。根据聚合物/填料间的不同作用方式,纳米填料对聚合物的结晶行为可产生三种作用。

(1)形成新的晶体结构

当聚合物与填料间存在强相互作用时,填料表面将会形成一种新的晶体结构,该结构通常不同于单一聚合物在一般结晶条件下形成的晶体结构。如 PA6/MMT 纳米复合材料体系中填料表面形成了 PA6 的 γ 晶相,PA6 的酰胺基团与硅酸盐(SiO_x)形成了强氢键相互作用。此外,同样的现象也可见有关 PVA/MMT 的报道。较少情况下,当可形成小型晶相的聚合物链段平行对齐于填料表面时,纳米填料也可促成新的晶体结构;例如,聚偏氟乙烯(PVDF)与间同立构聚苯乙烯(sPS)纳米体系。当无机填料表面形成新的晶相时,由于该表面成核晶体较聚合物原晶具备更优异的力学性能与热性能,纳米体系的力学性能和热性能将获得提升。当填料的表面积足够大时,该填料引发性能提高的效果可最大化;PA6/MMT 纳米复合材料性能的显著提升较好地验证了该推论。

（2）无定型化

极少数情况下，如对聚氧化乙烯（PEO）/Na^+-MMT 复合体系而言，聚合物/Na^+间相互作用有利于共混，但却不利于结晶性的提升。特别是，PEO/碱基阳离子型填料体系的结晶性能有所下降，表现为球晶生长速率和结晶温度的降低。尽管总结晶速率随硅酸盐的添加量成正比增大，此时填料片层表面的 PEO 是高度无定型化的。究其原因，这是由 PEO 与 Na^+-MMT 间的特殊作用方式引起的，两者间较强的相互作用促成了非晶（冠醚）PEO 构象。

（3）异相成核作用

对绝大多数聚合物来说，纳米填料对聚合物结晶行为的影响仅相关于两点：①填料的晶核化作用，如与单个填料簇的数量成正比；②填料对结晶动力学的影响，如降低 2～4 倍的晶体线增长速率。

当填料量低于 10% 时，纳米体系的平衡熔点（T_m^0）不变。如图 3-7（a）所示，依据 Hoffman-Weeks 法估算 PP-g-MA、PET、PEO 纳米体系与其单一聚合物的 T_m^0，发现中等填料量时体系的 T_m^0 不变。这样就可采用等温结晶法对比研究单一聚合物与其纳米体系的结晶动力学。为进一步探究 MMT 对聚合物结晶动力学的影响，对同等结晶条件下的晶体，可采用等温结晶法[扫描量热仪（DSC）]与微晶观测[正交偏振光学显微镜与原子力显微镜（AFM）]相结合进行研究，如图 3-7（b）所示。

表明纳米体系成型前后体系的 T_m^0 不变；添加无机纳米填料后，PET 与 PEO 体系的总结晶速率降低了，而 PP-g-MA 体系则不受影响。

由图 3-7 可见，纳米体系成型前后体系的 T_m^0 不变；添加无机纳米填料后，PET 与 PEO 体系的总结晶速率降低了，而 PP-g-MA 体系则不受影响；所有体系的线增长速率 GR 都有所降低，这可解释纳米填料对晶核密度的影响。

因为聚合物的晶体结构不受填料影响，故晶体熔点没有明显的改变。如果聚合物与填料发生作用，在填料表面附近生成新的晶体结构（图 3-8 中 PVA、sPS 的情况），那么晶体熔点会有比较

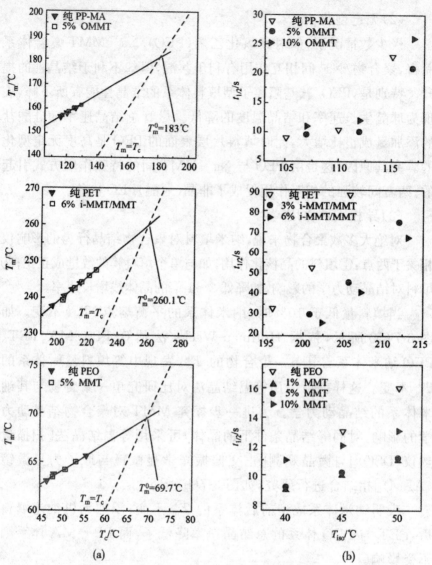

图 3-7 （a）依据 Hoffman-weeks 法，单一聚合物与其纳米体系的 T_m^0 对比曲线；

（b）相应的聚合物与其纳米体系的结晶时间

（上：PP-g-MA；中：PET；下：PEO）

明显的变化。图 3-8 下方为冷却的 DSC 扫描曲线，可见，结晶熔点明显受到加入填料的影响，造成非均相成核（PP、sPS、PVA）、新相结构的生成（PVA）以及填料周围的非晶化（PEO）等。

尽管由于聚合物与填料间的作用方式不同，导致纳米填料对

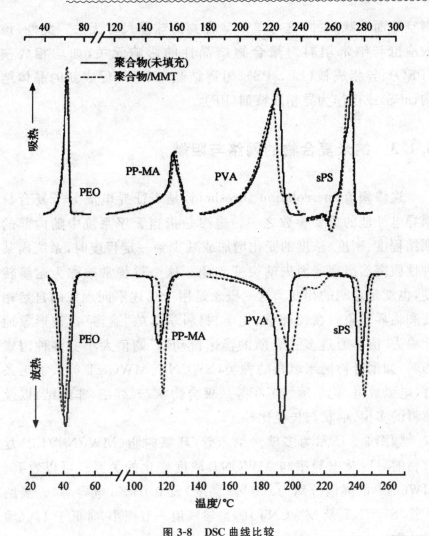

图 3-8　DSC 曲线比较

（上方为加热 DSC 扫描曲线，下方为冷却 DSC 扫描曲线
实线指未加填充的聚合物，虚线为聚合物/MMT 纳米复合物）

聚合物结晶性的影响十分多样化，但与此同时纳米结构对结晶性的影响也存在着重要的一般效应，其中最重要的效应是纳米体系形成后聚合物微晶尺寸的降低。如对比单一聚合物与其含 3％ MMT 纳米体系的球晶后发现，与填料对成核和/或结晶动力学的作用无关，所有体系的球晶尺寸都有较大幅度的降低。这是因为无机填料导致体系内的空间不连续，迫使聚合物球晶为进入填

料空隙而缩减尺寸,这与单一聚合物的球晶尺寸无关。此外,该效应也与纳米填料对聚合物结晶性的影响无关,如均相成核(PEO)、异相成核(PP,sPS)、阻碍结晶(PEO)、促成新的晶体结构(sPS)或仅作为异相成核剂(PP)。

3.1.3　纳米复合物的网络与阻燃

逾渗阈值(percolation threshold)是表征导电高分子复合材料导电性能的重要参数之一。逾渗是指当无序系统中随内部的联结程度、密度、浓度的变化增加或减少到一定程度时,系统内某种性质突然出现或消失的突变现象。这一过程常被称为逾渗转变,也就是急剧的相变。这一概念是用于描述不同现象的自然相变和临界现象。在物理学、化学、材料学里的"逾渗"常被形象地比喻为"流体通过多孔介质的慢速流动"。阈值大小受多种因素影响,如聚合物纳米填料的种类(SWCNT、MWCNT 等)、加工条件(电弧放电、化学蒸气沉积等)、聚合物状态(缠结、非缠结)以及填料的多少、形状与长径比等。

如图 3-9 所示为多壁炭纳米管/环氧树脂(MWCNT/EP)复合物的黏度及电导率与 MWCNT 浓度变化的关系。可以看到,MWCNT 的阈值分别为 0.1%(黏度)及 0.04%(电导率)。炭纳米管(SWCNT 及 MWCNT)的逾渗阈值一般很小,常低于 1%(质量分数)。

逾渗理论可用于描述电导率在 $10^{-5} \sim 1S/cm$ CNT/聚合物纳米复合物的电导率情况。为达到 CNT/聚合物纳米复合物的导电网络,CNT-CNT 的间距必须小于约 5nm。就相对分子质量为 100000 的 PMMA 而言,其平均的无序旋转直径约为 18nm,因此上述复合物的导电阈值小于流变阈值。当 CNT-CNT 的间距与 PMMA 链随机旋转直径约为 18nm 时,生成的 CNT 网络就能有效地阻止聚合物分子的运动。为达到约 5nm 的导电阈值,需要加入更多的 CNT。换言之,不太紧密的网络可以阻止高分子的

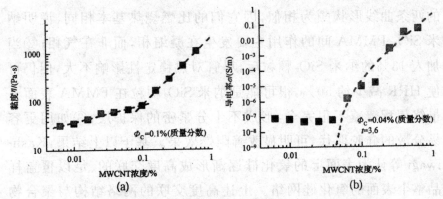

图 3-9　(a)MWCNT/EP 复合物的黏度[阈值为 0.1%(质量分数)]、
(b)电导率[阈值为 0.04%(质量分数)]与 CNT 浓度的关系

(试验条件:硫化前液态样品,0.1s⁻¹,20℃)

运动,但尚不足以形成导电通路,需加入更多的 CNT 方可产生坚固的导电网络。

聚合物阻燃与逾渗网络间的关联较为复杂。首先,聚合物降解与燃烧的温度在 450～600℃,与流变实验测定的条件有很大的差异,而流变试验中观测到的网络结构,能否在较高温度下继续存在是个重要问题。还需考虑聚合物的热解、膨胀以及复合物表面层力学性质的改变等是否会带来复杂影响。

Ma 等利用流变技术研究了 ABS-g-MAH/黏土纳米复合物体系,同样证明了网络的存在。高频范围对应于短时间内的运动,各曲线间的区别不大,说明聚合物链段的运动不受黏土加入的影响。但在低频范围内影响显著。可认为是聚合物分子链弛豫与运动的反映。ABS-g-MAH 的 G' 甚至低于 ABS,表明接枝可使分子质量降低。在 G'-ω 曲线低端处 ABS/黏土的斜率稍有降低,但 ABS-g-MAH/黏土纳米复合物的低端处斜率的降低更显著。说明 ABS-g-MAH/黏土纳米复合物比 ABS/黏土纳米复合物更容易生成黏土网络,网络提高了熔体的黏度,进而限制燃烧过程中聚合物链的移动性,表现出较好的阻燃效果。

Kashiwagi 等利用锥形量热仪研究了纳米氧化硅与 PMMA 之间的作用,得出以下几点结论:①PMMA 与 PMMA/纳米 SiO₂

的两条曲线形状颇为相似,因它们的比燃烧热基本相同,说明纳米 SiO_2-PMMA 间的作用主要发生在凝缩相,而非在气相;②当加入 13％的纳米 SiO_2 颗粒后,尽管对热稳定性影响不大,但仍可使 HRR 减少约 50％,很可能是纳米 SiO_2 颗粒在 PMMA 表面上最终累积覆盖不很完全,形成不十分紧密的保护层;③如用更容易分散的硅胶取代,可明显改善阻燃效果。基于以上结果,Kashiwagi 等认为表面上的氧化硅逐渐形成高度交联的、足以覆盖样品整个表面的氧化硅网络。上述高度交联的网络结构与聚合物受热降解时观察到的表面上生成的类石墨结构的成炭过程有很多相似之处。

Wang 等研究全同立构聚丙烯(iPP)/有机黏土纳米复合物时也发现,纳米分散的片状物和团聚体限制了 iPP 分子链的灵活性。换言之,当复合物中的纳米填料含量达到某一阈值时,在界面区域内可以形成"填料的三维网络结构"。

3.1.4　膨胀阻燃及其作用机理

膨胀型阻燃材料具有阻燃效率高、隔热、耐火焰穿透、低烟、低毒、无熔融滴落的特性。因而在无卤阻燃聚合物材料中占有重要地位。当然,膨胀阻燃聚合物材料也有耐水性及耐热性差、添加量偏高、力学及电学性能不够理想等问题。膨胀阻燃聚合物材料作为环境友好的无卤阻燃材料,随着材料科学及其他相关学科的发展而不断改善。尤其是利用了纳米填料的组成和结构的可裁剪性,比表面大、长径比大,或是层状、针状、笼状,或是固体酸或路易斯酸的催化交联成炭等特性使膨胀阻燃效率得以提高。同时,也让人们看到了纳米填料使膨胀阻燃聚合物材料在耐热性、耐水性及力学性能等诸多方面改善的潜力。近年来,膨胀阻燃与纳米技术结合的研究确实加深了人们对膨胀阻燃机理的理解,促进了一些实际问题的解决,推动着膨胀阻燃材料的工业化及实际应用,其多方面的发展令人瞩目。

Gilman 等人的开创性工作已经证明,蒙脱土纳米分散在聚合物基体中能大大改善聚合物的阻燃性能。Gilman 和其他研究团队已阐述了膨胀阻燃与纳米技术相结合的方法,并研究了多种含纳米粒子的复合高分子材料,包括 TiO_2 纳米粒子、SiO_2 纳米粒子、层状双金属氢氧化物(LDH)及多面体倍半硅氧烷(POSS)等。所有这些材料都具有较低的可燃性和较优的力学性能及其他性能。通常情况下,在 Cone 试验中,材料的 pHRR 能降低 $50\%\sim70\%$;但在 UL94 和 LOI 测试中,聚合物纳米复合材料表现不佳。在水平位置上进行 Cone 试验,纳米复合材料不会滴落,这是因为黏土在材料表面聚集可形成保护性屏障。与此相反,如果在垂直位置上(如 UL-94 和 LOI),材料在受热时由于黏度降低而导致滴落,会使保护性屏障消失。此时,聚合物基体不再受保护,乃至严重燃烧。

3.1.4.1　膨胀原理

"intumescence"一词来源于拉丁文"intumescere",它的意思是"膨胀",是对膨胀材料的贴切描述。当温度超过"临界"温度后,材料便开始膨胀,然后扩容,最后在材料表面形成多孔泡沫状炭层,可保护下层材料免受热流与火焰的侵蚀。从本质上来说,膨胀阻燃高聚物或纺织品是典型的凝聚相阻燃机理。膨胀中断了高聚物在初始阶段的自维持燃烧,即中断了与气体燃料反应的热降解过程。膨胀是由燃烧高聚物表面的炭和泡沫形成的,其结果是产生多孔泡沫炭层,可保护下层材料免遭热流与火焰的侵蚀。炭层密度随温度升高而下降,它作为物理性屏障,延缓了气相和凝聚相之间的传热与传质过程。

含有膨胀型阻燃剂的 PP,是膨胀系统的一个典型例子。它采用的膨胀型阻燃剂可以是 APP/PER 混合物,添加量为 30%,两组分的质量比为 $APP(n=700):PER=3:1$。也可以采用商业膨胀添加剂[Exolit AP750,一种含三(2-羟乙基)异氰尿酸酯的聚磷酸铵]其添加量也是 30%。由表 3-4 可知,PP-AP750 的阻燃性能优于

PP-APP/PER,但在 UL-94 试验中,其燃烧级别可达 V-0 级。

表 3-4　含膨胀型阻燃剂的 PP 与纯 PP 的 LOI 值

配方	LOI/%	UL94(3.2mm)
PP	18	NC
PP-APP/PER	32	V-0
PP-AP 750	38	V-0

图 3-10 是 Cone 的测试结果。与纯 PP(其 pHRR 为 1800kW/m²)相比,膨胀系统使 PP 的 HRR 显著降低。而且,PP-AP 750 的 HRR 曲线很平滑,其 pHRR 只有 80kW/m²,而 PP-APP/PER 的 pHRR 则为 400kW/m²。值得注意的是,PP-APP/PER 的 HRR 曲线中存在两个峰值,是典型的膨胀系统。第一个峰值是由材料表面的点燃与火焰的传播引起的,在形成膨胀保护层之后,其 HRR 恒定。在这期间,高聚物被膨胀层保护。第二个峰值是由膨胀结构的破坏与含炭残留物的形成所致。

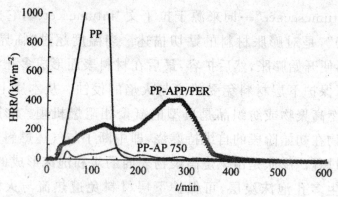

图 3-10　PP-APP/PER、PP-AP 750、PP 的 HRR 曲线

(辐射热流量为 50kW/m²)

膨胀阻燃层常用于保护建筑上的金属材料。发生火灾时,这些金属材料的机械强度恶化,致使建筑结构崩溃。而膨胀层如同热屏障,可保护下层材料。最近研究表明,将阻燃剂硼酸与 APP 衍生物加到热固性环氧树脂中,可形成保护金属基质的膨胀涂层。根据 UL-1709 标准,可在工业炉上对涂层进行评估。图 3-11

所示是在钢板背面涂上各种配方的阻燃涂层后,其温度随时间的变化曲线。由于钢通常在 500℃左右会失去其主要的结构性能,出于安全原因,并且考虑到钢板背面的热电偶,实验中以 400℃作为钢板的结构破坏温度(图 3-11 中的横线)。

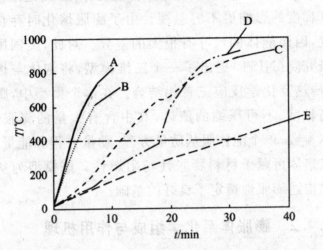

图 3-11　背面涂有不同膨胀涂层的钢板温度随时间的变化曲线

A. 纯净钢板;B. 钢板背面涂有热固性环氧树脂;C. 钢板背面涂有添加 APP
衍生物的热固性环氧树脂;D. 钢板背面涂有添加硼酸的热固性环氧树脂;
E. 钢板背面涂有添加 APP 衍生物和硼酸的热固性环氧树脂。测试标准为 0T195 634。
在 200~250kW/m² 的辐射热流量下,离测试试样 1m 处灼烧特定量的丙烷(0.3kg/s);
燃烧条件尽可能接近烃类受热曲线的拐点温度(约 200℃/min);每个钢板背面使用
5 个热电偶,曲线上只表示其平均温度;钢板垂直安放在热炉里

　　涂有热固性树脂钢板结构的破坏时间(曲线 B)与纯净钢板(曲线 A)的破坏时间差不多。将 APP 衍生物添加到热固性树脂中(曲线 C),钢板的性能则有了明显改善。实验过程发生了膨胀和成炭现象,但实验结束前炭层便脱离钢板了(图 3-11 中拐点温度为 610℃)。将硼酸(曲线 D)加入到树脂中也提高了钢板的性能,结构破坏时间提高到了 18.2min,实验中也观察到膨胀现象,但炭层也脱离钢板了(图 3-11 中拐点温度为 400℃)。将 APP 和硼酸一起加入到热固性树脂中(曲线 E),结构破坏时间大为增加,达到了 29.5min,此时形成的膨胀炭层牢牢地黏附在钢板上,呈半球状。

使用膨胀系统能够显著改善板材或涂料的阻燃性能。其主要原理是利用膨胀层的热保护性，限制传热。对于防火来说，膨胀层的作用是很重要的，因此，有必要从根本上理解膨胀原理。温度梯度和传热在膨胀过程中发挥着重要作用，而逐渐增长的泡沫对温度梯度的影响更不容忽视。由于膨胀熔化时存在较大的温度梯度，因而泡体的尺寸有很大的差异。对此，美国国家标准与技术研究院（NIST）提出了一个三维模型，将泡体与熔体流体动力学、传热及化学反应三者相结合。在这个模型中，膨胀系统表征为高黏度、不可压缩的流体，其中含有大量的膨胀性泡体。根据具体参数，单个泡体服从质量方程、动量方程和能量方程，而它们的聚集体可赋予材料膨胀性与阻燃性。该模型为从物理方面理解和描述膨胀性奠定了良好的基础。

3.1.4.2　膨胀体系化学组成与作用机理

膨胀型阻燃体系是由"三源"，即酸源、炭源及气源组成。膨胀阻燃剂可以通过熔融共混的方式添加到易燃聚合物中，形成膨胀阻燃聚合物材料。最为典型的膨胀型阻燃体系有 APP/PER（聚磷酸铵/季戊四醇）、APP/PER/MN（聚磷酸铵/季戊四醇/三聚氰胺）。其中，APP 为酸源兼气源，PER 为炭源，MN 为气源。燃烧受热时，酸源受热分解生成黏稠的多磷酸，覆盖在基材表面，并与炭源反应，脱水成酯、交联，形成黏稠的炭质炭；气源分解释放气体，使黏稠的炭质炭膨胀，在热分解过程中形成多孔的炭层。多孔炭层具有隔热、隔氧、缓解聚合物基材继续热氧化分解、阻止基材热分解产物逸出、抑制火焰传播的阻燃作用。

膨胀炭层的厚度、导热系数、附着力、机械强度等物理因素及耐热氧化的化学因素决定其隔热、隔质的阻燃能力。如果定义膨胀炭层的厚度为 L、炭层导热系数为 k、炭层暴露表面的热流量为 q，则膨胀炭层暴露表面与炭层底部的温度差 ΔT 正比于 qL/k。当 q 及膨胀炭层暴露表面的温度一定时，L 越高、k 越小，ΔT 越大，这就意味着膨胀炭层底部基材的温度就越低，炭层阻止热流传递及火焰穿透的能力就越强,可燃聚合物基材的进一步热分解及燃烧就受到了抑制,膨胀阻燃效果就越好。由此也看到影响膨胀炭层阻燃、隔热效果的一些外界因素,包括来自火焰的热流量及膨胀炭层暴露表面的温度。

导热系数 k 是膨胀阻燃体系的重要参数,与膨胀炭层的多孔结构有密切关系,孔的分布等直接影响材料的热传递、对流、辐射等热绝缘性。因此,膨胀对阻燃是必要的,只有当 k 小,且膨胀高度高的炭层才具有优异的阻燃、隔热、耐火焰穿透的性质。

3.2　聚合物/无机纳米复合材料的制备技术

随着人们对新型环保、高效的阻燃材料需求的增加,近年来新型聚合物/纳米复合阻燃材料的种类和数量都迅速增加,发展建立起来的制备方法也多种多样。目前,主要制备方法有以下几种。

3.2.1　溶胶-凝胶法

溶胶-凝胶法(Sol-gel 法)是最早用于制备复合材料的一种方法,早在 20 世纪 80 年代就已用于制备聚合物/无机纳米复合材料。具体制备过程是将硅氧烷或金属盐等前驱体(水溶性或油溶性醇盐)溶解于水或有机溶剂中形成均匀溶液,溶质发生水解反应生成纳米粒子并形成溶胶,溶胶经蒸发干燥转为凝胶。此法还可细分为以下几种。

①前驱物存在条件下先进行单体聚合再凝胶化。

②生成溶胶后与聚合物共混再凝胶。

③前驱物和单体溶于溶剂中,让水解和聚合同时进行,使一些不溶的聚合物靠原位生成而嵌入无机网络中。

④前驱物溶于聚合物溶液再溶胶凝胶。

　　溶胶-凝胶法的优点是反应条件温和,两相分散均匀,通过控制前驱物的水解-缩合可调节溶胶-凝胶化过程,生产结构精细的第二相。溶胶-凝胶法存在的最大问题是在凝胶干燥过程中,由于溶剂、小分子及水的挥发可能导致材料收缩脆裂,影响材料的力学和机械性能,因此限制该类方法在工业化领域的应用[117]。

3.2.2　插层复合法

　　插层法(Intercalation)是一种制备聚合物/层状结构纳米复合材料的常用方法。具体方法是将单体、引发剂与层状无机材料混合后再进行聚合,层状无机材料以纳米级厚度单层分散在聚合物基材中。根据聚合物插层形式的不同,制备方法又分为熔融插层聚合、溶液插层聚合、高聚物熔融插层、高聚物溶液插层。插层复合法的局限在于仅适用于具有层状结构特点的无机材料,主要研究工作集中在黏土和聚合物材料复合方面,对非层状结构的无机材料研究较少。同时,聚合物基体多为极性材料,对非极性聚合物的复合还存在一些问题有待解决。

3.2.3　原位聚合法

　　原位聚合法(In situ polymerization)先使纳米粒子在聚合物单体中均匀分散,再引入单体聚合、乳液聚合、氧化聚合和缩聚,是制备具有良好分散效果的纳米复合材料的重要方法。原位聚合法既可以在水中,也可在油相中进行,单体可进行自由基聚合,在油相中还能进行缩聚反应,因此适用于大多数聚合物基有机-无机纳米复合体系的制备。大部分聚合物单体分子较小、黏度低、表面有效改性后无机纳米粒子易于分散,保证了体系的均匀性和各相的相容性。如采用原位聚合反应合成的 SiO_2/PMMA 纳米复合材料体系中,经表面改性的 SiO_2 无机材料(粒径为 30nm)复合到材料基体中分散均匀,界面粘接好[118]。原位聚合法区别于其他合成方法的最大优势在于：一是可有目的、有选择地引入单一或复合纳米粒子组分；二是聚合物基体本身的选择空间大。由于操作简单，制备过程不用热加工，避免了热降解，从而保持体系各种性能的稳定，因此成为制备聚合物/无机纳米复合材料最常用的方法之一。

除了上述介绍的常用方法外，在某些特殊场合作为聚合物纳米复合材料制备的方法还有：①LB 膜复合法。此类方法是利用分子在界面间的相互作用，通过人为手段建立起特殊分子有序体系，是一种分子水平上的有序组装法[119]。②共混法。该类方法是首先合成出不同形态的纳米粒子，再通过各种方法与有机聚合物混合。共混法的优点是合成分步进行，可控制纳米粒子的形态、尺寸，操作工艺简单。不足之处在于纳米粒子极容易团聚，体系相容性差，影响最终产品的性能。③分子自组装制备法。这种方法依据静电相互作用原理，用电荷的基板自动吸附离子型化物，然后聚阴离子、聚阳离子电解质以交替吸附的方式构成聚阴离子-聚阳离子多层复合有机薄膜。

3.3 聚合物/无机纳米复合材料的性能

与普通单一组成的材料相比，聚合物/无机纳米复合材料具有许多独特性能。由于其中的无机纳米材料的小尺寸效应、表面效应和粒子的协同效应的共同作用，使得无机纳米材料与聚合物的界面面积增大，大幅度降低了界面应力集中，有效地解决无机物与聚合物基体间的热膨胀系数不匹配的问题，充分发挥无机物材料高强度、高韧性和高热稳定性等特点。加之，聚合物材料本身柔软、稳定、易加工等基本特点，这些特点共同赋予了聚合物/无机纳米复合材料许多新功能，使其在防火、机械、电学等领域有着诸多新的应用。

3.3.1 力学性能及其应用

纳米粒子具有粒径小、比表面积大、表面非配对原子多等特性,如能将纳米粒子良好地分散在聚合物中,将形成极大的强相互作用界面,从而在很低填充量,1%~10%质量分数下显著提高聚合物的力学性能,克服常规无机颗粒填充改性所带来的填充量大、不能同时增强增韧、加工流动性降低和相对密度增加等问题,并赋予聚合物纳米复合材料耐热和阻燃等功能化效用。

许多聚合物/无机纳米复合材料具有优异的力学性能,纳米材料的加入明显改善了材料的韧性和强度。

欧玉春等人[120]合成的尼龙6/SiO_2纳米复合材料具有良好的拉伸强度,实验结果表明,SiO_2改性纳米复合材料的拉伸强度,冲击强度和断裂伸长率随SiO_2含量的增加先增加后降低,而未经改性的则逐渐下降,当SiO_2粒子用量为5%时SiO_2改性纳米复合材料的力学性能达到最大值。

李同年等人[121]利用熔融插层法制备了PE/有机改性蒙脱土插层的复合材料与纯PE及常规填充PE相比,插层复合材料热性能和力学性能都有提高,在冲击强度不变的情况下复合材料的模量随蒙脱土含量的增加而增大。

王胜杰等人[122]制备的含8.1%(体积)蒙脱土的硅橡胶/蒙脱土纳米复合材料的拉伸强度和断裂伸长率相当于或超过目前使用的价格昂贵的白炭黑填充硅橡胶。

3.3.1.1 非层状无机纳米粒子/聚烯烃复合材料

PP和非层状无机纳米粒子/PP典型的拉伸应力-应变曲线如图3-12所示。从图中可以看出,纳米粒子对聚合物基体具有同时增刚、增强和增韧作用。

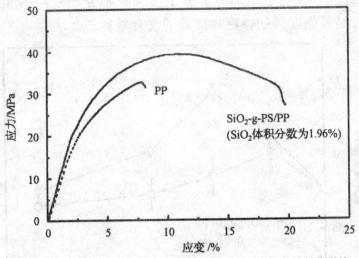

图 3-12　PP[MI＝6.7(g/10min)]和纳米 SiO₂/PP 复合材料典型的

拉伸应力-应变曲线

（SiO₂-g-PS 表示 PS 接枝改性 SiO₂）

纳米无机粒子的用量、粒径、表面处理、分散情况以及制备方法等是影响聚合物纳米复合材料力学性能的重要因素。从图 3-13 可以看出,非层状无机纳米粒子聚合物复合材料的力学性能具有对粒子含量的依赖性。未经表面处理的纳米 SiO₂ 的加入使 PP 复合材料的弹性模量增大,由于当纳米粒子含量增加时,未经表面处理的纳米粒子团聚严重,缺口冲击强度和拉伸强度都是呈先上升后下降的趋势,并且拉伸强度随纳米粒子含量增加持续下降。相反地,表面接枝改性纳米粒子的加入使复合材料的拉伸强度和缺口冲击强度都显著提高,存在最佳纳米粒子含量。因纳米粒子的表面引入了接枝聚合物柔性界面,复合材料的弹性模量虽比未改性纳米粒子填充体系的有所降低,但也高于纯树脂体系,并随纳米粒子含量增加而增大。

3.3.1.2　非层状无机纳米粒子/PI 复合材料

近年来,纳米 SiO₂ 填充改性聚酰亚胺(PI)的研究也得到了很大的重视。研究 PI/SiO₂ 复合材料的力学性能时发现,随着 SiO₂ 含量的增加,其弹性模量、拉伸强度、断裂强度随之增加,加入适量的改性剂,有利于增加有机分子与无机物分子之间的相容性,从而可制备强度和韧性更加优异的复合材料。

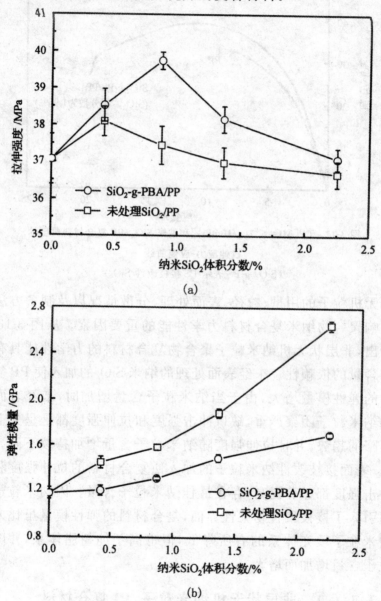

(a)

(b)

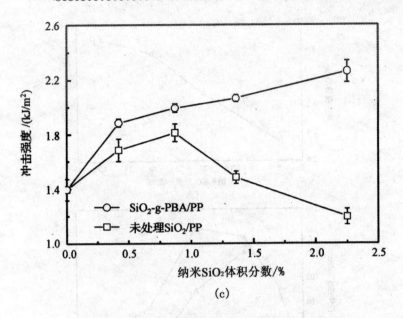

图 3-13 SiO₂/PP 复合材料的拉伸强度(a)、弹性模量(b)
和简支梁缺口冲击强度(c)随纳米粒子含量的变化曲线

  如图 3-14 所示为纳米 SiO₂ 的含量对 PI 复合材料力学性能的影响。从图中可以看出,纳米复合材料的弹性模量随着纳米 SiO₂ 含量的增加呈线性递增;当 SiO₂ 的质量分数低于 20% 时,复合材料的拉伸强度和断裂伸长率随着纳米粒子的增加而增加,当 SiO₂ 的质量分数高于 20% 时,拉伸强度和断裂伸长率开始减小。然而,当纳米 SiO₂ 含量一定时,未经偶联剂处理的 SiO₂/PI 复合材料(曲线 1)的拉伸强度小于经过偶联剂处理的 SiO₂/PI 复合材料(曲线 2),这是因为偶联剂的加入使纳米粒子团聚体的尺寸减小,而且纳米粒子的表面引入了新的化学键,使得纳米粒子和基体间的相互作用加强。此外,由于加入偶联剂后纳米粒子的粒径变小,交联密度增加,从而使复合材料的断裂伸长率急剧下降。

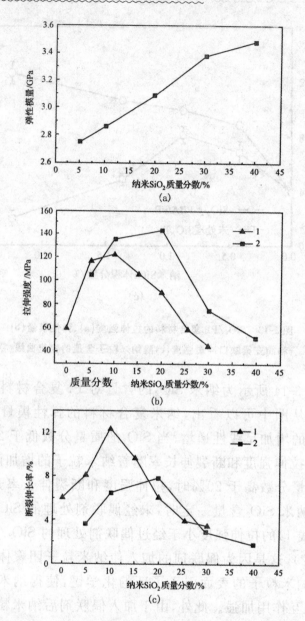

图 3-14 SiO₂/PI 复合材料的弹性模量(a)、拉伸强度(b)

和断裂伸长率(c)随纳米粒子含量的变化曲线

(曲线 1 为未经偶联剂处理的 SiO₂/PI 复合材料,曲线 2 为经偶联剂处理的 SiO₂/PI 复合材料)

3.3.1.3 非层状无机纳米粒子/PA6 复合材料

关于 SiO_2/PA6 纳米复合材料力学性能的研究表明经过表面改性的 SiO_2/PA6 纳米复合材料的拉伸强度、冲击强度和断裂伸长率都具有相似的变化趋势,都是随着纳米 SiO_2 含量的增加而先增加,当 SiO_2 的质量分数为 5% 时达到最大值,然后逐渐下降,而未经表面改性的 SiO_2/PA6 纳米复合材料的这些力学性能却均逐渐下降。由于经过表面改性的纳米 SiO_2 能在基体中获得良好的分散,并与基体产生良好的界面黏结,所以当材料受到拉伸应力作用时,拉伸应力便通过界面相传递给纳米粒子,于是纳米粒子就成了受力点,当拉伸应力超过一个临界值时,界面相的破坏才最终导致材料的断裂。同样,不同的界面黏结也使 PA6 呈现出不同的韧性。未改性的纳米复合材料之所以韧性变差,是未改性纳米粒子与 PA6 之间弱界面层的作用所致,使得界面处的缺陷增多,最终导致材料更容易被破坏。另外,不管是否经过表面改性,加入纳米粒子后都能提高复合材料的模量。复合材料的力学性能受粒子尺寸和分散状况的影响,但纳米粒子的存在不影响复合材料的结晶特性。

3.3.2 阻燃性能及其应用

聚合物材料具有综合性能好、比强度高、质轻和易于加工等特点,但容易燃烧,释放出大量热量,还会释放出烟、腐蚀性气体和有毒气体。因此,为了降低聚合物材料的潜在火灾危险性,必须对其进行阻燃改性处理。提高聚合物材料的阻燃性能,拓宽聚合物材料的应用领域,成为材料工作者的一个热门研究方向。

纳米粒子填充改性为提高聚合物阻燃性能开辟了新途径,近十几年来,纳米无机粒子/聚合物的阻燃性能得到了深入的研究,研究较多的是层状无机纳米粒子/聚合物复合体系,以及纳米氢氧化铝、纳米氢氧化镁和纳米 SiO_2 等少数几类非层状无机纳米粒子填充聚合物的阻燃性能。

NIST 的研究人员使用 Cone 和辐射气化装置对 PA6、PS 以及 PP-g-MA/MMT 纳米材料体系进行了阻燃性能测试,结果表明纳米体系的成炭性能获得了提高,且可燃性降低了 75%,有学者[123]将离子型(四甲基铵)八笼形倍半硅氧烷(OctaTMA-POSS)加入 PS,制得 PS/POSS 纳米复合材料,POSS 在 PS 中形成纳米纤维并呈网状分布,并且使材料的热释放速率峰值、CO 和 CO_2 释放速率峰值、CO 和 CO_2 浓度峰值都显著降低。POSS 的加入有效地提高了 PS 的阻燃性能,降低其潜在火灾危险性。

近期研究表明纳米硼酸锌/聚合物复合物具有良好的阻燃性能。Lia S. L 等人[124]研究了纳米硼酸锌阻燃聚乙烯,该实验用 10g 聚乙烯溶解在 50mL 的环己烷中,然后加入一定量的自制纳米硼酸锌,最后形成薄膜状复合材料。测试结果表明,聚乙烯的阻燃性能和热稳定性能都有了很大的提高。Cui Y 等人[125]研究了三种形貌纳米硼酸锌阻燃聚氨酯,他们采用原位合成法制备了纳米硼酸锌复合阻燃材料,结果表明,添加纳米硼酸锌后,聚氨酯的热稳定性有了很大的提高。

3.3.2.1　聚合物/层状硅酸盐纳米复合体系的阻燃

聚合物/层状硅酸盐纳米复合阻燃材料具备了新型阻燃材料的基本特点,既具有良好的阻燃性能,也对聚合物的物理机械性能、加工性能的负面影响减小;燃烧时发烟量少、无毒或低毒、腐蚀性小;价格低廉、来源丰富;用量少、阻燃效能高等。此外,也具有传统阻燃体系无法比拟的优点,主要包括以下几点。

①中国此类矿物资源丰富,生产成本低。

②聚合物/层状硅酸盐纳米复合阻燃材料不含卤素等对环境有害的成分,属环境友好型的阻燃材料。

③聚合物/层状硅酸盐纳米复合材料燃烧时成炭倾向明显,有利于降低聚合物的挥发物和发烟量。

④传统阻燃填料通常损害聚合物的力学性能,而聚合物/层

状硅酸盐纳米复合材料在阻燃性提高的同时,对有些复合体系的力学性能还有所改善或提高。

⑤复合材料中需要添加的硅酸盐用量少,对聚合物基本的物理机械性能、加工性能影响小,可以利用聚合物通常的加工方法进行加工。传统无机阻燃填料用量大,影响加工过程,因此,聚合物/层状硅酸盐纳米复合阻燃材料易于加工,成本也降低。

随着聚合物/层状硅酸盐纳米复合材料的发展以及对高性能、环保型阻燃材料要求的不断提高,这种新型的阻燃材料与技术展现出广阔的发展前景。

3.3.2.2　纳米氢氧化铝/聚合物体系

氢氧化铝(ATH),分子式为 $Al(OH)_3$,又称三水合氧化铝,为白色粉末,物理性质和化学性质稳定,不吸潮,无毒无害,熟化时白度不变,具有填充、阻燃、消烟三大功能,且资源充沛,廉价易得。ATH 主要通过受热分解起到阻燃作用,当加热温度超过200℃时,ATH 开始吸热分解,放出三个结晶水,该反应强烈吸热,分解时每克 ATH 吸热达 878J。正是基于 ATH 分解时大量吸热,因此,当含 ATH 的聚合物加热时,ATH 因分解吸热,从而抑制聚合物温度的升高,降低其分解率;其次 ATH 在受热分解时放出水蒸气,不会产生有毒、可燃或有腐蚀性的气体,同时稀释了聚合物分解所产生的各种可燃气体,使起火更加困难。

ATH 经过纳米化和改性,在保证阻燃性能的前提下,能够降低阻燃剂的用量,并使复合材料的物理机械性能不会过多降低。

一方面,纳米 ATH 的粒径大小会直接影响阻燃性的高低。在一定条件下,ATH 可阻燃 PP、PA、EVA(乙烯-乙酸乙烯共聚物)、PBT(聚对苯二甲酸丁二酯)、HIPS(高抗冲聚苯乙烯)等,当添加量一定时,聚合物的阻燃性能随着 ATH 的粒径减小而提高。另一方面,纳米 ATH 的改性状况也会对阻燃性产生影响。由于ATH 带有三个羟基,因而具有较强的极性和亲水性,而聚合物一般是亲油的,没有改性的纳米 ATH 与聚合物基体的相容性不好;

另外,在基体中纳米 ATH 颗粒间极易形成氢键,从而产生团聚,导致预期的阻燃性能降低。因此,纳米 ATH 必须进行表面改性后才具有使用价值。

日本的 NTI 和 KIT 联合开发出了一种新型改性纳米 ATH。这种纳米 ATH 实际上是一种核-壳式结构,它的内层为核式纳米 ATH,外层壳是烯烃分子。这种包覆结构的 ATH 约为 10nm,用于阻燃 EVA。添加这种改性的 ATH 后,能明显提升 EVA 的力学性能和阻燃性能,使拉伸强度和断裂伸长率得到提高,热释放速率(HHR)下降,且阻燃 ATH 的粒径越小,阻燃性能的提升越明显。

北京化工大学超重力工程研究中心采用自制的改性 ATH 阻燃 PBT,研究发现,随着 ATH 加入量的增加,LOI 也得到相应的提高,力学性能则呈现先上升后下降的趋势。

3.3.2.3　纳米氢氧化镁/聚合物体系

氢氧化镁(MDH),分子式为 $Mg(OH)_2$,也可用作添加型无机阻燃剂,具有阻燃、消烟和填充三大功能,同时赋予材料无腐蚀性、无毒性。氢氧化镁在制备、运输、使用环节中均不会产生有害物质,兼具有抗酸性,能中和燃烧过程中产生的酸性与有毒气体,是一种不影响环境的绿色阻燃剂。相比 ATH 主要应用于加工温度在 220℃以下的塑料和橡胶制品(如 PE、PP、PVC 和 EVA 等)中,MDH 则可用于加工温度高的 ABS(丙烯腈-丁二烯-苯乙烯共聚物)、PBT、PA 中。

MDH 纳米化后,在保证阻燃性能的前提下,能够降低阻燃剂的用量,并使复合材料的物理机械性能不会过多降低。Patil 等研究了纳米 MDH 对丁苯橡胶(SBR)和顺丁橡胶(PBR)阻燃性能的影响。结果表明,相对于传统的 MDH,纳米 MDH 能提高 SBR 和 PBR 的阻燃性,主要原因是纳米 MDH 在燃烧过程中能大大地吸收热量,随着加入量的提高,阻燃效果更佳。对纳米 MDH/EVA 复合材料阻燃特性研究表明,当纳米 MDH 的质量分数为

50％时,测得材料的 LOI 为 38.3％,而相同填充量的微米级 MDH/EVA 复合材料的 LOI 仅 24％。纳米 MDH 的阻燃能力比微米级的阻燃能力高出很多,主要原因是纳米 MDH/EVA 复合材料燃烧时产生了坚硬的陶瓷状的炭层,这种坚硬的炭层可以有效地抑制燃烧,提高复合材料的阻燃能力。

姚佳良等制备了纳米 MDH/PP 复合材料,测得 60％的质量填充量时,微米级 MDH/PP 达到了 UL94 V-1 等级,而纳米级 MDH/PP 则达到了 V-0 等级,证实了纳米级 MDH 对 PP 的阻燃效果优于微米级。同时还测得填充量在 0～20％的范围时,填充纳米级 MDH,复合材料的力学性能优于纯 PP;而填充微米级 MDH,力学性能则低于纯 PP。

北京化工大学超重力研究中心用各种改性剂对纳米 MDH 进行改性,制备了纳米 MDH/软质 PVC 复合材料,发现未改性体系相对于纯 PVC 的 LOI 仅仅提高了 0.3％,而改性体系的 LOI 提高了 1.5％以上。其中以钛酸酯改性 MDH 的效果最佳,虽然力学性能降低很多,但仍然高于未改性的体系;硬脂酸锌改性的 MDH 使材料在阻燃性能和力学性能上达到了一个均衡,是较为理想的纳米 MDH 阻燃 PVC 的改性剂。

3.3.2.4　纳米 $CaCO_3$、纳米 SiO_2 与聚合物形成的体系

Mishra 等研究了纳米 $CaCO_3$ 的粒径、含量以及添加剂对 SBR 阻燃性能的影响。研究表明,与微米级 $CaCO_3$ 和粉煤灰相比,纳米 $CaCO_3$ 的加入能大大地降低 SBR 的可燃性,如图 3-15 所示。对于所有组分的标准样品来说,随着填料加入量的增加,复合材料的燃烧时间增加,然而,随着填料粒径大小的增加,阻燃性降低。当 SBR 都含有质量分数为 12％的填料量时,不同粒径纳米 $CaCO_3$ 的阻燃速率不同,而添加微米级 $CaCO_3$ 和粉煤灰的 SBR 的阻燃速率则分别为 2.25s/mm 和 2.22s/mm。这是因为与其他的填料相比,均匀分散的纳米粒子能够在 SBR 的表面形成一层有效的保护层,以及能均匀地传递热量,所以纳米粒子能够均匀地吸

收热量,进而明显地改善复合材料的阻燃性。

在 SBR 纳米复合材料中,纳米无机粒子的存在大大地促进炭化层的形成,充当了优良的隔绝层以及阻碍物质和热量的传递,这样则有效地阻止了材料的燃烧,当材料燃烧时,还能吸收大量的燃烧热。此外,纳米无机粒子炭化层的隔绝效应还能减缓 SBR 分解过程中产生的挥发物的挥发速率。另外,他们还研究了添加剂对纳米 $CaCO_3$ 阻燃效果的影响,发现与未添加添加剂相比,加入亚麻油作添加剂后,纳米 $CaCO_3$ 能大大地提高 SBR 的阻燃性。其原因是亚麻油的存在提高了纳米 $CaCO_3$ 的分散性,使它能更有效地吸收燃烧的热量。

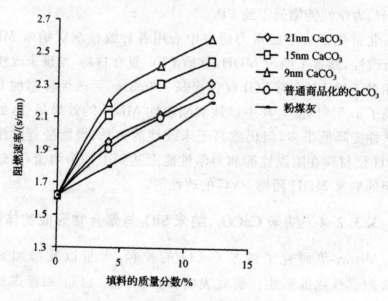

图 3-15　添加不同填料后 SBR 的阻燃速率变化图

3.3.3　聚合物/无机纳米复合材料的热性能

填充聚合物的热稳定性涉及复杂的多相相互作用,包括填料本身的热稳定性、填料-聚合物间的相互作用以及填料-稳定剂间的相互作用。多数情况下,填料会对聚合物材料的热稳定性产生显著影响。一般来讲,纳米无机粒子具有纳米尺寸效应和表面、界面效应,纳米粒子的加入能提高聚合物的热稳定性,如图 3-16 所示,并降低聚合物基体的热膨胀系数。因为在聚合物热分解的过程中,纳米无机粒子可以充当优良的绝热体,阻挡因聚合物分解而产生的挥发性物质的传递。

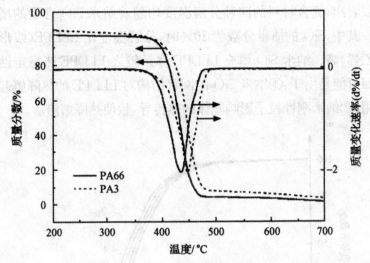

图 3-16　纳米 SiO₂/尼龙 66(PA66)复合材料的 TG 和 DTG 曲线

(PA3 表示纳米 SiO₃ 的质量分数为 3%)

王彪[126]以尼龙 1010 为基体,选用炭纳米管作为无机粒子填充材料,制备了尼龙 1010/炭纳米管复合材料,系统地研究了纳米复合体系的结晶性能、热稳定性以及复合体系的微观形貌结构。研究表明炭纳米管的引入可以显著地提高尼龙 1010 的热稳定性,这与炭纳米管在聚合物基体的分散效果有关。TGA 结果表明尼龙 1010/炭纳米管复合材料的分解速率较纯尼龙 1010 明显降低;热稳定性比纯尼龙 1010 有明显提高。

王胜杰等[122]制备的含 8.1%(体积)蒙脱土的硅橡胶/蒙脱土纳米复合材料的耐热性能和热稳定性能明显提高,热分解温度为433℃,明显高于硅橡胶的 381℃。

非层状无机纳米粒子/聚合物复合材料的热稳定性涉及多种聚合物基体,所用的纳米无机粒子主要是纳米 SiO₂、Al₂O₃ 和

SiC,现研究纳米粒子含量、表面改性、制备方法和与其他助剂配用等对纳米复合材料热稳定性的影响。

（1）纳米粒子含量的影响

图 3-17 给出未经表面处理的纳米 SiO_2 含量对线性低密度聚乙烯（LLDPE）复合材料热稳定性的影响，表 3-5 为相应的四种分解温度。从中可以看出，复合材料的四种分解温度均随着纳米 SiO_2 含量的增加而升高。其中，SiO_2 的质量分数为 10％时，分解温度比 LLDPE（线形低密度聚乙烯）高。纳米 SiO_2 填充 LLDPE 体系较之 LLDPE 热稳定性提高的原因可能是由于：①纳米 SiO_2 的网状结构对 LLDPE 的热降解起着阻碍作用；②纳米刚性粒子影响基体的热传导，致使热降解滞后。

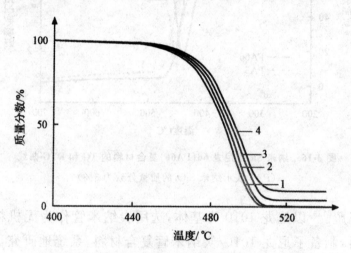

图 3-17　纳米 SiO_2/LLDPE 复合材料 TGA 曲线

（四种样品的组成见表 3-5）

表 3-5　纳米 SiO_2/LLDPE 复合材料热分解温度

样品	质量分数/％		备注	热分解温度/℃			
	LLDPE	SiO_2		T_{onset}	$T_{10\%}$	$T_{50\%}$	T_{max}
1	100	0	SiO_2 未处理 表面	471.34	463.34	485.70	488.33
2	100	1		472.50	466.51	487.10	489.65
3	100	5		474.12	467.51	489.68	490.54
4	100	10		476.02	469.09	491.39	492.25

（2）纳米粒子表面处理状况的影响

SiO_2 用硅烷偶联剂表面处理后，复合材料的热分解温度与未经表面处理的体系相近，加入大分子相容剂的试样分解温度则有所升高；热氧降解时，硅烷偶联剂处理 SiO_2 填充复合材料的热分解温度比未表面处理体系略低，大分子相容剂的加入增加了基体和填料间的相容性，增强两者间的相互作用，有利于提高复合材料的热稳定性，对热氧稳定性的提高效果更为明显。

Song 等利用溶液共混法制备了纳米 SiO_2/PVDF（聚偏氯乙烯）复合材料。发现 PVDF 与经过不同表面改性纳米 SiO_2 两相间具有不同的相互作用。表面具有极性基团的纳米粒子与 PVDF 的相互作用较强，纳米粒子的分散性更好，从而提高了材料的热传递性能，有利于阻碍 PVDF 的分解，提高了材料的热分解温度，改善了 PVDF 的热稳定性。

陈雪花等利用聚甲基丙烯酸甲酯（PMMA）在纳米 $CaCO_3$ 表面进行接枝包覆，通过对界面层结构、相对分子质量分布及热稳定性的研究表明，纳米 $CaCO_3$ 粒子的加入对 PMMA 的微观结构没有影响，但其相对分子质量比均聚物相对分子质量大，相对分子质量分布也较宽，热稳定性比无皂乳液聚合的 PMMA 好得多，热分解温度比无皂乳液聚合的 PMMA 高约 50℃。

（3）制备方法的影响

贺江平等研究了用原位聚合法制备的 PET（聚对苯二甲酸乙二酯）/SiO_2 纳米复合材料的热稳定性。表 3-6 是纯 PET 及纳米 SiO_2/PET 复合材料的热重参数，复合材料的起始降解温度及最大失重速率温度（T_d）随纳米 SiO_2 用量的增加而增加。纳米 SiO_2 的加入提高了纳米 SiO_2/PET 复合材料的热稳定性。

表 3-6　纯 PET 及纳米 SiO_2/PET 复合材料的热重参数

样品	起始分解温度/℃	T_d/℃	质量分数/%
纯 PET	403.9	461.6	−0.89
1%（质量分数）SiO_2	408.6	465.3	1.35
2%（质量分数）SiO_2	411.8	469.5	2.42
3%（质量分数）SiO_2	415.6	472.2	3.61
5%（质量分数）SiO_2	418.5	474.4	5.75

　　如图 3-18 所示为复合材料的热膨胀系数与温度的关系图。图中的拐点所对应的温度为材料的热变形温度，纳米 SiO_2 的加入可提高复合材料的热性能。另外，纳米 SiO_2 还可以缩小材料的热变形性，以 150℃ 为例，纯 PET 的热膨胀系数为 0.0089，而纳米 $SiO_2/PET(3)$ 的热膨胀系数为 0.0049，比纯 PET 的热膨胀系数小了将近一半。

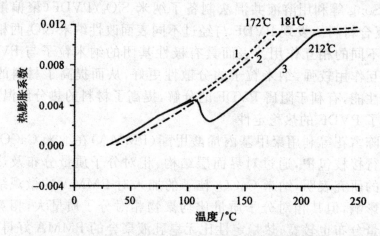

图 3-18　PET 及纳米 SiO_2/PET 复合材料的热膨胀系数与温度的关系图

1—PET；2—2%（质量分数）SiO_2/PET；3—3%（质量分数）SiO_2/PET

　　Rong 等利用光交联接枝聚苯乙烯的方法对纳米 SiO_2 进行改性处理后，再与聚丙烯进行共混，力学性能测试表明复合材料的拉伸性能得到了明显的提高，而且聚丙烯的热变形温度增高。

　　姚雪丽等用高速均质剪切法制备了 SiO_2/氰酸酯（CE）纳米复合材料，并对该体系的热稳定性进行了研究。结果表明，纳米 SiO_2 的加入提高了复合材料热稳定性。分析认为，纳米 SiO_2 在基体中起到的物理交联作用及其与基体间良好的界面作用都会使复合材料的耐热性有所提高。

　　（4）与其他助剂配用的影响

　　喻丽华等分别用 Al_2O_3 和 SiC 两种纳米粒子对纯酚醛树脂进行共混改性，共混前用超声波对纳米粒子进行物理分散，用偶联剂进行表面化学改性，以获得纳米粒子分散良好、界面结合良好的纳米改性酚醛树脂,根据改性酚醛树脂的 DTA-TG 实验结果分析其热稳定性。结果表明:用 KH-550(γ-氨丙基三乙氧基硅烷)硅烷偶联剂对纳米粒子进行表面改性处理的纳米改性酚醛树脂 A05 与 S05 都分别比未进行纳米粒子表面改性处理的纳米改性酚醛树脂 A05G 与 S05G 的热稳定性提高较大;当温度低于 420℃ 时 A05 的热稳定性优于 S05,当温度高于 420℃ 时 S05 的热稳定性优于 A05,而在整个温度段 S05 的 TGA 略小于 A05。

曲宁等利用纳米 SiO_2、马来酸酐接枝 PE(PE-g-MA)和 PP 通过熔融共混制备了 PP/SiO_2 纳米复合材料。结果表明,经表面处理、用量为 4% 的纳米 SiO_2 与 4% 的 PE-g-MA 发生协同作用,可以使 PP/纳米 SiO_2 复合材料的耐热温度提高 22℃。

综上所述,纳米无机粒子的加入一般都能对聚合物的热稳定性有不同程度的提高,主要是因为在纳米无机粒子/聚合物复合材料中,纳米粒子在聚合物基体中能起到物理交联的作用,在一定程度上抑制了聚合物分子链的持续热降解过程,从而提高了复合材料的热稳定性。随着纳米粒子含量的增加,物理交联点的数目增多,受到抑制的分子链段也增多,较高的交联密度使得复合材料的热分解温度升高。此外,纳米无机粒子本身具有纳米尺寸效应和表面、界面效应的特性,其与基体间良好的界面作用都会使复合材料的耐热性有所提高。

3.3.4 聚合物/无机纳米复合材料的抗磨损性能

近年来,随着电子工业的飞速发展,各种相关机械部件的小型化和微型化已成为潮流,对能在无润滑条件下工作的高分子基摩擦件提出了更高和更苛刻的要求,有关纳米颗粒填充聚合物复合材料的摩擦学研究也在广度和深度上出现了显著突破。由于纳米粒子的加入可以降低聚合物的磨损率,因此,科学工作者需努力去探索纳米复合材料的抗磨损机理,并进一步提高它的抗磨损性。

无机纳米粒子的粒径小，比表面积大，它们比相应的微米粒子具有高得多的化学活性。在摩擦环境下，纳米复合材料和偶件之间的接触会导致摩擦化学反应的发生，有利于改善传递膜的特性，提高传递膜和偶件之间的结合强度。Wang 等研究了纳米 SiC/PEEK 复合材料，研究结果表明，在摩擦过程中，一定量的 SiC 被氧化成 SiO_2 出现在转移膜上。因为纳米 SiO_2 填充 PEEK 能非常有效地减弱它的摩擦和磨损，因此纳米 SiC/PEEK 复合材料能表现出降低了的摩擦系数和磨损率。

Shi 等通过 X 射线能量分布谱（EDS）分析了纳米 Al_2O_3/环氧树脂复合材料销在经历磨损测试前后与偶件钢环接触表面的元素。经过与环氧树脂的摩擦后，钢环的表面出现了硫元素，意味着它从环氧树脂转移到了偶件表面。当换成与纳米 Al_2O_3/环氧树脂复合材料摩擦后，在钢环表面能检测硫元素和铝元素，证明它们经过摩擦后，转移到了摩擦表面上去。

Si_3N_4/环氧树脂复合材料销与钢环经过摩擦作用后，也能用 XPS 来确定复合材料销摩擦表面所产生的 SiO_2。其代表摩擦力的化学过程，在这个过程中，磨料的脱落是通过逐个分子的形式从材料表面脱离，而不是通过传统的脱除方式以破裂磨粒的形式脱离。此外，由 SiO_2 所形成的摩擦膜保护了样品销和钢偶件，降低了材料的磨损。另外，来自于金属偶件表面的 Fe 原子除了能与来自于环氧树脂和 Si_3N_4 的 S 原子发生反应外，Fe 原子还能被氧化为 FeO 和 Fe_2O_3。

Kong 等研究了表面氧化层对磨损行为的影响。研究表明，FeO 和 Fe_3O_4 氧化层具有明显的减小摩擦和磨损的能力，而 Fe_2O_3 氧化层却促进了材料的磨损。因此，纳米 Si_3N_4 的加入能降低环氧树脂的摩擦系数和磨损率，在一定程度上可以归因于偶件表面 FeO 和 Fe_3O_4 氧化层的产生。图 3-19 总结了环氧树脂纳米复合材料中环氧树脂与纳米 Si_3N_4 之间、纳米复合材料与偶件金属 Fe 元素之间的摩擦润滑化学反应，反映了在滑动摩擦条件下，纳米复合材料减小摩擦和磨损的作用。

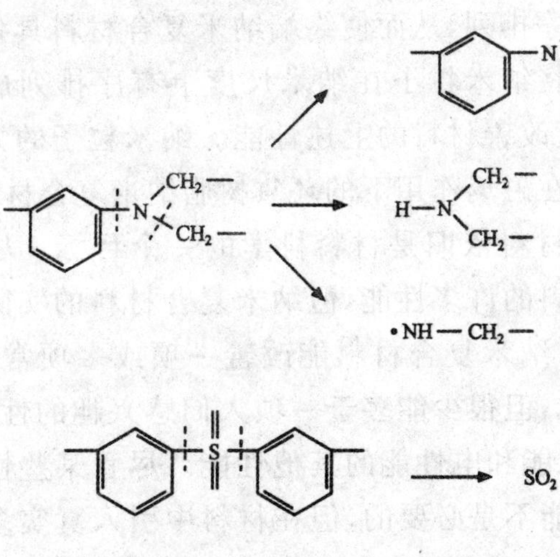

$$O_2 + \cdot NH\!-\!CH_2\!-\! \longrightarrow ON\!-\!CH_2\!-\!$$
$$SO_2 + Fe + O_2 \longrightarrow FeSO_4$$
$$Fe + H_2O + O_2 \longrightarrow Fe_3O_4$$
$$Fe + O_2 + H_2O \longrightarrow FeO$$
$$Fe + S \longrightarrow FeS$$
$$Si_3N_4 + O_2 + H_2O \longrightarrow SiO_2$$
$$Si_3N_4 + Fe + H_2O + O_2 \longrightarrow Fe_2SiO_4$$

图 3-19　环氧树脂与纳米 Si_3N_4 之间、纳米复合材料与
偶件金属 Fe 元素之间的摩擦润滑化学反应

3.4　聚合物/无机纳米复合阻燃材料发展趋势

　　将纳米复合材料作为有用的单一阻燃体系几乎是不可能的；而将纳米复合材料作为阻燃体系的一部分相当有效。即将纳米复合材料配方与各种传统的阻燃剂如卤系、磷系等联用，也可选用其他纳米尺度物质，如黏土（如层状双羟基氢氧化物）、聚倍半硅氧烷（POSS）、炭纳米管等。

　　纳米复合材料未来发展趋势，有两大焦点领域，即纳米复合材料结构设计和真实多功能材料。纳米复合材料结构设计不仅

仅是纳米片层的剥离或纳米粒子均匀分散,而且还应包括有价值的纳米粒子的有序排列,从而使终端纳米复合材料具备某些所需的性质。如果能将纳米粒子在纳米尺度上有序排列成某种宏观结构,则可大幅度改善材料的上述性能。纳米粒子的人为定向排列的典型例子是在磁场作用下的环氧树脂纳米复合材料。

真实多功能材料依旧是材料科学的一个目标。尽管纳米复合材料改善了材料的许多性能,但纳米复合材料的实际应用依旧任重道远。如今,纳米复合材料能改善一项或多项常规性能,如力学性能、热性能,但很少能多于一项人们感兴趣的性能,如不包括力学性能、热性能和电性能的其他性能。尽管某些性能对终端应用领域而言可能不是必要的,但在材料中引入真实多功能性则十分必要,也应成为研究的焦点。

随着越来越多的研究者了解到将纳米颗粒用作其他阻燃剂的协效剂的优越性,纳米技术将极大地促进阻燃领域的发展,主要表现在以下几个方面。

(1)聚合物/无机纳米复合材料中无机物以及形成纳米复合材料的结构和形态直接影响着复合材料的整体性能。通过探讨无机物以及形成的纳米复合材料的形态和结构与材料性能之间的本质联系,将有助于揭示其形成机制,也为新型纳米复合材料的设计提供新的思路。

(2)聚合物/无机纳米复合材料属于一种新型阻燃材料,对其研究主要集中在应用方面,理论研究还很不够,因此阻燃机理的研究应成为阻燃材料最重要的一个研究方向,以便为研发更高效的阻燃复合材料提供理论支撑。

(3)随着人们对绿色环保意识的增强,绿色化将是未来阻燃聚合物纳米复合材料主要研究内容之一。结构功能复合化、制备和使用过程绿色化是未来阻燃聚合物/无机纳米复合材料发展的主要方向。

第4章 硼酸锌与硼酸锌阻燃剂

硼酸锌是一种硼系无机阻燃剂,广泛应用于建筑、电子、电线、军用制品和防火涂料等领域。本章从硼酸锌的性能与用途入手,介绍了纳米硼酸锌的国内外研究概况,重点探讨纳米硼酸锌的制备、改性以及阻燃剂的阻燃机理,最后阐述本书的主要研究目的、思路以及实验方案。

4.1 硼酸锌性能和用途

硼酸锌是一种呈白色或淡黄色无规则(菱形状)粉末,相对密度为 2.67～2.69,熔点为 950～1050℃,折射率为 1.58～1.59。结晶水分解温度一般为 260～430℃[41],需要吸热量约为 670J。它一般不溶于乙醇、正丁醇、丙酮、苯等有机溶剂,易溶于二甲亚砜、盐酸等试剂中,具有热稳定好、易分散、无毒廉价、阻燃、成炭、抑烟和防止熔滴形成等优点[42-43]。

20 世纪 70 年代,低水合硼酸锌作为阻燃剂首次出现在美国。由于具有显著的抑烟和阻燃性能,使得水合硼酸锌一面世就备受关注。随着研究的逐步深入,人们发现硼酸锌与其他无机阻燃剂相比,除具有阻燃、消烟和填充三种功能外,还拥有无毒、不容易挥发,能够和其他阻燃剂复合使用等特点,并表现出良好的阻燃协同作用[44],可应用于 PVC、不饱和聚酯、合成纤维等材料的阻燃,并取得了很好的阻燃效果。此外,硼酸锌在金属防腐方面也具有很好的防腐性能和较高的性价比[45]。随着国民经济的迅猛发展,工业建设的突飞猛进,阻燃剂行业对硼酸锌材料的需求势必会不断增长。

$2ZnO \cdot 3B_2O_3 \cdot 3.5H_2O^{[46]}$、$2ZnO \cdot B_2O_3 \cdot 2H_2O^{[47]}$、$2ZnO \cdot 3B_2O_3 \cdot 7H_2O^{[48]}$ 是已经工业化生产的几种水合硼酸锌阻燃剂,并且在实际应用中取得了良好的效果。近年来,科研人员研究发现了一种新型分子结构的硼酸锌 $4ZnO \cdot B_2O_3 \cdot H_2O$ 材料。由于具有比其他水合硼酸锌更高的结晶水热分解温度,它已经成为硼酸锌阻燃剂研究领域的重点。但实际应用中,硼酸锌也暴露了一些不足之处,如为了达到理想的阻燃效果,需要添加大量的硼酸锌,导致其在聚合物基体中的分散性和相容性变差,降低聚合物材料的机械性能和加工性能。为了改善硼酸锌在基材材料中的相容性和分散性,提高其阻燃性能与使用性能,可以从以下几个方面研究。

4.1.1 硼酸锌粒子的超细化及纳米化

超细化的硼酸锌在填充量很小的情况下就展现出很高的阻燃性能,并且与聚合物基体材料的相容性大幅度提高,明显降低了它对基体材料自身性能的影响。特别是纳米级的硼酸锌,它具有特殊的纳米效应,例如,表面效应、小尺寸效应、量子尺寸效应及宏观量子隧道效应,导致纳米硼酸锌的热、磁、光特性和表面稳定性等不同于常规粒子,从而使添加纳米硼酸锌的聚合物基体材料也具有了不同于传统材料的独特性能[50-51]。

4.1.2 纳米硼酸锌形貌控制

不同形貌的纳米材料填充到聚合物基体中对材料性能的影响也有差异。因此,在制备纳米硼酸锌过程中,可通过控制各种反应因素,来实现纳米材料形貌的多样性。研究表明具有须状、球状和片状等稳定结构的纳米材料能有效地与聚合物相互作用,形成性能良好的纳米复合材料,并且对材料自身性能影响较小[52]。

4.1.3　硼酸锌表面改性研究

由于大多数无机粒子的表面性质与有机聚合物的表面性质相差较远,但是材料之间的复合通常发生在界面上。为了提高复合材料的综合性能,一般采用高级脂肪酸、表面活性剂和偶联剂对纳米粒子表面进行改性,研究表明,改性后的纳米粒子与聚合物基体材料的相容性明显提高[53]。可见,要使硼酸锌在基体材料中具有良好的分散性和相容性,对其进行表面改性是一种行之有效的方法。

4.2　纳米硼酸锌的研究

4.2.1　国外研究现状

目前国外对硼酸锌的制备和应用都处于领先水平。早在 1990 年,美国的 Borax 公司就已研发出平均粒径为 $2\sim3\mu m$ 的硼酸锌 XP-187。1992 年,该公司又报道了一种新型硼酸锌阻燃剂产品,它的结晶水分解温度为 413℃,比标准硼酸锌高出了 110℃,可适用于加工温度极高的工程塑料。另外 Climax 公司也制备出了平均粒径为 $1.5\sim2.0\mu m$ 的硼酸锌 ZB-467。Alcan 化学品公司研发出了超细的 Flamtard Z15 硼酸锌阻燃剂,可用于制备高透明材料[54]。

近年来,有研究成果表明在塑料中添加纳米低水合硼酸锌后,不仅能起到阻燃作用,还能够提高材料的拉伸强度和抗紫外线的能力[55],因此,超细晶粒硼酸锌材料的研究极受广大科研人员的关注。Aparna V. S[56]从反应动力学角度,分析了流体动力参数对合成硼酸锌晶粒尺寸大小和分布的影响,研究结果表明,硼酸与氧化锌的反应是整个化学过程的控制步骤。为了能获取快速的转化速度和较小的硼酸锌颗粒,应采用比最小极限速度稍大的搅拌速率,同时,采用较高的合成温度和粒径较小的氧化锌有利于最终形成超细硼酸锌产品。Ayhan M 等人[57]以 $2ZnO \cdot 3B_2O_3 \cdot 3.0 \sim 3.5H_2O$ 为原料,采用湿法制备出了纳米 $4ZnO \cdot B_2O_3 \cdot H_2O$,并利用 XRD、FT-IR 和 TGA 等表征手段进行了结构、形貌和热稳定的研究,结果表明,该类纳米材料具有规整的棒状结构,厚度约 $5 \sim 50nm$,长约 $1\mu m$;TGA 分析表明样品在 $520 \sim 560$℃失重仅为 $4.4wt\%$,说明其具有很高的热稳定性能。将 $1wt\% \sim 5wt\%$ 的 $4ZnO \cdot B_2O_3 \cdot H_2O$ 应用于 PVC 材料中,LOI 和机械性能测试结果均表明由于硼酸锌材料的引入,在不影响复合材料机械性能的同时,能显著提高 PVC 复合材料的阻燃性能。Carpentier F 等人[58]研究了用硼酸锌部分代替 EVA8-MDH 体系中氢氧化镁材料阻燃性能的变化,结果表明,添加部分硼酸锌的复合材料极限氧指数有明显提高,可见,硼酸锌 EVA8-MDH 体系协同阻燃效果明显。Xie R. C 等人[59]考察了硼酸锌在可膨胀石墨阻燃体系中的协同阻燃作用,结果表明硼酸锌在石墨阻燃体系中存在协同阻燃作用。

4.2.2 国内研究现状

虽然我国在纳米硼酸锌研究领域起步较晚,但近几年在合成不同形貌和尺寸的纳米硼酸锌材料方面取得了可喜的成果。苏达根等人[60]以 $Zn(NO_3)_2 \cdot 6H_2O$ 和 $Na_4B_4O_7 \cdot 10H_2O$ 为主要原料,通过共沉淀法成功合成了纳米硼酸锌 $Zn_4B_6O_{13}$。通过 XRD 和 FESEM 测试手段对纳米硼酸锌的物相组成及形貌进行了表征,并研究其对木材阻燃性能的影响。研究结果表明:所制备的纳米 $Zn_4B_6O_{13}$ 粒径只有 $60nm$、分散均匀、结晶度好。该纳米硼酸锌在木材中具有良好的阻燃性能。添加 10% 的纳米硼酸锌可使桦木粉在 300℃ 下的残炭量比未添加硼酸锌的提高了 19.95％，比微米硼酸锌提高了 14.18％，其极限氧指数为 38.17。陈志玲等人[61]以氢氧化锌、硼酸为主要原料，利用微波辐射制备了纳米级硼酸锌，确定了优化的反应条件和合成参数，并利用化学分析、XRD、TEM 方法等对产物进行了表征。结果表明：微波辐射法可以制得粒径 <70nm 的纳米级硼酸锌，TGA 分析表明合成样品开始脱水的温度在 350℃ 左右。通过极限氧指数测定结果发现，该种纳米硼酸锌的阻燃效果与红磷相当，其他性能更优。Shi X.X 等人[62]以 $Na_2B_4O_7 \cdot 10H_2O$ 和 $ZnSO_4$ 溶液为原料，以聚乙二醇（PEG-300）为表面活性剂在不同水热条件下分别制备出了纳米片状和棒状的 $4ZnO \cdot B_2O_3 \cdot H_2O$。Chen T 等人[63]采用均匀沉淀法和水热法两种方法成功制备出了直径在 15nm 左右的硼酸锌纳米带，数百纳米长的硼酸锌纳米带组成网状结构。通过在聚丙烯和高密度聚乙烯的阻燃实验中对纳米硼酸锌的阻燃效果进行考察，实验结果发现，与传统的硼酸盐相比较，硼酸锌纳米带具有更好的阻燃效果。

4.3　纳米硼酸锌制备与改性

4.3.1　纳米硼酸锌的制备

按照采用原料的不同，硼酸锌阻燃剂的制备工艺主要包括硼酸-氧化锌法[64-68]、硼酸-氢氧化锌法[69-70]、硼砂-锌盐法[71-74]、母液循环法[75]。其中，由于在硼酸-氧化锌法中使用的原料成本较低，大大节约了生产成本，因此此法备受我国硼酸锌生产企业的欢迎。但不管是硼酸-氧化锌法，还是其他几种方法，目前生产出来的产品粒径都比较大，在填充聚合物基体材料时会出现粉体分散不理想的问题。同时，增大添加量会严重影响聚合物基体材料的理化性能和使用效果。由阻燃机理可知当阻燃剂的用量一定时，阻燃剂的粒径越小,比表面积就越大,随之阻燃效果也越好。因此,可通过减小硼酸锌颗粒粒径和提高粒径均匀分布程度的方法,来改善其在材料中的相容性。目前,关于纳米硼酸锌合成研究已经取得了一定的进展,下面是几种制备纳米硼酸锌的常用方法。

4.3.1.1　化学沉淀法

化学沉淀法是目前制备纳米材料最常用的一种方法,该法具有实验设备简单、条件易于控制、制备成本低廉,易于实现工业化生产等优点。化学沉淀法的种类很多,但是制备原理相同。即在一种或多种离子可溶性盐溶液中加入沉淀剂或在一定条件下在盐溶液中发生反应,生成不溶性的水合氧化物、氢氧化物以及其他盐类化合物,然后对这些沉淀物进行洗涤、干燥,最后得到样品。实验过程中,通过控制溶液过饱和度、反应温度、反应时间、沉淀剂的加入速率等条件来调控成核生长,可以得到粒径均一、分散性较好的纳米颗粒[76]。

Tian Y. M 等人[77]采用化学沉淀法成功制备了片状纳米硼酸锌($Zn_2B_6O_{11} \cdot 3H_2O$),采用硼砂和硫酸锌为原料,在乙醇-水反应介质中发生沉淀反应,最后得到粒径为 $100 \sim 500nm$,厚度为 $30 \sim 50nm$ 的纳米硼酸锌粒子。Chen T 等人[78]采用均匀沉淀法制备纳米硼酸锌($2ZnO \cdot 2.2B_2O_3 \cdot 3H_2O$)。首先采用锌盐与氨水形成多元共存溶液,然后与硼砂发生沉淀反应,成功得到了纳米级的硼酸锌($2ZnO \cdot 2.2B_2O_3 \cdot 3H_2O$)。李胜利[79]通过沉淀法制备了纳米硼酸锌($2ZnO \cdot 3B_2O_3 \cdot 3.5H_2O$),该实验是以氧化锌和硼酸为原料,固液比为 $2:1$,反应温度为 $85℃$ 左右,反应 2h,最后得到片状的纳米硼酸锌($2ZnO \cdot 3B_2O_3 \cdot 3.5H_2O$)。

4.3.1.2　水热合成法

该法主要是指在特定的密闭反应器中,用水作为反应介质,通过对反应体系进行处理,使其处于一个高压、高温环境,使一些难溶或不溶的物质溶解后再重结晶,最后通过分离、热处理来得到纳米材料的一种方法[80-82]。但这种方法存在反应步骤烦琐、对温度和压力要求苛刻和工业化成本较高等缺点,一定程度上限制了其在纳米硼酸锌制备中的推广和应用。

Gao Y. H 等人[83]采用水热合成法制备硼酸锌($2ZnO \cdot 3B_2O_3 \cdot 3H_2O$),在制备过程中采用硼酸和氧化锌作为原料,以 20mL 水为溶剂置于有聚四氟乙烯的反应釜中,在温度为 95℃,晶化时间为 5 天的条件下得到了纳米硼酸锌($2ZnO \cdot 3B_2O_3 \cdot 3H_2O$)。Chen X. A 等人[84]利用了水热合成法制备了 $Zn_8[(BO_3)_3O_2(OH)_3]$ 和 $Pb[B_5O_8(OH)] \cdot 1.5H_2O$,该实验以氧化锌、硼酸和 $PbBiBO_4$ 为原料,在反应温度为 170℃的条件下进行的。

4.3.1.3　高温固相反应法

高温固相反应属于非均相反应。一般情况下,其反应过程主要经历三个阶段。首先是反应物的混合和反应前驱体的制备,其次是反应的发生和进行,最后是反应结束和后处理。固相反应大多是在高温、高压的条件下进行的。目前,通过高温固相反应法来制备纳米硼酸锌的研究还比较少,通过该法制备的纳米硼酸锌一般不含有结晶水,可能会影响到它在聚合物中的阻燃效果。

国外关于采用高温固相反应法制备硼酸锌的研究比较早。在 20 世纪 90 年代,日本户田德等人专利报道[85]用小于 $0.1\mu m$ 的氧化锌和三氧化二硼或硼酸作为原料在 700~900℃的高温下反应 4h 左右,可以成功制备硼酸锌颗粒。Huppertz H 等人[86]通过对高温高压下用氧化锌和三氧化二硼制备纳米硼酸锌的过程中研究发现有不同结构的硼酸锌出现。目前,国内也有相关研究报道,如 Chang J. B 等人[87]采用纳米氧化锌和三氧化二硼为原料,硝酸银为催化剂和助熔剂,在氩气保护下,在反应温度为 500℃和反应时间为 1h 条件下成功制备了管状的 ZnB_4O_7。Chen X 等人[88]以氧化锌、氧化铅和硼酸为原料,氧化铅作为催化剂,在反应温度为 800℃的条件下在铂坩埚中反应 2 天,成功制备了

$Zn_3(BO_3)_2$。

4.3.1.4　微波合成法

微波合成法是近几年发展起来的一种制备纳米材料的方法，它主要通过控制微波的功率和辐射时间来制备高性能的纳米粒子。近年来，采用微波法来制备纳米硼酸锌的研究也取得了一定发展。如童孟良等人[89]采用硼砂和硫酸锌为原料，在辐射时间为50min，辐射功率为850W的条件下成功制备了纳米硼酸锌（$2ZnO \cdot 3B_2O_3 \cdot 3.5H_2O$）。

上述几种方法都可以成功制备纳米硼酸锌，相比较而言，采用化学沉淀法制备纳米硼酸锌比较常用。因为该方法中不涉及高温、高压，实验条件简单，低耗能并且对环境影响很小，易于实现大规模工业化生产。本文采用化学沉淀法制备纳米硼酸锌阻燃剂。

4.3.2　纳米硼酸锌的改性

4.3.2.1　硼酸锌颗粒的团聚与分散

硼酸锌粒子在聚合物基体材料中的分散性是衡量其应用性能的重要指标之一。由于超细或纳米硼酸锌颗粒尺寸小，比表面积大，使其在粒子表面的原子配位不足、比表面能高，导致粒子表面原子活性过高并形成一种不稳定的热力学体系。为了使表面趋于稳定，粒子之间通过相互结合来降低体系总能量，这样就形成粒子之间的团聚现象[90-91]。超细或纳米硼酸锌的结构大多为六方晶系，粒子表面极性很强，使硼酸锌粒子之间很容易发生团聚现象，很难在聚合物基体材料中分散，严重影响了复合材料的理化性能和阻燃性能。

目前，对粒子的团聚主要有以下几种解释：首先，粒子尺寸小到一定程度时，比表面积的不断增大使水蒸气在粒子之间的凝结趋势加强，以这种方式配位的水分子之间形成氢键和粒子之间的静电作用都能使粒子之间发生团聚现象;其次,由于纳米粒子之间存在隧道效应,电荷转移和界面原子的相互复合,纳米粒子很容易通过界面相互作用和固相反应产生团聚现象;最后,由于超细或纳米粒子具有极高的表面能,接触面极大,使得晶粒生长速率很快,粒子尺寸很难保持不变,也可能引发粒子间出现团聚现象[92]。

超细或纳米粒子的分散一般可以通过物理分散、包覆分散和改善粒子的结晶度来提高粒子之间的分散程度。物理分散主要通过物理沉积、机械混合等方法将改性剂固着在粒子表面,实现对粒子表面性能的改变。表面包覆分散主要是通过化学反应使改性剂包覆在粒子表面起到改性作用。在包覆分散中,一般是添加表面活性剂来实现的,由于表面活性剂由两部分组成,一部分是极性基团,如羧基、多元醇、多元胺以及聚醚等,它们通过氢键、离子键和分子力吸附到粒子表面,另一部分是溶剂链,能够与分散介质之间有良好的相容性,大大降低了分散纳米粒子与分散介质之间的表面张力,增加了两相之间的亲和力,并且增大了纳米粒子的空间位阻,使分散体系趋于稳定[93-94]。

4.3.2.2　硼酸锌颗粒的表面处理方法

硼酸锌的表面处理方法一般有干法和湿法两种[95]。如果采用耐水性差的改性剂来处理硼酸锌粒子,如大多数的偶联剂,它们只能在惰性有机溶液中溶解使用,所以这类改性剂只能用干法改性。该方法是通过将改性剂溶解在有机溶剂中,经过适度稀释后,喷淋到硼酸锌粒子上,在捏合机中,控制适当的搅拌速率、温度、处理时间来保证改性剂能够均匀分散到硼酸锌粒子表面。有时也可以将改性剂和硼酸锌粒子混合后,在高速搅拌器中搅拌来对硼酸锌粒子表面进行包覆改性[96]。如果改性剂在水中具有很高的稳定性,如表面活性剂,则采用湿法对硼酸锌粒子进行改性。改性过程是将一定量的硼酸锌粒子与适量的改性剂、去离子水依次加入反应器中,通过控制反应温度、处理时间以及搅拌速率使改性剂能很好地分散到硼酸锌粒子上,保证改性效果。处理完成后,对样品进行洗涤、过滤,最后在 100℃ 左右进行干燥处理,得到了改性硼酸锌[97]。

4.3.2.3 改性剂的种类及改性原理

改性剂主要包括表面活性剂、有机磷酸酯、偶联剂、醇类化合物以及一些高分子包覆剂等[98-100]。一般情况下,制备的硼酸锌粒子都带有正电荷,并且等电点较高,对其改性时常用阴离子表面活性剂,其改性原理是由于阴离子表面活性剂中的极性基团和非极性基团分别与硼酸锌和聚合物基体材料相互作用,使硼酸锌在基体材料中的相容性和分散性大幅度提高,使复合材料综合性能有了明显的改善。偶联剂是目前应用最多的改性剂,它主要是通过单分子膜对硼酸锌表面进行包覆,其有机碳链与聚合物基体材料相互交联或缠结,在外力作用下能够自由伸缩,对复合材料的相容性明显提高。醇类化合物对纳米材料的改性是近几年发展起来的一种新方法,醇类化合物作为改性剂具有较好的改性效果、醇的生产成本较低、对环境不造成污染等特点,是一类经济、绿色环保型改性剂,因此,它具有很高的研究价值和应用前景。该类物质主要是在适宜的催化剂作用下利用脱水反应对纳米材料进行表面改性,研究表明,脱水反应采用最有效的醇类是伯醇,然后是仲醇。在大多数情况下,多采用伯醇为表面改性剂[101-102]。现通常采用阴离子表面活性剂油酸和非离子表面活性剂十二醇来改性纳米硼酸锌。

油酸介绍:油酸学名顺式十八稀-9-酸,亦称红油,是天然动植物油脂中一种含有双键的不饱和脂肪酸。英文名为 oleic acid,分子式为 $C_{17}H_{33}COOH$,无毒,无刺激性。油酸精制品为淡黄色油状液,有猪油气味,工业品呈黄色或棕黄色。它不易溶于水,可溶于乙醇、乙醚、氯仿和苯等有机溶剂中。油酸与碱能生产皂化物,与醇能反应生产酯化物。在催化剂作用下发生加氢反应,能由不饱和脂肪酸转化为饱和脂肪酸[103]。

油酸作为一种常用的表面活性剂能有效地阻止纳米粒子发生团聚。这是由它自身结构决定的,油酸分子中的双键能引起空间结构的弯曲,产生空间壁垒,使邻近链的集束受阻。当它用于稳定纳米粒子改性时,它的憎水部分在溶剂中被介质溶剂化,从而提供了一个很强的排斥力。油酸除了能防止纳米粒子团聚外,由于它有与聚合物相似的结构,故彼此相容性好;分子的另一端为羧基,可与纳米粉体表面发生吸附作用,从而有效地改善无机纳米粉体与聚合物基料的亲和性,提高其在聚合物中的分散性[104]。

十二醇:十二醇又名十二烷醇、月桂醇,因最初从月桂树皮中提取而得名。英文名 dodecanol,分子式为 $C_{12}H_{26}O$。十二醇外观为白色固体或无色液体,具有香味。不溶于水、甘油,易溶于丙二醇、乙醇、苯和氯仿中。此外,与浓硫酸作用,会发生硫酸化反应;但与碱性物质作用时,多不会发生反应。十二醇可以用于制备高效洗涤剂、表面活性剂、化妆品、纺织油剂、增塑剂和润滑机油添加剂,在轻工、化工、冶金和制药领域也有广泛应用。

十二醇作为一种重要的非离子型表面活性剂,能有效地对无机粒子表面进行改性。十二醇在溶液中不是离子状态,所以稳定性高,不易受酸、碱的影响,也不易受强电解质无机盐类的影响。另外,它与其他类型表面活性剂的相容性好,能在水及有机溶剂中表现出良好的溶解性能。十二醇能有效阻止纳米粉体团聚,提高粉体在高聚物基体中的相容性和分散性的原因在于:十二醇具有羟基亲水基团的同时还有烃基亲油基团。亲油基团和聚合物基体具有良好的相容性,而十二醇的羟基与粉体表面的羟基在催化剂的作用下发生脱水反应,将有机炭链嫁接到纳米粒子表面达到表面改性的目的,加强纳米粉体与高聚物基体两者相互作用,从而增进两者之间的相容性。此外,十二醇改性的另一优势在于,两极性基团之间的柔性炭链增强塑料润滑性,赋予体形韧性和流动性,使体形黏度下降,改善了复合材料的加工性能[105]。

4.4　纳米硼酸锌阻燃剂阻燃机理

阻燃剂是通过稀释和吸热作用、阻止自由基链式反应作用、隔离膜覆盖作用和协同阻燃作用等多种机理或途径起到阻燃作用的,而大部分阻燃剂是几种机理共同作用以实现阻燃的目的。纳米硼酸锌阻燃剂的阻燃机理可归结为稀释和吸热作用、阻止自由基链式反应作用、隔离膜覆盖作用和协同阻燃等几个方面。

4.4.1　稀释和吸热作用

纳米硼酸锌在 300℃ 以上开始释放出结晶水,能够对燃烧的聚合物材料起到吸热降温作用。硼酸锌在分解过程中,锌元素大约有 38% 以氢氧化锌或氧化锌的形式进入气相,对气相中的可燃性气体起到稀释作用,使燃烧速率大幅度降低,从而起到阻燃作用[106-108]。

4.4.2　阻止自由基链式反应作用

根据燃烧的链式反应理论,维持燃烧所需的是自由基。阻燃剂如果能够消耗反应中产生的自由基,终止自由基的链式反应,就可以抑制火焰的传播,使燃烧区的火焰密度下降,最终使燃烧反应速率下降或终止。纳米硼酸锌添加到含有卤素的聚合物材料中后,当聚合物燃烧时产生的 BX_3 进入气相与水蒸气生成卤化氢,在火焰中就有卤素自由基生成,可以阻止燃烧中自由基链式反应,起到阻燃作用[109-111]。

4.4.3　隔离膜覆盖作用

硼酸锌在高温条件下,可以在聚合物表面形成一层玻璃态物质或炭层结构的隔离膜,起到隔绝空气,阻止热传递,降低可燃性气体释放量和隔绝氧气的作用,从而实现阻燃。如硼酸锌和卤素复合阻燃时,在高温条件下生成了 ZnX_2,由于 ZnX_2 沸点高,可以覆盖到燃烧聚合物的表面隔绝空气,起到抑制可燃性气体的挥发和阻止氧化放热的作用。硼酸锌分解产生的硼酸也可以促进炭层的形成,起到阻燃作用[112-113]。

4.4.4　协同阻燃作用

纳米硼酸锌不但自身具有良好的阻燃性能,还能和传统阻燃剂复合使用,能够显著提高材料的阻燃性能。研究发现硼酸锌与 Sb_2O_3 按照一定比例复合使用,应用于聚氯乙烯中,使聚氯乙烯的极限氧指数有了很大提高。纳米硼酸锌也可以和水合氧化铝复合使用,应用于醋酸乙烯-乙烯共聚物阻燃体系中,表现出了很好的阻燃性能和抑烟效果[114-115]。

4.5　本书研究目的、研究思路和实验方案

4.5.1　研究目的

随着科学技术的不断发展,有机聚合物产品在生活中扮演着越来越重要的角色,但是,它们极易燃烧的特点给环境和人类带来巨大的安全隐患,制约了其在工业生产中的应用。因此,提高聚合物的阻燃性能成为聚合物发展的当务之急。为了解决上述问题,人们研发了多种具有阻燃性能的聚合物/无机纳米复合材料,虽然取得了一定的阻燃效果,但仍然存在诸如纳米粒子在有机体系中分散和相容性差,复合体系不稳定等缺点。所以,寻找新型纳米无机阻燃材料,并对其进行有目的的改性,以满足制备高阻燃性能的聚合物/无机纳米复合材料的需要,具有重要的现

实意义。

纳米 $4ZnO \cdot B_2O_3 \cdot H_2O$ 作为一种新型高效、无毒、无卤的绿色环保阻燃材料,具有大的比表面积和高的热稳定性,已成为聚合物/无机纳米复合材料中最有应用前景的无机纳米添加型阻燃剂。但是,以纳米 $4ZnO \cdot B_2O_3 \cdot H_2O$ 作为无机纳米填料,制备聚合物/无机纳米复合材料的报道还不多见。因此,本书针对纳米硼酸锌制备和聚合物/无机纳米复合材料相关领域研究现状,制备各种形貌的纳米硼酸锌 $4ZnO \cdot B_2O_3 \cdot H_2O$,并将其应用于纳米复合材料的制备中,考察聚合物/纳米硼酸锌复合材料的阻燃效果,探讨不同形貌结构纳米硼酸锌与复合材料阻燃性能之间的关系,为明确阻燃机理提供理论依据。

4.5.2　研究思路

本书以纳米硼酸锌 $4ZnO \cdot B_2O_3 \cdot H_2O$ 作为复合物材料体系的主体,以纳米硼酸锌 $4ZnO \cdot B_2O_3 \cdot H_2O$ 和聚合物/纳米硼酸锌复合材料为研究对象。通过改进和探索纳米硼酸锌 $4ZnO \cdot B_2O_3 \cdot H_2O$ 制备方法,以得到具有特殊形貌、高分散性的纳米粒子的前提下,采用油酸和十二醇作为改性剂对纳米硼酸锌 $4ZnO \cdot B_2O_3 \cdot H_2O$ 表面进行改性,提高其与聚合物基体材料的相容性,制备新型聚合物/纳米硼酸锌 $4ZnO \cdot B_2O_3 \cdot H_2O$ 复合材料。

本书选取的聚合物基体分别为 PS 和 PF,通过对得到的材料进行结构和形貌表征,并从热力学角度,探讨纳米硼酸锌 $4ZnO \cdot B_2O_3 \cdot H_2O$ 对聚合物的阻燃机理。此外,本书还尝试制备掺杂 La 纳米硼酸锌 $4ZnO \cdot B_2O_3 \cdot H_2O$ 新型材料并对其阻燃性能进行初步研究,开发具有潜在应用前景的高效阻燃材料。

4.5.3　实验方案

以均相沉淀法合成的纳米硼酸锌 $4ZnO \cdot B_2O_3 \cdot H_2O$ 作为主

体材料,将表面有机改性技术应用于纳米硼酸锌 $4ZnO \cdot B_2O_3 \cdot H_2O$ 的表面改性,并采用原位聚合法分别制备以 PS 和 PF 为基体的聚合物/无机纳米复合阻燃材料。此外,采用沉淀法制备掺杂 La 纳米硼酸锌 $4ZnO \cdot B_2O_3 \cdot H_2O$,在此基础上采用原位聚合法制备掺杂 La 纳米硼酸锌 $4ZnO \cdot B_2O_3 \cdot H_2O$/PS 复合材料。

4.5.3.1　不同形貌纳米硼酸锌 $4ZnO \cdot B_2O_3 \cdot H_2O$ 材料制备及表征

以 $Na_2B_4O_7 \cdot 10H_2O$ 和 $Zn(NO_3)_2 \cdot 6H_2O$ 为原料,十六烷基三甲基溴化铵和十二烷基苯磺酸钠为表面活性剂在水系环境中通过均匀沉淀法制备须状、球状和片状三种形貌硼酸锌 $4ZnO \cdot B_2O_3 \cdot H_2O$ 纳米材料。通过 XRD、FT-IR、FESEM、TGA、EDS 等表征手段对样品进行分析研究,确定制备的最佳路线,并且推测和探讨不同形貌该纳米材料的形成机理。

4.5.3.2　纳米硼酸锌 $4ZnO \cdot B_2O_3 \cdot H_2O$ 表面改性研究

采用油酸和十二醇对纳米硼酸锌 $4ZnO \cdot B_2O_3 \cdot H_2O$ 进行表面改性处理,通过不同表征手段,系统地对改性过程和改性效果进行分析研究,确定纳米硼酸锌 $4ZnO \cdot B_2O_3 \cdot H_2O$ 的最佳改性剂。

4.5.3.3　纳米硼酸锌 $4ZnO \cdot B_2O_3 \cdot H_2O$/PS 复合材料的制备及阻燃性能研究

采用苯乙烯和改性纳米硼酸锌 $4ZnO \cdot B_2O_3 \cdot H_2O$ 为原料,过氧化苯甲酰作为引发剂,采用原位聚合法制备纳米硼酸锌 $4ZnO \cdot B_2O_3 \cdot H_2O$/PS 复合阻燃材料,并优化反应条件。通过 XRD、FT-IR、FESEM、EDS 等手段对材料性能进行表征和测试,采用热重分析(TGA)和极限氧指数(LOI)对复合材料进行热力学性能和阻燃性能研究。

4.5.3.4 纳米硼酸锌 $4ZnO \cdot B_2O_3 \cdot H_2O$/PF 复合材料制备及阻燃性能研究

以苯酚、甲醛、改性纳米硼酸锌 $4ZnO \cdot B_2O_3 \cdot H_2O$ 作为原料,采用原位合成法制备纳米硼酸锌 $4ZnO \cdot B_2O_3 \cdot H_2O$/PF 复合材料,通过 XRD、FT-IR、FESEM、EDS、TGA、LOI 手段对材料性能进行表征和测试,深入研究纳米硼酸锌 $4ZnO \cdot B_2O_3 \cdot H_2O$/PF 复合材料的理化性能和阻燃性能。

4.5.3.5 掺杂 La 纳米硼酸锌 $4ZnO \cdot B_2O_3 \cdot H_2O$ 制备及阻燃性能研究

以 $Na_2B_4O_7 \cdot 10H_2O$、$Zn(NO_3)_2 \cdot 6H_2O$ 和 $La(NO_3)_3 \cdot 6H_2O$ 为原料,采用均相沉淀法制备掺杂 La 纳米硼酸锌 $4ZnO \cdot B_2O_3 \cdot H_2O$ 材料,通过 XRD、FT-IR、FESEM、EDS 对掺杂 La 纳米硼酸锌 $4ZnO \cdot B_2O_3 \cdot H_2O$ 的形貌结构、元素组成、热稳定性等进行考察。选用 PS 作为聚合物基体材料,考察掺杂 La 纳米硼酸锌 $4ZnO \cdot B_2O_3 \cdot H_2O$ 在聚合物材料中的阻燃性能和力学性能,通过燃烧实验、LOI 测定等方法对材料进行研究,探讨复合材料的理化性能和阻燃性能。

第 5 章 不同形貌纳米硼酸锌 4ZnO· B₂O₃·H₂O 制备及性能表征

硼酸锌具有无毒、无污染、阻燃、抑烟等性能,是一类新型环保无机材料[127],已被广泛应用于高层建筑的橡胶配件[128]、电梯、电缆[129]、电器塑料[130]、纤维织物和防火涂料[131-132]中。但是,研究发现[133]粒径较大的硼酸锌在基体材料中的相容性和分散性不理想,降低了复合材料的综合性能。而粒径越小的硼酸锌在基体材料的相容性越好。所以,硼酸锌颗粒的超细化已成为研究的重点。此外,随着纳米材料制备技术和表征手段的发展,研究发现特殊形貌的纳米材料具有独特的性能,因而人们对具有特殊形貌纳米材料合成与纳米材料的有序可控生长的研究表现出浓厚的兴趣。

纳米硼酸锌的制备方法主要包括高温固相反应法、水热合成法和均相沉淀法等。Shi X. X 等人[134]采用水热合成法,以 PEG-300 为表面活性剂制备了 2D 和 3D 纳米硼酸锌晶体。Chen T[78]等人采用一步沉淀法成功合成了纳米硼酸锌 $2ZnO_2·2B_2O_3·3H_2O$。水热合成法存在反应步骤烦琐、对温度和压力要求苛刻、工业化成本较高等缺点,限制了其在工业领域的应用。均相沉淀法则避免了以上不足。该法具有操作简单,制备过程中温度要求低,没有压力要求,易于实现工业化,产物组成和结构易于控制等优点,是一种具有广阔应用前景的制备纳米硼酸锌材料的方法。

本章以 $Na_2B_4O_7·10H_2O$、$Zn(NO_3)_2·6H_2O$ 为原料,十六烷基三甲基溴化铵和十二烷基苯磺酸钠为表面活性剂,在水系环境中采用均相沉淀法合成不同形貌硼酸锌 $4ZnO·B_2O_3·H_2O$ 纳米材料。考察合成条件——反应温度、反应时间和体系 pH 等因素对产物的影响,以确定最佳反应条件。并通过 XRD、FT-IR、FESEM、TGA、EDS 等表征手段对样品进行研究,探讨不同形貌 $4ZnO \cdot B_2O_3 \cdot H_2O$ 纳米材料的形成机理。

5.1　实验部分

5.1.1　实验设备

数显电动搅拌器:OJ-160,天津市欧诺仪器有限公司。

电子分析天平:FA2104,上海越平科学仪器有限公司。

恒温干燥箱:DH-101,天津市中环实验电炉有限公司。

马弗炉:SX-G02102,天津市中环实验电炉有限公司。

酸度计:PHS-25,天津盛邦科学仪器技术开发有限公司。

超声波清洗器:KQ5200DE,昆山市超声仪器有限公司。

三口烧瓶:500mL,天津市北方化学试剂玻璃仪器公司。

循环水式真空泵:SHZ-D(Ⅲ),巩义市予华仪器有限公司。

高速低温台式冷冻离心机:TGL200M-Ⅱ,湖南凯达科学仪器有限公司。

5.1.2　实验试剂

表 5-1　实验试剂

试剂	纯度	产地
六水硝酸锌	分析纯	天津市福晨化学试剂厂
四硼酸钠	分析纯	天津博迪化工股份有限公司
十六烷基三甲基溴化铵	分析纯	天津市津科精细化工研究所
十二烷基苯磺酸钠	分析纯	天津市津科精细化工研究所
氢氧化钠	分析纯	天津博迪化工股份有限公司
无水乙醇	分析纯	天津风船化学试剂科技有限公司
蒸馏水	工业级	永源纯水开发中心
盐酸	分析纯	天津风船化学试剂科技有限公司

5.1.3　样品的制备

5.1.3.1　须状硼酸锌 4ZnO·B₂O₃·H₂O 纳米结构的可控制备

反应物的物质的量比 $n(Na_2B_4O_7 \cdot 10H_2O) : n(Zn(NO_3)_2 \cdot 6H_2O)$ 为 1∶2,实验步骤如下:准确称取 1.91g $Na_2B_4O_7 \cdot 10H_2O$ 溶于 50mL 去离子水中,用玻璃棒轻轻搅拌至固体全部溶解并形成无色透明溶液。然后将上述溶液倾倒于 500mL 的圆底烧瓶中,同时向反应体系中加入 0.5g 十二烷基苯磺酸钠。将烧瓶置于 70℃水浴中进行反应,电动搅拌 30min,使反应物能够混合均匀并且充分溶解到蒸馏水中。再准确称取 2.97g $Zn(NO_3)_2 \cdot 6H_2O$ 溶于 10mL 去离子水中,用玻璃棒不断搅拌直至溶解并形成无色透明的溶液。用分液漏斗将溶液逐滴加入到 $Na_2B_4O_7 \cdot 10H_2O$ 和十二烷基苯磺酸钠混合体系中,电动搅拌 30min 后用 1mol/L 的 NaOH 溶液调节反应体系 pH 至 7.0~8.0,电动搅拌下反应 8h,转速为 600rpm。溶液中生成白色絮状沉淀物后,经减压抽滤,获取沉淀,用 100℃的去离子水将其洗涤数次,再用无水乙醇洗涤,然后于 80℃干燥 12h,得白色粉末状产品。制备工艺如图 5-1 所示。

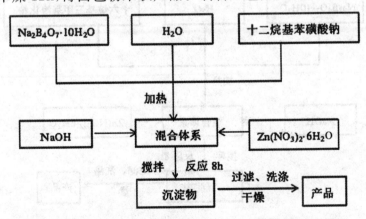

图 5-1　须状纳米硼酸锌 4ZnO·B₂O₃·H₂O 的制备工艺流程图

5.1.3.2 球状硼酸锌 $4ZnO \cdot B_2O_3 \cdot H_2O$ 纳米结构的可控制备

反应物的物质的量比 $n(Na_2B_4O_7 \cdot 10H_2O) : n(Zn(NO_3)_2 \cdot 6H_2O)$ 为 1∶1,实验步骤如下:准确称取 3.81g $Na_2B_4O_7 \cdot 10H_2O$ 溶于 50mL 去离子水中,用玻璃棒轻轻搅拌至固体全部溶解并形成无色透明溶液,然后将此溶液倾倒至 500mL 的圆底烧瓶。同时向反应体系中加入 0.02g 十六烷基三甲基溴化铵。然后将烧瓶移至 70℃ 水浴中进行反应,电动搅拌 30min,使反应物能够混合均匀并且充分溶解到蒸馏水中。再准确称取 2.97g $Zn(NO_3)_2 \cdot 6H_2O$ 溶于 10mL 去离子水中,用玻璃棒不断搅拌直至 $Zn(NO_3)_2 \cdot 6H_2O$ 溶解,并形成无色透明的溶液。用分液漏斗将此溶液逐滴加入到装有 $Na_2B_4O_7 \cdot 10H_2O$ 溶液和十六烷基三甲基溴化铵的圆底烧瓶中电动搅拌 30min,用 1mol/L 的 NaOH 溶液调节反应体系 pH 至 8.0,然后在转速为 600rpm 的电动搅拌下反应 8h。反应结束后,有白色絮状沉淀生成。减压过滤得到的沉淀先用 100℃ 的去离子水洗涤数次,然后用无水乙醇洗涤数次以去除杂质离子和残留的表面活性剂,最后于 80℃ 下干燥 12h,得白色粉末状样品。制备工艺如图 5-2 所示。

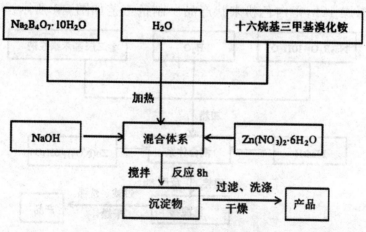

图 5-2　球状硼酸锌 $4ZnO \cdot B_2O_3 \cdot H_2O$ 的制备工艺流程图

5.1.3.3　片状硼酸锌 4ZnO · B₂O₃ · H₂O 纳米结构的可控制备

反应物的物质的量比 $n(Na_2B_4O_7 \cdot 10H_2O)$ ：$n(Zn(NO_3)_2 \cdot 6H_2O)$ 为 1：2，实验步骤如下：将 1.91g $Na_2B_4O_7 \cdot 10H_2O$ 溶于 50mL 去离子水形成无色透明溶液，将此溶液倾倒于 500mL 的圆底烧瓶中。在不添加表面活性剂的情况下，于 70℃水浴中进行反应，电动搅拌 30min 使反应物能够混合均匀并且充分溶解到蒸馏水中。再准确称取 2.97g $Zn(NO_3)_2 \cdot 6H_2O$ 溶于 10mL 去离子水中，用玻璃棒不断搅拌直至 $Zn(NO_3)_2 \cdot 6H_2O$ 溶解，并形成无色透明的溶液。用分液漏斗将此溶液逐滴加入到装有 $Na_2B_4O_7 \cdot 10H_2O$ 溶液的圆底烧瓶中，电动搅拌 30min。用 1mol/L 的 NaOH 溶液调节反应体系 pH 至 8.5 左右，然后在转速为 600rpm 的电动搅拌下反应 8h。反应结束后，有白色絮状沉淀生成。减压过滤得到的沉淀先用 100℃的去离子水洗涤数次，然后再用无水乙醇洗涤数次以去除杂质离子，最后于 80℃下干燥 12h，得白色粉末状样品。制备工艺如图 5-3 所示。

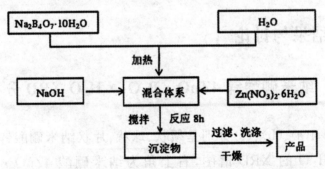

图 5-3　片状硼酸锌 4ZnO · B₂O₃ · H₂O 的制备工艺流程图

5.1.4　测试与表征方法

5.1.4.1　X-射线衍射(XRD)

采用 Bruker AXS GmbH Bruker D8 FOCUS 型 X-射线衍射

仪对样品结构进行表征。Cu 靶 Ka 线 $\lambda = 1.5406\text{Å}$，工作电流是 40mA，工作电压是 40kV，测试 2θ 范围是 $5°\sim80°$，步长是 $0.02°$。

5.1.4.2　红外光谱测试(FT-IR)

采用 Perkin Elemer 2000 spectrophotometer 红外光谱仪对样品的结构组成进行分析。测试前样品与 KBr 粉末混合研磨并压成薄片备用。

5.1.4.3　场发射扫描电子显微镜(FESEM)

采用 HITACHI X-650 场发射电子显微镜对样品表面形貌进行表征。测试前，应对样品进行喷金处理。

5.1.4.4　热分析实验(TGA)

采用 NETZSCH STA 409 热重分析仪对样品热稳定性能进行表征。测试样品是在氮气气氛下进行的，升温速率为 10℃/min，样品量为 8mg 左右。

5.2　结果与讨论

5.2.1　纳米硼酸锌 $4ZnO \cdot B_2O_3 \cdot H_2O$ XRD 分析

图 5-4(a)、(b)、(c)分别是须状、球状、片状纳米硼酸锌 $4ZnO \cdot B_2O_3 \cdot H_2O$ 的 XRD 谱图，右上角为纳米硼酸 $4ZnO \cdot B_2O_3 \cdot H_2O$ 标准粉末衍射卡片(JCPDS file No. 70-3929)。从衍射谱图可以看出，三种不同形貌纳米硼酸锌 $4ZnO \cdot B_2O_3 \cdot H_2O$ 具有明显的相对强度较高的特征衍射峰，在 2θ 分别为 $18.8°$、$22.1°$、$24.1°$、$28.4°$、$36.5°$ 处都出现与纳米硼酸 $4ZnO \cdot B_2O_3 \cdot H_2O$ 标准粉末衍射卡片相同的衍射峰，没有观察到如 B_2O_3、ZnO、B 等的杂峰，说明合成的样品具有 $4ZnO \cdot B_2O_3 \cdot H_2O$ 结构，晶体结构属

于六方晶系。样品在 2θ 为 $18.8°$、$22.1°$、$24.1°$、$28.4°$、$36.5°$的衍射峰处归属于 4ZnO・B₂O₃・H₂O 的(−101)、(101)、(201)、(−201)、(211)晶面。

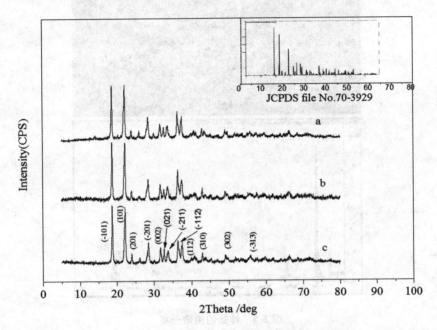

图 5-4　纳米硼酸锌 4ZnO・B₂O₃・H₂O 的 XRD 谱图

根据 Scherer 公式 $D_{hkl} = R\lambda/\beta\cos\theta$($R$ 是 Scherer 常数,通常取 0.89,λ 是波长,β 为衍射峰的半峰宽),计算所得到的不同形貌样品的平均粒径在 50～100nm 之间。三种形貌样品的特征衍射峰都比较尖锐,说明样品结晶较好[135]。

5.2.2　纳米硼酸锌 4ZnO・B₂O₃・H₂O 能谱分析

图 5-5 和表 5-2 是纳米硼酸锌 4ZnO・B₂O₃・H₂O 的能谱分析结果。从图中可知,样品表面主要存在 Zn、O 和 B 三种元素,Zn：O：B 元素比为 4：5：2,说明反应所得的产物分子式为 4ZnO・B₂O₃・H₂O,样品纯度较高,结合产物的 XRD 分析结果,说明三种不同形貌的样品均为单相纳米硼酸锌 4ZnO・B₂O₃・H₂O。

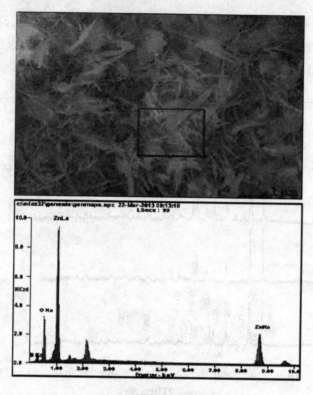

图 5-5　样品的图谱分析

表 5-2　样品的元素含量

Element	wt%	at%
BK	19.17	43.18
OK	07.09	21.99
ZnK	73.74	34.83

5.2.3　纳米硼酸锌 $4ZnO \cdot B_2O_3 \cdot H_2O$ FT-IR 分析

图 5-6(a)、(b)、(c)分别是须状、球状、片状纳米硼酸锌 $4ZnO \cdot B_2O_3 \cdot H_2O$ 的 FT-IR 光谱图。如图所示,三种不同形貌样品的红外光谱 $3400.07cm^{-1}$、$3310.21cm^{-1}$ 和 $1630.15cm^{-1}$ 附近都有吸收峰。它们主要归属于 H_2O 的 O—H 伸缩振动。波数在 $2800\sim3000cm^{-1}$ 处主要归属于甲基和亚甲基的振动吸收峰,

说明在后处理过程中表面活性剂未完全去除。此外，在 1311.32cm⁻¹处的特征吸收峰为 B(3)—O 对称伸缩振动峰；1240.08cm⁻¹处特征吸收峰为 B—O—H 面内弯曲振动峰；波数为 998.34cm⁻¹是 Zn—O 伸缩振动峰；716.15cm⁻¹处归属于 B(3)—O 面外弯曲振动峰；530cm⁻¹处是 B(3)—O 面内弯曲振动峰[136]。这些特征吸收峰证实样品中存在 BO_3 和 OH 基团，与 $Zn_2(OH)BO_3$ 的结构一致，样品的分子式为 4ZnO・B_2O_3・H_2O，这与 XRD 分析结果吻合。

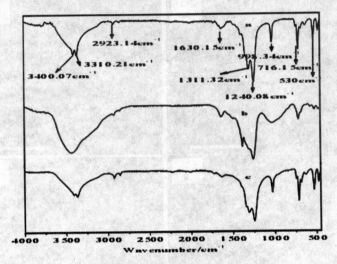

图 5-6　样品的 FT-IR 光谱

5.2.4　纳米硼酸锌 4ZnO・B₂O₃・H₂O FESEM 分析

图 5-7 是不同形貌纳米硼酸锌 4ZnO・B_2O_3・H_2O 样品的 FESEM 照片。其中，图 5-7(a)、(b)是须状结构纳米硼酸锌 4ZnO・B_2O_3・H_2O 的 FESEM 照片。由图可知，该样品具有须状结构，长度约 100nm，长径比为 20～40。晶体大小均匀、结构规整、表面光滑。但仍有少量晶体之间存在团聚现象。图 5-7(c)、(d)是片状结构纳米硼酸锌 4ZnO・B_2O_3・H_2O 的 FESEM 图片。由图可知，样品为均匀的片状纳米结构，增加放大倍数发现，片状晶体直

径为 50nm 左右,厚度为 20nm。晶体大小均匀、结构规整、表面光滑分布呈无序状,部分片状边沿发生了卷曲,可能是晶面之间存在着静电作用的结果。图 5-7(e)、(f)是球状结构纳米硼酸锌 4ZnO · B_2O_3 · H_2O 的 FESEM 图片。由图可知,样品为分散性较好的球状晶体结构。晶体直径大约为 80nm,结构规整、呈无序状排列。从照片中还可观察到少量无定型颗粒,这可能是反应进行不完全,晶体结构生长不充分的结果。

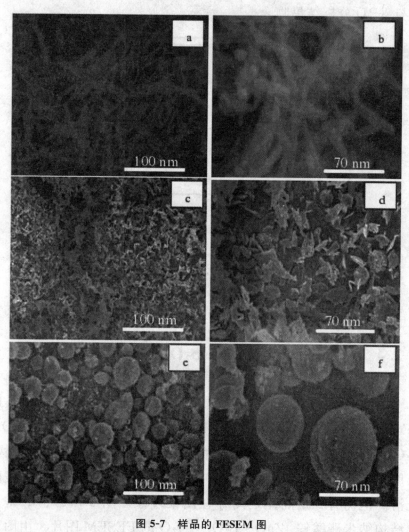

图 5-7 样品的 FESEM 图

　　由三种不同样品的 FESEM 照片分析结果可知,合成的样品分别具有须状、片状、球状三种不同结构,且粒径都在 $50\sim100$nm 之间。样品结晶度好,无杂质。这些都与 XRD 分析结果相一致,进一步证明制备的样品是纳米级 4ZnO·B₂O₃·H₂O。另外,在分析过程中发现不同形貌样品均存在不同程度的团聚现象,主要原因是当颗粒达到纳米级时,表面积增大、表面原子数增加、表面能和表面活性提高,使得它们很容易团聚到一起。这种现象的存在会给纳米 4ZnO·B₂O₃·H₂O 的制备和应用带来很大的困难,因此有必要深入研究解决纳米硼酸锌粒子的团聚问题。

5.2.5　纳米硼酸锌 4ZnO·B₂O₃·H₂O TGA 分析

　　纳米硼酸锌 4ZnO·B₂O₃·H₂O 热重分析如图 5-8 所示。由 TGA 曲线可以看出,纳米硼酸锌 4ZnO·B₂O₃·H₂O 的起始分解温度为 $100\sim250$℃,此时,样品大约失重了 2wt%。这是由于样品表面的吸附水蒸发而引起的失重。明显失重发生在 450℃ 左右,主要是样品表面的单分子结晶水和样品中残留的表面活性剂被蒸发出来所致。此处的失重率为 5wt% 左右,非常接近于 4ZnO·B₂O₃·H₂O 分子式中的理论结晶水含量,进一步证明制备的样品的分子式为 4ZnO·B₂O₃·H₂O。450℃ 以后,样品结构稳定,基本不发生失重现象。这都说明纳米硼酸锌 4ZnO·B₂O₃·H₂O 具有较高的热稳定性。

5.2.6　4ZnO·B₂O₃·H₂O 纳米结构形成的影响因素

5.2.6.1　反应时间的影响

　　反应时间对所制备的纳米材料的形貌、分散程度有着很重要的影响。以制备片状纳米硼酸锌 4ZnO·B₂O₃·H₂O 为例说明反应时间对样品制备的影响,分别考察 4h、8h、12h 不同反应时间对合成样品的影响,其他制备条件与 5.1.3.3 节中相同。

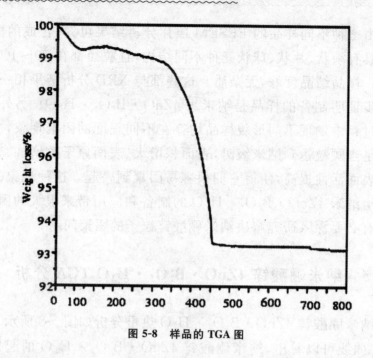

图 5-8　样品的 TGA 图

图 5-9 是不同反应时间下制备样品的 XRD 谱图。从 XRD 测定的结果可知,随着反应时间的增加,产品的晶型由无定型向晶体转变。图 5-9(a)是反应时间为 4h 时样品的 XRD 谱图。谱图中可以清楚地看到样品的特征衍射峰强度很弱,由于反应时间太短,晶粒生长不完全,晶体结构还没有形成,说明样品正处于一个生长过渡期,出现晶型转变的趋势。随着反应时间的延长,产物晶型由无定形态向晶体转变,样品的晶体结构逐步形成,特征衍射峰强度不断增强,反应时间为 8h 时[图 5-9(b)],样品在 2θ 为 18.8°、22.1°、24.1°、28.4°、36.5°处出现了明显而又尖锐的特征衍射峰。经多晶 XRD 粉末衍射物相分析,发现样品特征衍射峰和纳米硼酸锌 $4ZnO \cdot B_2O_3 \cdot H_2O$ 标准粉末衍射卡片特征衍射峰一致,说明在反应时间为 8h 时,样品形成了高结晶度的纯 $4ZnO \cdot B_2O_3 \cdot H_2O$ 纳米结构。随着反应时间的继续延长,反应时间达到 12h 时[图 5-9(c)],样品衍射峰的强度有所下降,在 2θ 为 30°~40°之间出现 ZnO 的特征衍射峰,因为反应时间太长,使样品发生团聚和晶体结构发生改变。

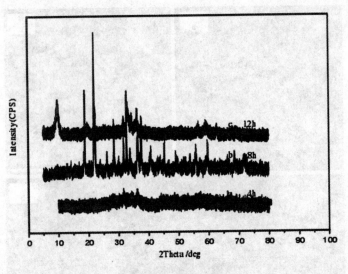

图 5-9　不同反应时间下样品的 XRD 图

图 5-10 是不同反应时间下制备的样品的 FESEM 图片。图 5-10(a)、(b)、(c)分别展现了反应时间为 4h、8h、12h 的样品形貌。当反应时间为 4h 时,样品团聚现象明显,呈无定型态,没有晶体结构形成,但具备晶型生长的趋势;当反应时间延长至 8h时,样品形貌稳定,呈现大小为 50nm 左右,厚度为 20nm 的片状晶体结构;继续延长反应时间至 12h,晶体结构遭到破坏,呈无序团聚态无定形体。这是由于反应时间过长,可能使纳米晶体出现团聚形成更大粉体颗粒的结果。

通过 XRD、FESEM 分析证实反应时间对制备样品有较大的影响。晶体的形成需要在适宜的反应时间下才可以进行,过短或过长的反应时间对反应都是不利的,因此通过实验,结合 XRD 和FESEM 的分析结果,本书选择 8h 为制备片状纳米硼酸锌 4ZnO·B₂O₃·H₂O 的最佳反应时间。

5.2.6.2　反应温度的影响

反应温度是影响纳米材料制备的重要因素之一。反应温度不同,纳米材料晶体成核速率、结构转变程度、生长速率也随之发生变化。本书以制备须状纳米硼酸锌 4ZnO·B₂O₃·H₂O 为例

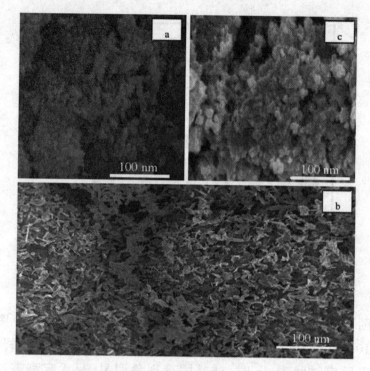

图 5-10 不同反应时间下样品的 FESEM 图

考察了不同反应温度对样品的影响。反应温度分别为 50℃、70℃、90℃，其他制备条件与 5.1.3.1 节。

图 5-11 是在不同反应温度下制备的样品的 XRD 谱图。图 5-11(a)是反应温度为 50℃时样品的 XRD 谱图。从图中可看出，特征衍射峰强度较弱，因为在较低的反应温度下，晶粒的成核速率较快，而晶粒生长速率相对较慢，使得晶粒生长不充分。说明样品正处于一个生长过渡期，出现晶型转变的趋势。随着反应温度的提高，产物晶型由无定形态向晶体转变，样品的晶体结构逐步形成，特征衍射峰强度不断增强。反应温度为 70℃时[图 5-11(b)]，样品在 2θ 为 18.8°、22.1°、24.1°、28.4°、36.5°处出现了明显而又尖锐的特征衍射峰。经多晶 XRD 粉末衍射物相分析，发现样品特征衍射峰和纳米硼酸锌 $4ZnO \cdot B_2O_3 \cdot H_2O$ 标准粉末衍射卡片特征衍射峰一致。说明在反应温度为 70℃下，样品形成了高结晶度单相 $4ZnO \cdot B_2O_3 \cdot H_2O$ 纳米结构。随着反应温度的

继续增加,反应温度达到 90℃[图 5-11(c)],样品衍射峰的强度有所下降,在 2θ 为 $30°\sim40°$ 之间出现了 ZnO 的特征衍射峰,这是因为过高的反应温度,会导致晶体结构的变化,发生晶格转移。

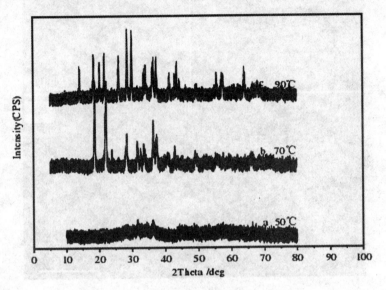

图 5-11　不同反应温度下样品的 XRD 谱图

　　图 5-12 是在不同反应温度下制备的样品的 FESEM 图片。图 5-12(a)、(b)、(c)代表反应温度为 50℃、70℃、90℃下样品的形貌。当反应温度为 50℃时,样品晶粒开始生长,结构呈短棒状聚集态,但还没有形成长径比大的晶须结构。随着反应温度的提高,晶粒生长速率加快、晶体结构不断完善,当反应温度升高至 70℃时,样品晶须结构完全形成,晶须结晶度高、结构规整。但是,当反应温度继续升高到 90℃时,样品晶须结构遭到严重破坏,呈现出无规则形貌。原因是温度太高引发晶粒的无序生长。通过 XRD 和 FESEM 表征手段证实反应温度在制备样品过程中发挥重要作用。经过实验考察,本文选 70℃为合成须状纳米硼酸锌 4ZnO·B₂O₃·H₂O 适宜反应温度。

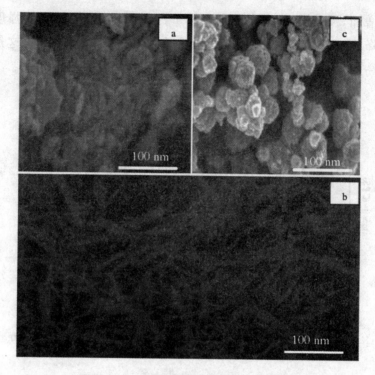

图 5-12　不同反应温度下样品的 FESEM 图

5.2.6.3　反应体系 pH 的影响

反应体系 pH 是另一个在纳米硼酸锌制备过程中必须考虑的因素。pH 决定了反应体系酸碱平衡,对样品的形貌和组成产生影响。本文以球状纳米硼酸锌 $4ZnO \cdot B_2O_3 \cdot H_2O$ 的合成为例考察了体系 pH 对样品合成的影响。反应体系 pH 分别为 5、8、10,其他制备条件和 5.1.3.2 节相同。

图 5-13 是不同 pH 条件下制备球状纳米硼酸锌 $4ZnO \cdot B_2O_3 \cdot H_2O$ 的 XRD 谱图。当反应体系 pH＝5 时,没有出现 $4ZnO \cdot B_2O_3 \cdot H_2O$ 的特征衍射峰,却有 $Na_2(BO_2)(OH)$ 的特征衍射峰,说明反应没有朝着目标产品的方向进行。究其原因是调节反应体系所用 NaOH 和 $B_4O_7^{2-}$ 在水中发生化学反应生成了 $Na_2(BO_2)(OH)$。当反应体系 pH＝8 时,XRD 谱图中出现了 $4ZnO \cdot B_2O_3 \cdot H_2O$ 的特征衍射峰,说明反应向着目标产物纳米硼酸锌 $4ZnO \cdot B_2O_3 \cdot$

H_2O 的方向进行，并且反应完全。体系中可能发生的反应为：

$$7H_2O + B_4O_7^{2-} \Longrightarrow 2OH^- + 4H_3BO_3 \tag{5-1}$$

$$Zn^{2+} + 4OH^- \Longrightarrow Zn(OH)_4^{2-} \tag{5-2}$$

$$4Zn(OH)_4^{2-} + 2H_3BO_3$$
$$= 4ZnO \cdot B_2O_3 \cdot H_2O + 6H_2O + 8OH^- \tag{5-3}$$

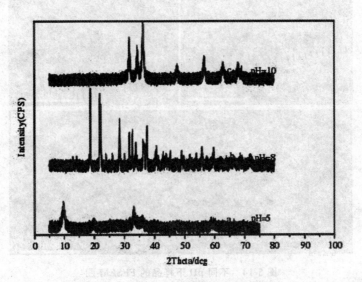

图 5-13　不同 pH 下样品的 XRD 谱图

当反应体系 pH=10 时，XRD 谱图出现了 ZnO 特征衍射峰，且强度较大，而 $4ZnO \cdot B_2O_3 \cdot H_2O$ 的特征衍射峰强度变弱，说明反应进行不完全，有副反应产生。反应体系可能发生的反应为：

$$B_4O_7^{2-} + 7H_2O \Longrightarrow 4H_3BO_3 + 2OH^- \tag{5-4}$$

$$Zn^{2+} + 4OH^- \Longrightarrow Zn(OH)_4^{2-} \tag{5-5}$$

$$Zn(OH)_4^{2-} \Longrightarrow Zn(OH)_2 + 2OH^- \tag{5-6}$$

$$Zn(OH)_2 \Longrightarrow ZnO + H_2O \tag{5-7}$$

$$Zn(OH)_4^{2-} \Longrightarrow ZnO + 2OH^- + H_2O \tag{5-8}$$

图 5-14 是不同 pH 下制备的样品的 FESEM 照片。当反应体系的 pH=5 时[图 5-14(a)]，样品具有不规则的形貌。由 XRD 分析结果可知，该 pH 条件下，样品主要成分是 $Na_2(BO_2)(OH)$；

当 pH＝8 时[图 5-14(b)]，样品具有大小均匀、结构规整的球状晶体结构；当 pH＝10 时[图 5-14(c)]，样品主要由无规则形状的 ZnO 构成。

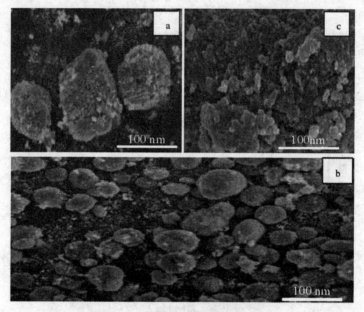

图 5-14　不同 pH 下样品的 FESEM 图

通过 XRD 和 FESEM 表征手段证实 pH 值是影响合成的重要条件之一。经实验考察，本书选 pH＝8 作为制备球状纳米硼酸锌 $4ZnO \cdot B_2O_3 \cdot H_2O$ 适宜 pH 值。

5.3　不同形貌硼酸锌 $4ZnO \cdot B_2O_3 \cdot H_2O$ 纳米结构形成机理探讨

本章通过均相沉淀法制备不同形貌纳米硼酸锌 $4ZnO \cdot B_2O_3 \cdot H_2O$。通过控制反应温度、反应时间和体系 pH 值等因素和调节体系过饱和度的方式来控制晶粒成核速率、晶粒生长速率和方向，达到制备结构规整、粒径均匀的纳米粒子的目的。制备过程中选用 NaOH 作为沉淀剂和反应体系 pH 调节剂。体系中发生

的化学反应为

$$Zn^{2+} + 4OH^- \leftrightarrow Zn(OH)_4{}^{2-} \tag{5-9}$$

$$4Zn(OH)_4{}^{2-} + 2H_3BO_3$$
$$\rightarrow 4ZnO \cdot B_2O_3 \cdot H_2O + 6H_2O + 8OH^- \tag{5-10}$$

通过对不同形貌纳米硼酸锌 4ZnO·B₂O₃·H₂O 可控合成过程的分析,将其形成过程总结为图 5-15。

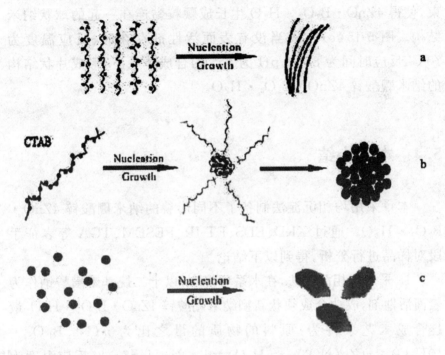

图 5-15   不同形貌纳米硼酸锌 4ZnO·B₂O₃·H₂O 生长机理示意图

其中,图 5-15(a)代表以十二烷基苯磺酸钠为表面活性剂、反应温度为 70℃、反应时间为 8h 和 pH 为 7～8 的合成体系下,形成晶须结构的纳米硼酸锌 4ZnO·B₂O₃·H₂O 的过程。从图中可以看出,反应物在十二烷基苯磺酸钠链上先进行 4ZnO·B₂O₃·H₂O 成核反应。然后,由于十二烷基苯磺酸钠在水相中充分舒展,呈现链状结构,形成大量的一维液相反应场,将纳米硼酸锌 4ZnO·B₂O₃·H₂O 的成核过程严格地限制在划分的区域中,使得 4ZnO·B₂O₃·H₂O 晶体沿着一维线性方向生长,最终诱导样品生成晶须形貌。图 5-15(b)代表以十六烷基三甲基溴化铵为表面活性剂、反应温度为 70℃、反应时间为 8h 和 pH 为 8 的合成体系下,形成球状结构的纳米硼酸锌 $4ZnO \cdot B_2O_3 \cdot H_2O$ 的过程。从图中可以看到,反应物在十六烷基三甲基溴化铵烷基链上先进行 $4ZnO \cdot B_2O_3 \cdot H_2O$ 成核反应。当反应溶液中再加入适量的十六烷基三甲基溴化铵时,十六烷基三甲基溴化铵在溶液中形成微胶束,使得 $4ZnO \cdot B_2O_3 \cdot H_2O$ 生长成颗粒黏连在一起的球状纳米结构。图 5-15(c)代表当没有表面活性剂存在时、反应温度为 70℃、反应时间为 8h 和 pH 为 8.5 的合成体系下,形成片状结构的纳米硼酸锌 $4ZnO \cdot B_2O_3 \cdot H_2O$。

5.4　本章小结

本章采用均相沉淀法制备了不同形貌的纳米硼酸锌 $4ZnO \cdot B_2O_3 \cdot H_2O$。通过 XRD、EDS、FT-IR、FESEM、TGA 等表征手段对样品进行分析,得到以下结论。

1. 采用均相沉淀法,在水系环境中,以十二烷基苯磺酸钠作为表面活性剂,成功合成须状新型纳米硼酸锌 $4ZnO \cdot B_2O_3 \cdot H_2O$,最佳合成工艺条件为:原料的物质的量之比为 $n(Na_2B_4O_7 \cdot 10H_2O) : n(Zn(NO_3)_2 \cdot 6H_2O) = 1 : 2$;pH=7~8;反应温度为 70℃;反应时间为 8h;十二烷基苯磺酸钠加入量为 0.5g。

2. 采用均相沉淀法,在水系环境中,以十六烷基三甲基溴化铵作为表面活性剂,合成球状新型纳米硼酸锌 $4ZnO \cdot B_2O_3 \cdot H_2O$,最佳合成工艺条件为:原料的物质的量之比为 $n(Na_2B_4O_7 \cdot 10H_2O) : n(Zn(NO_3)_2 \cdot 6H_2O) = 1 : 1$;pH=8;反应温度为 70℃;反应时间为 8h;十六烷基三甲基溴化铵加入量为 0.02g。

3. 采用均相沉淀法,在水系环境中,无表面活性剂存在的情况下,合成新型片状纳米硼酸锌 $4ZnO \cdot B_2O_3 \cdot H_2O$,最佳合成工艺条件为:原料的物质的量之比为 $n(Na_2B_4O_7 \cdot 10H_2O) :$

$n(Zn(NO_3)_2 \cdot 6H_2O) = 1 : 2$；$pH = 8.5$；反应温度为 $70℃$；反应时间为 $8h$。

4. 采用 XRD、EDS、FESEM、TGA 和 FT-IR 等表征手段确定合成的产品为单相具有须状、球状和片状三种形貌的新型纳米硼酸锌 $4ZnO \cdot B_2O_3 \cdot H_2O$ 纳米硼酸锌。从 FESEM 图上可知，在最佳反应条件下制备的须状、球状和片状纳米硼酸锌的尺寸都为 $50 \sim 100\ nm$。

第 6 章　纳米硼酸锌 $4ZnO \cdot B_2O_3 \cdot H_2O$ 改性研究

纳米硼酸锌 $4ZnO \cdot B_2O_3 \cdot H_2O$ 作为一种添加型无机阻燃剂，具有阻燃性能好、安全无毒、价格低廉、原料易得等优点。同时它还具有纳米材料特有的性能，使得纳米硼酸锌 $4ZnO \cdot B_2O_3 \cdot H_2O$ 在提高聚合物性能方面，展示出巨大的优势和潜力。但与其他纳米材料一样，纳米硼酸锌 $4ZnO \cdot B_2O_3 \cdot H_2O$ 也存在颗粒间容易团聚的问题，极大地限制了其作为阻燃材料在建筑、电器和塑料等领域的应用[137]。

目前，主要采用纳米粒子的表面改性技术解决纳米粒子之间发生的团聚问题。常用的纳米粒子表面改性技术包括机械化学处理、表面化学包覆处理、高能表面处理和胶囊化处理等[138-139]。其中，表面化学包覆处理是使用最广泛的一种方法。它是通过化学吸附或化学反应方式将表面活性剂、偶联剂等改性剂覆盖或接枝于无机物粉体颗粒表面，以达到表面改性的目的。改性后的纳米粒子添加到聚合物中不仅可以提高其在聚合物中分散的性能，还可以增强与高聚物基体界面的结合能力，以提高纳米粒子和有机高聚物间的相容性[140-141]。

目前，常用的改性剂包括偶联剂、表面活性剂、有机低聚物和有机酸。但是在改性过程中发现，上述改性剂对纳米材料自身性能会产生影响，存在工序烦琐和环境污染等问题。醇类化合物是一类"环保经济型改性剂"，不仅具有改性效果佳、生产成本较低的优点，且不会对环境造成污染，符合国家发展绿色经济的要求。因此醇类化合物作为新型改性剂在纳米材料改性领域具有实际应用价值和巨大的市场潜力。本书采用油酸、十二醇两种不同类型的改性剂分别对纳米硼酸锌 $4ZnO \cdot B_2O_3 \cdot H_2O$ 进行表面改性处理。通过不同的表征手段，系统地对改性效果和改性机理进行分析研究，以期找到适宜的改性剂，改善纳米硼酸锌 $4ZnO \cdot B_2O_3 \cdot H_2O$ 的疏水性能，提高它在聚合物中的分散能力。

6.1　实验部分

6.1.1　实验设备

数显电动搅拌器：OJ-160，天津市欧诺仪器有限公司。

电子分析天平：FA2104，上海越平科学仪器有限公司。

恒温干燥箱：DH-101，天津市中环实验电炉有限公司。

酸度计：PHS-25，天津盛邦科学仪器技术开发有限公司。

超声波清洗器：KQ5200DE，昆山市超声仪器有限公司。

三口烧瓶：500mL，天津市北方化学试剂玻璃仪器公司。

循环水式真空泵：SHZ-D(Ⅲ)，巩义市予华仪器有限公司。

高速低温台式冷冻离心机：TGL200M-Ⅱ，湖南凯达科学仪器有限公司。

6.1.2　实验试剂

表 6-1　实验试剂

试剂	纯度	产地
纳米硼酸锌	>90%	实验室自制
油酸	分析纯	天津博迪化工股份有限公司
十二醇	分析纯	天津博迪化工股份有限公司
氢氧化钠	分析纯	天津博迪化工股份有限公司
无水乙醇	分析纯	天津博迪化工股份有限公司

试剂	纯度	产地
蒸馏水	工业级	永源纯水开发中心
盐酸	分析纯	天津风船化学试剂科技有限公司
对甲苯磺酸	分析纯	天津博迪化工股份有限公司

6.1.3　样品的制备

6.1.3.1　油酸改性纳米硼酸锌 $4ZnO \cdot B_2O_3 \cdot H_2O$

准确称取 5g 自制的纳米硼酸锌 $4ZnO \cdot B_2O_3 \cdot H_2O$ 在恒温干燥箱中于 100℃ 下干燥 6h 备用。将干燥好的样品缓慢加入到 200mL 烧杯中,加入适量的去离子水,在频率为 40kHz 下超声分散 40min,随后将其转移到带有冷凝管、电动搅拌器以及水银温度计的 500mL 圆底三口烧瓶中进行水浴加热。水浴温度采用程序升温的方法进行控制,以 5℃/min 的速度升高到 90℃。搅拌混合一段时间后,将按一定比例配置好的油酸和无水乙醇的混合溶液加入到反应体系中,调节反应体系 pH 为 3~4,反应 2h 后,将得到的样品离心分离,用无水乙醇洗涤沉淀若干次,然后在 80℃ 下干燥,得到用油酸改性的纳米硼酸锌 $4ZnO \cdot B_2O_3 \cdot H_2O$。

6.1.3.2　十二醇改性纳米硼酸锌 $4ZnO \cdot B_2O_3 \cdot H_2O$

准确称取 5g 自制的纳米硼酸锌 $4ZnO \cdot B_2O_3 \cdot H_2O$ 在恒温干燥箱中 100℃ 下干燥 6h,备用。将干燥好的样品和十二醇按照一定的比例混合后,加入到 200mL 的烧杯中,用适量的对甲苯磺酸作为催化剂,用玻璃棒慢慢搅拌 30min 后移至 500mL 的三口烧瓶中,在 135℃ 油浴中加热,电动搅拌反应 4h 后,离心分离,用无水乙醇洗涤沉淀若干次,然后于 80℃ 下真空干燥,得到用十二醇改性的纳米硼酸锌 $4ZnO \cdot B_2O_3 \cdot H_2O$。

6.1.4　测试与表征方法

6.1.4.1　红外光谱测试(FT-IR)

采用 Perkin Elemer 2000 spectrophotometer 红外光谱仪对样品的结构组成进行分析。测试前样品与 KBr 粉末混合研磨并压成薄片备用。

6.1.4.2　X-射线衍射测试(XRD)

采用 Bruker AXS GmbH Bruker D8 FOCUS 型 X-射线衍射仪对样品结构进行表征。Cu 靶 Ka 线 $\lambda = 1.5406\text{Å}$,工作电流是 40mA,工作电压是 40kV,测试 2θ 范围是 $5° \sim 80°$,步长是 $0.02°$。

6.1.4.3　水接触角测试

应用光学角仪(KSV 仪器有限公司,日本)测量样品的水接触角,重复三次后取其平均值。

6.1.4.4　活化指数的测定

活化指数能反映矿物粉体的改性程度。本实验按照化工部标准 GB/T 19281—2003 测定样品活化指数。具体步骤:称取 5.00g 改性纳米硼酸锌 $4ZnO \cdot B_2O_3 \cdot H_2O$ 试样,精确到 0.01,置于 250mL 分液漏斗中,加入 200mL 水,以 120 次/min 的速度往返振摇 1min,轻放于漏斗架上,静置 $20 \sim 30min$,等明显分层后,一次性将下沉样品放于预先恒温过的滤纸上。抽滤,除去水,将滤纸在漏斗中叠好放入已恒重过的表面皿上,将烘箱设置为 75℃,烘至恒重,最后取出凉至室温,称量质量进行计算。

活化指数以质量分数 H 计,数值以％表示,活化指数以下式表示:

$$H = \left[1 - \frac{M_2 - M_1}{M}\right] \times 100 \qquad (6-1)$$

其中,H 为改性样品的活化指数;M_2 为干燥后滤纸和未包覆纳米硼

酸锌 $4ZnO \cdot B_2O_3 \cdot H_2O$ 的质量,单位为克(g);M 为滤纸的质量,单位为克(g);M_1 为总的纳米硼酸锌 $4ZnO \cdot B_2O_3 \cdot H_2O$ 质量。取平行测定结果的算术平均值为测定结果,平行测定结果的绝对差值不大于 2%。

纳米硼酸锌 $4ZnO \cdot B_2O_3 \cdot H_2O$ 经表面改性后,表面包覆了一层有机分子,由亲水性变为亲油疏水性。当表面张力大于纳米硼酸锌 $4ZnO \cdot B_2O_3 \cdot H_2O$ 自身的质量时,就会漂浮在水面上。改性效果越好,则漂浮在水面上的纳米硼酸锌 $4ZnO \cdot B_2O_3 \cdot H_2O$ 粉体颗粒越多,活化指数就越高。

6.1.4.5　分散稳定性的测定

测试方法是:将 3 份纳米硼酸锌 $4ZnO \cdot B_2O_3 \cdot H_2O$ 样品(未改性的、经油酸改性的和经十二醇改性后的)分别置于三个装有 30mL 煤油的量筒中,每隔一定时间记录悬浮液的高度 H。如果时间越长,悬浮液的高度不断下降,沉降速度越慢,则纳米粒子的稳定性越好。纳米粒子沉降百分含量用下面公式可以计算:

$$S(\%) = H/H_0 \times 100\% \tag{6-2}$$

其中,$S(\%)$ 为沉降百分含量;H_0 为初始悬浮液的高度;H 为某时刻悬浮液的高度。

6.1.4.6　场发射扫描电子显微镜(FESEM)

采用 HITACHI X-650 场发射电子显微镜对样品表面形貌进行表征。测试前,应对样品进行喷金处理。

6.2　结果与讨论

6.2.1　改性纳米硼酸锌 $4ZnO \cdot B_2O_3 \cdot H_2O$ FT-IR 分析

图 6-1 为改性前后纳米硼酸锌 $4ZnO \cdot B_2O_3 \cdot H_2O$ 的红外光

谱。其中,图 6-1(a)是未改性样品的红外光谱;图 6-1(b)是油酸改性后样品的红外光谱;图 6-1(c)是十二醇改性后样品的红外光谱。从图 6-1(b)和 6-1(c)谱图中可以看出,在波数为 $3400cm^{-1}$、$1240cm^{-1}$、$998.34cm^{-1}$、$716.15cm^{-1}$、$530cm^{-1}$ 附近都存在和图 6-1(a)相同的硼酸锌 $4ZnO \cdot B_2O_3 \cdot H_2O$ 特征吸收峰,说明改性后样品的组成没有因为改性剂的引入而发生改变。相反与改性前样品对比发现,改性后的样品在 $2948cm^{-1}$、$2850cm^{-1}$、$1540\ cm^{-1}$ 附近的吸收峰强度明显增强,以十二醇改性后样品的特征吸收峰强度变化最为明显。

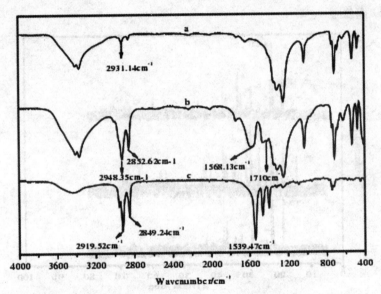

图 6-1　纳米硼酸锌 $4ZnO \cdot B_2O_3 \cdot H_2O(a)$原粉和经(b)油酸、
(c)十二醇改性的红外光谱

在上述吸收峰中,$2948cm^{-1}$、$2850cm^{-1}$ 附近出现的吸收峰是 C—H、C—CH_2、C—CH_3 伸缩振动峰[101, 105],$1540cm^{-1}$ 附近出现的吸收峰归属于 OH— 的特征吸收峰,经油酸改性后样品在波数为 $1710cm^{-1}$ 处归属于油酸的 OH—吸收峰,这说明改性后的纳米硼酸锌 $4ZnO \cdot B_2O_3 \cdot H_2O$ 表面接入有机链烃基和羟基;改性剂与纳米硼酸锌 $4ZnO \cdot B_2O_3 \cdot H_2O$ 结合在一起。此外,经十二醇改性的纳米硼酸锌 $4ZnO \cdot B_2O_3 \cdot H_2O$ 在 $3400cm^{-1}$ 附近的

O—H的伸缩振动峰强度减弱,可能是因为十二醇的引入,导致脱水反应的发生消耗了纳米粒子表面羟基。说明改性后的纳米硼酸锌 $4ZnO \cdot B_2O_3 \cdot H_2O$ 表面亲油性增强。

6.2.2　改性纳米硼酸锌 $4ZnO \cdot B_2O_3 \cdot H_2O$ XRD 分析

图 6-2 是纳米硼酸锌 $4ZnO \cdot B_2O_3 \cdot H_2O$ 改性前后的 XRD 谱图。其中,图 6-2(a)是未改性样品的 XRD 谱图,图 6-2(b)是油酸改性后样品的 XRD 谱图,图 6-3(c)是十二醇改性后样品的 XRD 谱图。

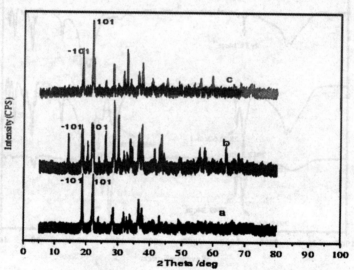

图 6-2　纳米硼酸锌 $4ZnO \cdot B_2O_3 \cdot H_2O$(a)原粉和经(b)油酸、(c)十二醇改性的 XRD 谱图

通过对 XRD 谱图分析可得:油酸改性后纳米硼酸锌 $4ZnO \cdot B_2O_3 \cdot H_2O$ 的特征衍射峰强度有所下降,并且 2θ 在 14.01°处出现杂峰,说明在改性过程中,一方面油酸与纳米硼酸锌 $4ZnO \cdot B_2O_3 \cdot H_2O$ 反应,有副产物形成;另一方面,油酸的引入影响了纳米硼酸锌 $4ZnO \cdot B_2O_3 \cdot H_2O$ 的晶体结构。与未改性纳米硼酸锌 $4ZnO \cdot B_2O_3 \cdot H_2O$ 特征衍射峰对比,十二醇改性后的纳米硼酸锌 4ZnO・B₂O₃・H₂O 在(101)晶面的衍射强度明显增强,其他特征衍射峰没有明显变化,并且没有杂质峰出现。这说明十二醇的引入没有破坏纳米硼酸锌 4ZnO・B₂O₃・H₂O 的晶体结构。(101)晶面的衍射强度的增强是纳米硼酸锌 4ZnO・B₂O₃・H₂O 晶体表面极性和微观内应力降低的反映,表明晶体结构比未改性前更加稳定,有利于减少纳米粒子之间的团聚。

6.2.3　改性纳米硼酸锌 4ZnO・B₂O₃・H₂O 水接触角分析

　　纳米粒子表面润湿性和疏水性程度是判断纳米材料表面改性效果的重要指标之一。图 6-3 是改性前后纳米硼酸锌 4ZnO・B₂O₃・H₂O 水接触角的测定结果。图 6-3(a)、(b)、(c)分别是没有改性、油酸改性和十二醇改性后样品水接触角的照片。

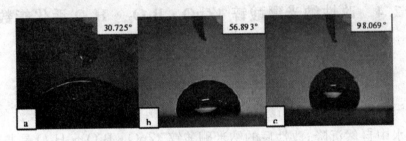

图 6-3　纳米硼酸锌 4ZnO・B₂O₃・H₂O(a)原粉和经(b)油酸、
(c)十二醇改性的水接触角图

　　从图 6-3 中可以清楚地看到,未改性的纳米硼酸锌 4ZnO・B₂O₃・H₂O 粒子的接触角 $\theta=30.725°<90°$,说明其亲水;油酸改性的样品的接触角 $\theta=56.893°<90°$,与未改性样品相比,疏水性能有所提高;十二醇改性后的样品的接触角 $\theta=98.069°>90°$,说明疏水性能明显提高,改性效果明显。通过对样品的水接触角的分析可知,未改性的样品表现出较强的亲水性,但也具有一定的疏水性,这是因为在制备纳米硼酸锌 4ZnO・B₂O₃・H₂O 过程中使用的表面活性剂在后处理过程中未完全去除的结果。

　　表面活性剂改性后的样品的表面疏水性能有不同程度的提

高。对于油酸改性而言,油酸的—COOH 与纳米硼酸锌 $4ZnO \cdot B_2O_3 \cdot H_2O$ 表面的—OH 发生酯化反应,使得油酸的烷基链嫁接到纳米粒子的表面,使纳米硼酸锌表面极性减弱,由亲水状态转化为疏水状态。但油酸改性后样品与水的接触角小于十二醇改性的接触角,分析原因为油酸上的双键使其亲水性增大,在水中的溶解度增加,所以接触角小一些。对于十二醇改性而言,纳米硼酸锌 $4ZnO \cdot B_2O_3 \cdot H_2O$ 表面—OH 与十二醇的—OH 在对甲苯磺酸作为催化剂的条件下发生脱水反应,将十二醇的烷基通过脱水反应接枝到纳米硼酸锌 $4ZnO \cdot B_2O_3 \cdot H_2O$ 表面。这种结合方式使得接枝更牢固,不会受水洗、干燥等外界条件的干扰而影响接枝效果,因此经十二醇改性的纳米硼酸锌 $4ZnO \cdot B_2O_3 \cdot H_2O$ 具有更好的疏水效果。

6.2.4 改性纳米硼酸锌 $4ZnO \cdot B_2O_3 \cdot H_2O$ 活化指数的测定

纳米颗粒表面处理效果的好坏通常通过活化指数来评价,因为没有改性的纳米硼酸锌 $4ZnO \cdot B_2O_3 \cdot H_2O$ 的表面是极性的,在水中自然沉降;改性后的纳米硼酸锌 $4ZnO \cdot B_2O_3 \cdot H_2O$ 是非极性的,同时具有很强的疏水性,在水中因具有较大的表面张力而悬浮在水面上。一般情况下,活化指数越高,表面改性效果越好。

改性剂用量对纳米硼酸锌 $4ZnO \cdot B_2O_3 \cdot H_2O$ 活化指数的影响如图 6-4 所示。从图 6-4(a)可知,随着油酸用量的增加,活化指数随之增大,当油酸的用量为纳米硼酸锌 $4ZnO \cdot B_2O_3 \cdot H_2O$ 用量的 3wt% 时,活化指数达到最大,为 50.74%。继续增加油酸用量,活化指数不再增加,反而有所下降。这是因为当油酸的用量过少时,改性不充分,大部分样品无法漂浮在水面上,所以测得的活化指数较小。随着油酸用量的增加,纳米硼酸锌 $4ZnO \cdot B_2O_3 \cdot H_2O$ 的活性逐渐增强,活化指数逐渐增大。当油酸用量为 3wt% 时,纳米硼酸锌 $4ZnO \cdot B_2O_3 \cdot H_2O$ 表面的油酸分子处于单分子覆盖状态,其疏水基朝向外出,活化指数达到最大值。继续增加油酸用量,在纳米硼酸锌 $4ZnO \cdot B_2O_3 \cdot H_2O$ 表面形成多层物理吸附使得部分极性基团朝外,导致疏水性较低,活化指数变小。十二醇用量对活化指数影响的趋势[图 6-4(b)]与油酸一致,但当十二醇用量仅为纳米硼酸锌 $4ZnO \cdot B_2O_3 \cdot H_2O$ 用量的 2wt% 时,活化指数就达到最大值,为 61.61%,比油酸改性的最大活化指数大,样品的疏水性能更好,说明十二醇改性效果较佳。

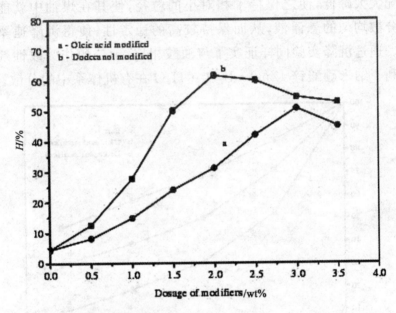

图 6-4　改性剂用量对纳米硼酸锌 $4ZnO \cdot B_2O_3 \cdot H_2O$ 活化指数的影响

6.2.5　改性纳米硼酸锌 $4ZnO \cdot B_2O_3 \cdot H_2O$ 分散稳定性测试

本章通过考察改性前后纳米硼酸锌 $4ZnO \cdot B_2O_3 \cdot H_2O$ 在煤油中的沉降稳定性,来说明样品改性前后在非极性物质中的相容性和分散性。图 6-5 是改性前后纳米硼酸锌 $4ZnO \cdot B_2O_3 \cdot H_2O$ 纳米粒子在煤油中的沉降稳定性测定结果。其中,图 6-5(a)、(b)、(c)分别为未改性、油酸改性和十二醇改性后样品的分散稳定性变化曲线。通过比较发现,在同一时间点,未改性的纳米硼酸锌 $4ZnO \cdot B_2O_3 \cdot H_2O$ 粒子沉降速率最快,十二醇改性后沉降速率最慢。原因是未改性的无机纳米粒子本身的相对的密度较高加之与油性溶剂相容性差,导致了其很容易沉降。与油酸改性相比,十二醇改性后的纳米硼酸锌 $4ZnO \cdot B_2O_3 \cdot H_2O$ 表面存在较多的非极性基团,如有机碳链和某些含氧基团,因此在油性溶剂中体现出了较好的相容性,同时改性后的纳米粒子之间的团聚情况大大降低,使之保持了相对小的粒径,使其在煤油中就能形成分散均匀的悬浮液,从而保持较高的稳定性,使得沉降速率较慢。通过沉降实验同样证实了与油酸相比,十二醇作为改性剂更有利于纳米硼酸锌 $4ZnO \cdot B_2O_3 \cdot H_2O$ 在有机体系中的分散。

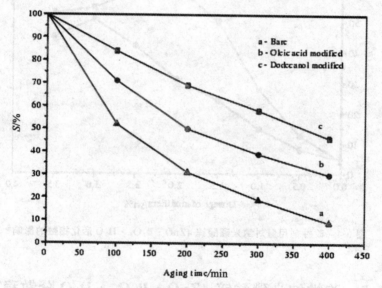

图 6-5　纳米硼酸锌 $4ZnO \cdot B_2O_3 \cdot H_2O$(a)原粉和(b)经油酸、
(c)十二醇改性的分散稳定性

6.2.6　改性纳米硼酸锌 $4ZnO \cdot B_2O_3 \cdot H_2O$ FESEM 分析

图 6-6[(a)、(d)、(g)]、图 6-6[(b)、(e)、(h)]、图 6-6[(c)、(f)、(i)]分别是未改性、油酸改性、十二醇改性后样品的 FESEM

图片。从图中可以清楚地看到：没有经过改性的三种形貌的纳米硼酸锌 $4ZnO \cdot B_2O_3 \cdot H_2O$ 分散不均匀，出现了不同程度的团聚现象。这种现象的出现是由于纳米材料小尺寸效应的存在，使得纳米粒子表面积急剧增大、表面原子和基团数增多，在粒子表面间氢键和其他化学键作用下，粒子之间发生黏附，最终发生团聚。从图 6-6 中可以明显地看到经油酸改性后样品的团聚程度明显减弱。相比较而言，十二醇改性后样品表现出更好的分散性，并且对晶体结构没有任何影响。究其原因在于十二醇改性后的纳米粒子表面多被有机炭链和含氧的大基团占据，使得粒子表面原子数减少，表面能降低，导致粒子之间团聚程度的下降。由此可见，采用十二醇作为表面改性剂能有效地改善纳米硼酸锌 $4ZnO \cdot B_2O_3 \cdot H_2O$ 的分散性能。

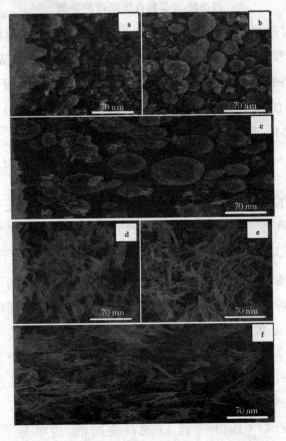

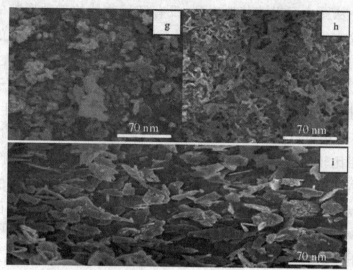

图 6-6　纳米硼酸锌 $4ZnO \cdot B_2O_3 \cdot H_2O$ 原粉和
经油酸、十二醇改性的 FESEM 图

　　通过对改性前后纳米硼酸锌 $4ZnO \cdot B_2O_3 \cdot H_2O$ 的水接触角、活化指数、分散稳定性、形貌进行分析研究,结果表明,十二醇对纳米硼酸锌 $4ZnO \cdot B_2O_3 \cdot H_2O$ 表面改性效果较佳,故在 PS 和 PF 中添加以十二醇改性的纳米硼酸锌 $4ZnO \cdot B_2O_3 \cdot H_2O$,研究其阻燃性能。

6.3　纳米硼酸锌 $4ZnO \cdot B_2O_3 \cdot H_2O$ 改性机理探讨

　　本章采用油酸和十二醇对纳米硼酸锌 $4ZnO \cdot B_2O_3 \cdot H_2O$ 进行改性,油酸对纳米硼酸锌 $4ZnO \cdot B_2O_3 \cdot H_2O$ 的改性机理可以理解为:纳米硼酸锌 $4ZnO \cdot B_2O_3 \cdot H_2O$ 粒子表面的活性羟基与油酸的羧基发生酯化反应,使得油酸上的烷基被接枝到颗粒表面(接枝反应机制见图 6-7)。它们之间是通过共价键结合的方式结合的,而不是通过简单的表面吸附形式相结合。油酸由一个末端羧基和一个具有十八炭原子且无支链的长链组成,它接枝到纳米硼酸锌 $4ZnO \cdot B_2O_3 \cdot H_2O$ 颗粒表面,形成单分子层,使纳米

硼酸锌 $4ZnO \cdot B_2O_3 \cdot H_2O$ 充分与有机介质接触,促使纳米硼酸锌 $4ZnO \cdot B_2O_3 \cdot H_2O$ 在有机溶剂中更好地分散,并起到阻挡纳米硼酸锌 $4ZnO \cdot B_2O_3 \cdot H_2O$ 团聚的作用。经过油酸改性的纳米硼酸锌 $4ZnO \cdot B_2O_3 \cdot H_2O$ 由亲水性转为亲油性,具有一定的疏水性能,但是,油酸上有个双键使其亲水性增大,在水中的溶解度增加,并且形成的酯基易水解,热稳定性差都会影响它对纳米材料的改性效果。

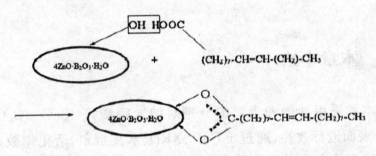

图 6-7　油酸分子接枝纳米硼酸锌 $4ZnO \cdot B_2O_3 \cdot H_2O$ 颗粒机理图

　　十二醇对纳米硼酸锌 $4ZnO \cdot B_2O_3 \cdot H_2O$ 的改性机理可以理解为:纳米硼酸锌 $4ZnO \cdot B_2O_3 \cdot H_2O$ 粒子表面较多活性羟基与十二醇的羟基在催化剂对甲苯磺酸的作用下发生脱水反应,使得十二醇的烷基被接枝到颗粒表面(接枝反应机制见图 6-8)。它们之间的结合要比简单的物理表面吸附牢固。十二醇由一个末端羟基和一个具有十二炭原子且无支链的长链组成。它接枝到

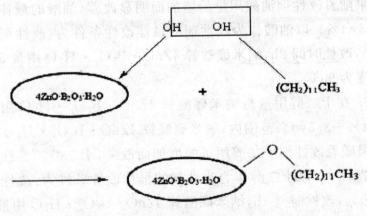

图 6-8　十二醇分子接枝纳米硼酸锌 $4ZnO \cdot B_2O_3 \cdot H_2O$ 颗粒机理图

纳米硼酸锌 $4ZnO \cdot B_2O_3 \cdot H_2O$ 颗粒表面,形成单分子层。十二醇的引入,一方面大幅度降低纳米硼酸锌 $4ZnO \cdot B_2O_3 \cdot H_2O$ 与有机介质之间的界面张力接触,使得纳米硼酸锌 $4ZnO \cdot B_2O_3 \cdot H_2O$ 在有机溶剂中具有更好的分散性和疏水性;另一方面,十二醇在纳米硼酸锌 $4ZnO \cdot B_2O_3 \cdot H_2O$ 粒子表面形成空间屏障,增大空间位阻,阻挡纳米硼酸锌 $4ZnO \cdot B_2O_3 \cdot H_2O$ 粒子间发生团聚,保持分散体系的稳定性。

6.4　本章小结

本章采用油酸和十二醇分别对纳米硼酸锌 $4ZnO \cdot B_2O_3 \cdot H_2O$ 表面进行改性,通过 FT-IR、XRD、水接触角、活化指数以及分散稳定性实验对改性后样品进行分析与表征,并通过 FESEM 对改性前后样品的形貌变化进行观察,初步得出下列结论。

1. 油酸和十二醇对纳米硼酸锌 $4ZnO \cdot B_2O_3 \cdot H_2O$ 均具有良好的表面改性效果。表面改性后的纳米颗粒团聚减少,分散性和疏水性能都得到很大提高。

2. 在油酸用量是纳米硼酸锌 $4ZnO \cdot B_2O_3 \cdot H_2O$ 用量的 $0.5wt\% \sim 3.5wt\%$ 范围内,纳米硼酸锌 $4ZnO \cdot B_2O_3 \cdot H_2O$ 的改性效果随着改性剂油酸用量的增加而明显改善,油酸的最佳添加量为 $3wt\%$。以油酸作为改性剂的最佳改性条件为:改性剂用量 $3wt\%$,改性时间 2h,纳米硼酸锌 $4ZnO \cdot B_2O_3 \cdot H_2O$ 用量 5g,改性温度为 $90℃$。

3. 在十二醇用量是纳米硼酸锌 $4ZnO \cdot B_2O_3 \cdot H_2O$ 用量的 $0.5wt\% \sim 3.5wt\%$ 范围内,纳米硼酸锌 $4ZnO \cdot B_2O_3 \cdot H_2O$ 的改性效果随着改性剂十二醇用量的增加而改善,十二醇的最佳添加量为 $2wt\%$。以十二醇作为改性剂的最佳改性条件为:改性剂用量 $2wt\%$,改性时间 4h,纳米硼酸锌 $4ZnO \cdot B_2O_3 \cdot H_2O$ 用量 5g,对甲苯磺酸作为催化剂,改性温度为 $135℃$。

4. 通过各种表征手段对油酸和十二醇改性后的纳米硼酸锌 $4ZnO \cdot B_2O_3 \cdot H_2O$ 的结构、形貌、水接触角、活化指数和分散稳定性进行比较研究。结果表明,十二醇的改性效果优于油酸的改性效果。

第7章 纳米硼酸锌 $4ZnO \cdot B_2O_3 \cdot H_2O/PS$ 复合材料制备及阻燃性能研究

PS 是苯乙烯单体通过聚合反应生成的一种聚合物。它具有透明性高、电绝缘性好、加工流动性好、易着色等优点,常作为制备泡沫塑料制品的原料,广泛应用于人们日常生活中[142-143]。它最重要的一个应用领域就是用作建筑墙体保温材料[144-145]。然而,PS 在空气中燃烧时会分解产生可燃性气体,同时产生大量黑烟,使得其作为建筑材料时存在着较大的安全隐患[146-147],限制了其在建筑材料中的应用。因此,如何提高 PS 的阻燃性能成为广大科研人员研究的重点。目前,常用卤系阻燃剂对 PS 进行改性,以提高 PS 的阻燃性能。虽然这种方法能一定程度上改进 PS 的性能,但是卤系阻燃剂燃烧时产生大量有毒气体,对生活环境和人体健康造成很大的负面影响[148],已经不符合当前提倡的绿色环保的发展理念。因此,有必要寻求一种绿色环保、阻燃性能好、安全性能高的阻燃剂替代卤素阻燃剂,以提高 PS 的阻燃性能。

纳米硼酸锌 $4ZnO \cdot B_2O_3 \cdot H_2O$ 作为一种添加型无机阻燃剂,具有阻燃性能好、安全无毒、价格低廉、原料易得等优点。同时它还具有纳米材料特有的性能,使得纳米硼酸锌 $4ZnO \cdot B_2O_3 \cdot H_2O$ 在提高聚合物性能方面,展示出巨大的优势和潜力。目前,人们对纳米硼酸锌 $4ZnO \cdot B_2O_3 \cdot H_2O$ 的研究还处于起步阶段,但已有结果表明它对某些聚合物有很好的阻燃性能[149]。但是,关于将纳米硼酸锌 $4ZnO \cdot B_2O_3 \cdot H_2O$ 引入到 PS 体系中,以提高 PS 的阻燃性能的研究还不多见,有必要深入研究纳米硼酸锌 $4ZnO \cdot B_2O_3 \cdot H_2O/PS$ 复合材料的合成工艺条件和阻燃机理,为制备高性能新型 PS 阻燃材料提供理论基础,实现 PS 材料的广泛应用。

　　PS 的纳米复合材料的制备方法很多,主要包括直接共混法和原位聚合法。直接共混法虽然操作简单,但纳米粒子在基体材料中分散不均匀,常以团聚体形式存在于聚合物中,无法发挥无机纳米材料的改性性能[150-151]。原位聚合法应用原位合成技术,使纳米粒子在聚合物单体中能够均匀分散,然后在一定的条件下进行聚合反应,不但实现纳米粒子在聚合物体系中的均匀分散,而且还保留了纳米粒子的纳米特性。同时此法只经过一次聚合成型,避免了热加工过程,保证了材料性能的稳定[152-153]。

　　本章以苯乙烯、改性纳米硼酸锌 4ZnO·B₂O₃·H₂O 为原料,过氧化苯甲酰为引发剂,采用原位合成法制备纳米硼酸锌 4ZnO·B₂O₃·H₂O/PS 复合材料。并通过 XRD、FT-IR、FESEM、EDS 等手段对材料性能进行表征和测试,采用 TGA 分析对复合材料进行了热力学研究,并对复合材料的拉伸性能进行了研究。初步探讨了不同形貌纳米硼酸锌 4ZnO·B₂O₃·H₂O/PS 复合材料的阻燃机理。

7.1　实验部分

7.1.1　实验设备

油浴锅:W2-180SP,上海申生科技有限公司。

数显电动搅拌器:OJ-160,天津市欧诺仪器有限公司。

电子分析天平:FA2104,上海越平科学仪器有限公司。

恒温干燥箱:DH-101,天津市中环实验电炉有限公司。

酸度计:PHS-25,天津盛邦科学仪器技术开发有限公司。

超声波清洗器:KQ5200DE,昆山市超声仪器有限公司。

三口烧瓶:500mL,天津市北方化学试剂玻璃仪器公司。

循环水式真空泵:SHZ-D(Ⅲ),巩义市予华仪器有限公司。

马弗炉:SX-G02102,天津市中环实验电炉有限公司。

高速低温台式冷冻离心机:TGL200M-Ⅱ,湖南凯达科学仪器有限公司。

7.1.2 实验试剂

表 7-1 实验试剂

试剂	纯度	产地
改性纳米硼酸锌	＞90％	实验室自制
苯乙烯	分析纯	天津博迪化工股份有限公司
过氧化苯甲酰	分析纯	天津博迪化工股份有限公司
氯仿	分析纯	天津博迪化工股份有限公司
氢氧化钠	分析纯	天津博迪化工股份有限公司
无水乙醇	分析纯	天津风船化学试剂科技有限公司
蒸馏水	工业级	永源纯水开发中心
盐酸	分析纯	天津风船化学试剂科技有限公司

7.1.3 样品的制备

7.1.3.1 过氧化苯甲酰提纯

过氧化苯甲酰是一种具有高活性,容易发生分解的物质,经常被用作聚合物反应的引发剂。过氧化苯甲酰放置过程中,通常会自行分解而失去活性,所以在使用前必须进行提纯处理。在精制过程中采用氯仿作溶剂,以甲醇作沉淀剂。其溶解只能在室温下进行,不能加热,否则会引起爆炸。

具体步骤:称取 10g 过氧化苯甲酰置于 200mL 的烧杯中,再向烧杯中加入 40mL 氯仿,用玻璃棒慢慢搅拌至过氧化苯甲酰全部溶解,溶液呈乳白色油状。然后迅速将溶液过滤,待过滤完全后,将滤液缓慢滴加到盛有 100mL 冰甲醇的烧杯中,约 5min 后,烧杯底部有白色针状晶体析出。抽滤,用少量冰甲醇洗涤,抽干后,将针状晶体在室温下真空干燥,保存在棕色瓶中备用。

7.1.3.2　苯乙烯精制实验

苯乙烯在储存过程中,为避免发生聚合反应,往往要加入阻聚剂,使用前必须进行精制。具体步骤:先将苯乙烯放在烧杯中,用10%的氢氧化钠水溶液反复洗涤,期间用玻璃棒快速搅拌直至液体出现分层现象,上层呈黄色,下层呈淡粉色。过滤掉下层溶液,保留上层的苯乙烯液体,最后用去离子水洗涤若干次,得到精制的苯乙烯。

7.1.3.3　纳米硼酸锌 $4ZnO \cdot B_2O_3 \cdot H_2O/PS$ 复合材料制备

量取100mL精制苯乙烯置于烧杯中,加入一定量十二醇改性纳米硼酸锌 $4ZnO \cdot B_2O_3 \cdot H_2O$。$4ZnO \cdot B_2O_3 \cdot H_2O$ 的添加量为苯乙烯质量的1wt%～10wt%。向混合体系中添加0.5～2.5g精制的过氧化苯甲酰引发剂,室温下电动搅拌30min,得到均匀的悬浮液体系。将悬浮溶液转移至盛有300mL蒸馏水的三口烧瓶中,采用油浴加热,将反应温度升至60℃反应2h后,以5℃/min升温速率加热至80℃后反应6h。当三口烧瓶中有白色黏稠状液体出现时,以同样的升温速率使反应体系温度升至100℃,继续反应2h。反应结束后,将白色黏稠物在100℃的去离子水中煮30min,去除未反应的苯乙烯。将固体复合物放入恒温干燥箱中烘干。在120℃下再次聚合9～12h后,得到纳米硼酸锌 $4ZnO \cdot B_2O_3 \cdot H_2O/PS$ 复合材料。

7.1.4　测试与表征方法

7.1.4.1　X-射线衍射(XRD)

采用 Bruker AXS GmbH Bruker D8 FOCUS 型 X-射线衍射仪对样品结构进行表征。Cu 靶 Ka 线 $\lambda = 1.5406\text{Å}$,工作电流是

40mA,工作电压是 40kV,测试 2θ 范围是 $5°\sim80°$,步长是 0.02°。

7.1.4.2　红外光谱测试(FT-IR)

采用 Perkin Elemer 2000 spectrophotometer 红外光谱仪对样品的结构组成进行分析。测试前样品与 KBr 粉末混合研磨并压成薄片备用。

7.1.4.3　场发射扫描电子显微镜(FESEM)

采用 HITACHI X-650 场发射电子显微镜对样品表面形貌进行表征。测试前,应对样品进行喷金处理。

7.1.4.4　力学性能测试

采用 AG-10KNA 材料力学试验机对材料拉伸强度进行考察。分析测试方法遵循 ASTM638 标准的要求。

7.1.4.5　热分析实验(TGA)

采用 NETZSCH STA 409 热重分析仪对样品热稳定性能进行表征。测试在氮气气氛下进行,升温速率分别为 5℃/min、10℃/min、15℃/min、20℃/min,样品量为 8mg 左右。

7.1.4.6　复合材料燃烧试验测试

将一定量的纳米硼酸锌 $4ZnO \cdot B_2O_3 \cdot H_2O/PS$ 复合材料置于 5X-G07102 型马弗炉中焙烧。以 5℃/min 的速率将温度升至 550℃,在此温度下焙烧 30min 后,待温度自然冷却至室温,准确称量燃烧后残留物的质量,计算出复合材料焙烧后的残炭量 $W\%$,计算公式如下:

$$W\% = M/M_0 \times 100\% \tag{7-1}$$

其中,M_0 为复合材料初始质量;M 为高温处理后残留物的质量。

7.1.4.7　氧指数(LOI)的测定

按照 GB/T 2406—1993 标准,由 HC-2 型氧指数测定仪测定复合材料的氧指数（LOI），测试条件如下。

（1）试样尺寸：每个试样长宽高等于 120mm×(6.5±0.5)mm×(3.0±0.5)mm。

（2）试样数量：每组应制备 10 个标准试样。

（3）外观要求：试样表面清洁、平整光滑，无影响燃烧行为的缺陷，如：气泡、裂纹、飞边、毛刺等。

（4）试样的标线：距离点燃端 50mm 处划一条刻线。

7.2　结果与讨论

7.2.1　纳米硼酸锌 4ZnO·B₂O₃·H₂O/PS 复合材料 XRD 分析

图 7-1(a)、(b)分别为纳米硼酸锌 $4ZnO·B_2O_3·H_2O$ 和纳米硼酸锌 $4ZnO·B_2O_3·H_2O/PS$ 复合材料的 XRD 谱图。从图 7-1(b)可以看到，PS 在 2θ 为 11.73°和 19.35°附近的特征衍射峰呈馒头状。虽然这两个特征衍射峰的强度较强，但谱线欠光滑，说明此类衍射峰是非晶相漫射峰，PS 是以非晶相无定形态存在的。此外，图 7-1(b)在 18.8°、22.1°、24.1°、28.4°和 36.5°附近的特征衍射峰与纳米硼酸锌 $4ZnO·B_2O_3·H_2O$[图 7-1(a)]特征峰一致，只是峰强度有所下降，可以确定合成的复合材料内含有纳米硼酸锌 $4ZnO·B_2O_3·H_2O$ 粒子。根据谢乐(Scherer)公式计算出平均粒径与复合前基本相同，可以说明在 PS 聚合过程中，没有对纳米硼酸锌 $4ZnO·B_2O_3·H_2O$ 的晶体结构产生影响，并且与其形成了分散均匀、结构稳定的复合材料。复合材料特征衍射峰强度减弱的原因在于聚合反应过程中有少量无定形的 PS 会覆盖到纳米硼酸锌 $4ZnO·B_2O_3·H_2O$ 晶面表面，削弱了其衍射峰强度。

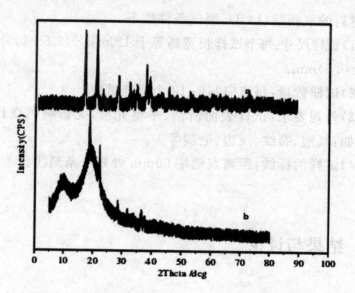

图 7-1 (a)纳米硼酸锌 $4ZnO \cdot B_2O_3 \cdot H_2O$ 和(b)纳米硼酸锌
$4ZnO \cdot B_2O_3 \cdot H_2O/PS$ 的 XRD 谱图

7.2.2 纳米硼酸锌 $4ZnO \cdot B_2O_3 \cdot H_2O/PS$ 复合材料 FT-IR 分析

图 7-2(a)、(b)、(c)分别为纯 PS、改性纳米硼酸锌 $4ZnO \cdot B_2O_3 \cdot$ H_2O 和纳米硼酸锌 $4ZnO \cdot B_2O_3 \cdot H_2O/PS$ 复合材料的红外光谱。从图 7-2(a)可以看出：在 $1944.24cm^{-1}$ 和 $1871.78cm^{-1}$ 出现的吸收峰是由于苯环上 $^\delta C—H$ 振动所引起的，在 $1605cm^{-1}$ 和 $1541.87cm^{-1}$ 附近出现的吸收峰是由于苯环上 $\nu C=C$ 振动所引起的，这些吸收峰都是 PS 不同基团振动吸收峰[154]。此外，图 7-2(a)和(c)在 $3447.16cm^{-1}$ 附近都出现较弱的 O—H 振动吸收峰，这是因为在制样中没有进行充分烘干，聚苯乙烯由于比表面积很大，吸水性强，在后处理环境中吸水而引起的。改性纳米硼酸锌 $4ZnO \cdot B_2O_3 \cdot H_2O$ 的红外光谱已在第 2 章中分析过，不再重复。由图 7-2(c)可以看到，添加纳米硼酸锌 $4ZnO \cdot B_2O_3 \cdot H_2O$ 的 PS 红外谱图与纯 PS 相比，存在明显差别。谱图中出现了新的吸收

峰,1601.14cm⁻¹附近出现了归属于 H—O—H 的振动吸收峰,在2922.54cm⁻¹ 处出现了归属于 B—H 的振动吸收峰,在1213.84cm⁻¹、718.26cm⁻¹ 和 537.57cm⁻¹ 处出现了归属于B(3)—O的振动吸收峰,在 876.46cm⁻¹ 处出现了归属于 C—O—C 的振动吸收峰。这些吸收峰都是改性后纳米硼酸锌 4ZnO·B₂O₃·H₂O 的特征吸收峰,证明纳米硼酸锌 4ZnO·B₂O₃·H₂O 与 PS 形成了分散均匀的复合体系。

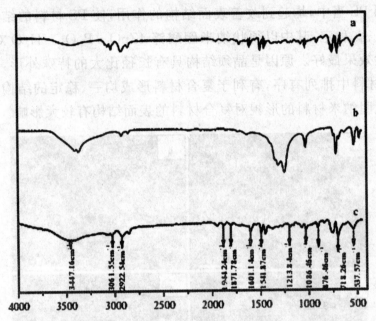

图7-2　(a)纯 PS、(b)改性纳米硼酸锌 4ZnO·B₂O₃·H₂O 和(c)
纳米硼酸锌 4ZnO·B₂O₃·H₂O/PS 材料的红外光谱

7.2.3　纳米硼酸锌 4ZnO·B₂O₃·H₂O/PS 复合材料 FESEM 分析

纯 PS 和添加不同形貌的纳米硼酸锌 4ZnO·B₂O₃·H₂O 后形成的复合材料的 FESEM 图片如图 7-3 所示。从图中能清楚地观察到:纯 PS[图 7-3(a)]表面有许多褶皱和裂痕存在,结构比较松散,添加片状纳米硼酸锌 4ZnO·B₂O₃·H₂O 后,复合材料[图

7-3(b)]表面的裂痕明显减少，但是仍然存在一些褶皱。添加球状纳米硼酸锌 $4ZnO \cdot B_2O_3 \cdot H_2O$ 后，复合材料[图 7-3(d)]的表面均一、连续，裂痕基本消失，形成较致密的结构。与上述两种复合材料相比，添加须状纳米硼酸锌 $4ZnO \cdot B_2O_3 \cdot H_2O$ 后的复合材料表面结构变得更加连续、均一，无明显的裂痕和褶皱存在，使 PS 具有了致密稳定的结构。

以上分析证明不同形貌纳米硼酸锌 $4ZnO \cdot B_2O_3 \cdot H_2O$ 添加到 PS 当中，均起到改善表面结构的作用，使 PS 材料的结构更加致密、稳定，其中以须状纳米硼酸锌 $4ZnO \cdot B_2O_3 \cdot H_2O$ 对 PS 改性效果最好。原因是晶须结构具有长径比大的特殊外形，能在 PS 材料中排列有序，有利于复合材料形成均一、稳定的结构。这也说明纳米材料的形貌对复合材料的表面结构有较大影响。

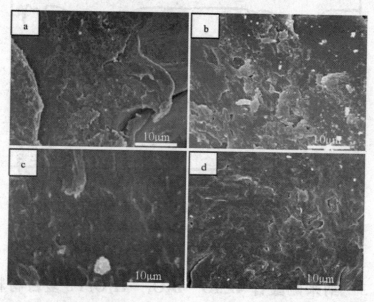

图 7-3　样品的 FESEM 图(a)纯 PS；(b)片状纳米硼酸锌 $4ZnO \cdot B_2O_3 \cdot H_2O/PS$；
(c)须状纳米硼酸锌 $4ZnO \cdot B_2O_3 \cdot H_2O/PS$；(d)球状纳米硼酸锌 $4ZnO \cdot B_2O_3 \cdot H_2O/PS$

7.2.4　纳米硼酸锌 $4ZnO \cdot B_2O_3 \cdot H_2O/PS$ 复合材料拉伸强度测试

拉伸强度代表了复合材料的强度,是力学性能的重要指标。图 7-4 展示了不同形貌纳米硼酸锌 $4ZnO \cdot B_2O_3 \cdot H_2O$ 添加量对纳米硼酸锌 $4ZnO \cdot B_2O_3 \cdot H_2O/PS$ 复合材料的拉伸强度的影响。

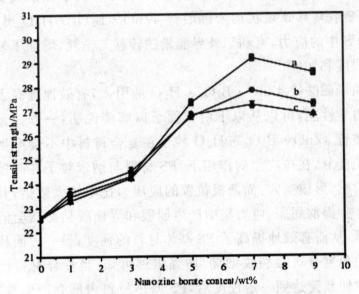

图 7-4　纳米材料添加量对 PS 拉伸强度的影响(a)须状纳米硼酸锌
$4ZnO \cdot B_2O_3 \cdot H_2O$;(b)球状纳米硼酸锌 $4ZnO \cdot B_2O_3 \cdot H_2O$;
(c)片状纳米硼酸锌 $4ZnO \cdot B_2O_3 \cdot H_2O$

从图 7-4 中可以看出将三种不同形貌的硼酸锌添加到 PS 材料中,都可以在一定程度上提高 PS 的拉伸强度,并且随着纳米硼酸锌 $4ZnO \cdot B_2O_3 \cdot H_2O$ 添加量的增加,PS 的拉伸强度的变化表现为初期快速增强,当达到最大值后,略有缓慢下降的趋势。这说明通过添加适量的三种不同形貌纳米硼酸锌 $4ZnO \cdot B_2O_3 \cdot H_2O$,能显著地提高 PS 的拉伸强度。当三种不同形貌纳米硼酸锌 $4ZnO \cdot B_2O_3 \cdot H_2O$ 的添加量都达到 7wt% 时,复合材料的拉伸强度均达到最大值,但最大值略有不同。须状纳米硼酸锌 $4ZnO \cdot B_2O_3 \cdot H_2O/PS$ 最大拉伸强度值最大,为 $29.2MPa$,说明须状纳米硼酸锌 $4ZnO \cdot B_2O_3 \cdot H_2O$ 对复合材料拉伸强度的提高作用最明显。这是因为须状硼酸锌 $4ZnO \cdot B_2O_3 \cdot H_2O$ 具有大的长径比、结晶完整、排列有序,基本不存在一般材料具有的空穴、位错、粒子界面等缺陷,其强度接近于原子结合力的理论极限。因此,当它与基体材料 PS 复合时,两者之间结合更紧密。此外,以须状纳米硼酸锌 $4ZnO \cdot B_2O_3 \cdot H_2O$ 作为节点形成交联结构,使负载转移到须状纳米硼酸锌 $4ZnO \cdot B_2O_3 \cdot H_2O$ 当中,削弱了 PS 中的应力,有利于外界能量的转移与消耗,增强了复合材料的强度和韧性。

纳米硼酸锌 $4ZnO \cdot B_2O_3 \cdot H_2O$ 的引入,有效地提高了复合材料力学性能,可以从以下两方面予以解释说明:一方面无机纳米硼酸锌 $4ZnO \cdot B_2O_3 \cdot H_2O$ 粒子在复合材料中不会产生明显的伸长变形,在拉应力的作用下,PS 材料与纳米粒子在两极产生界面脱粘,形成空穴,而两极位置的应压力比本体大数倍,其局部区域产生提前屈服,应力集中产生屈服和界面脱粘必然会消耗大量能量,从而有效地提高了 PS 基体材料的强度;另一方面从微观力学的角度分析微裂纹增韧、增强机理可知,当复合材料承受的外加拉伸载荷达到一定程度后,PS 基体材料内部会产生微裂纹。对于添加了纳米硼酸锌 $4ZnO \cdot B_2O_3 \cdot H_2O$ 的复合材料而言,由于纳米粒子的存在,可以有效地阻止和抑制微裂纹的生成和扩展,使得复合材料具有更高的载荷能力[155]。纳米硼酸锌 $4ZnO \cdot B_2O_3 \cdot H_2O$ 添加量大于 $7wt\%$ 时,PS 的拉伸强度出现缓慢下降的趋势,可能是由于现有实验手段和技术的限制,使得纳米硼酸锌 $4ZnO \cdot B_2O_3 \cdot H_2O$ 分散状态无法达到最理想的效果所引起的。此外,纳米粒子添加量过大,使得纳米粒子间发生团聚的概率大大增加,导致许多微小纳米粒子聚集在一起形成粒径较大的微米球。这种现象的发生不仅未对 PS 基体材料起到增强、增韧的作用,反而成为力学性能最弱的地方。在外力作用下更容易产生微裂纹,造成材料拉伸强度的下降。

7.2.5　纳米硼酸锌 4ZnO・B₂O₃・H₂O/PS 复合材料 TGA 分析

纯 PS 和添加不同形貌纳米硼酸锌 $4ZnO \cdot B_2O_3 \cdot H_2O$ 的复合材料的 TGA 曲线如图 7-5 所示。从图中可以看出,纯 PS 的热分解温度在 $125 \sim 450℃$ 之间,添加不同形貌纳米硼酸锌 $4ZnO \cdot B_2O_3 \cdot H_2O$ 的 PS 材料热降解曲线则向高温方向移动,证明添加纳米硼酸锌 $4ZnO \cdot B_2O_3 \cdot H_2O$ 后,PS 的热稳定性提高。从 TGA 曲线可以看出,第一个失重段发生在 $120 \sim 300℃$,样品发生轻微失重,对应材料中少量吸附水的蒸发;第二个失重段在 $300 \sim 500℃$,纯 PS 基体材料在 $450℃$ 左右基本分解完全,而添加了不同形貌纳米硼酸锌 $4ZnO \cdot B_2O_3 \cdot H_2O$ 的 PS 在相同温度下并没有完全分解。添加片状纳米硼酸锌 $4ZnO \cdot B_2O_3 \cdot H_2O$ 的 PS 材料在 $500℃$ 时失重率为 $98.14wt\%$,添加须状、球状纳米硼酸锌的 PS 材料在 $500℃$ 时失重率基本相同,为 $93.28wt\%$,表明,纳米硼酸锌 $4ZnO \cdot B_2O_3 \cdot H_2O$ 对 PS 的热稳定性有明显的改善作用。这是因为不同形貌纳米硼酸锌 $4ZnO \cdot B_2O_3 \cdot H_2O$ 的引入起到屏障作用,可以减弱挥发性气体和热量的扩散,降低热分解速率。同时纳米硼酸锌 $4ZnO \cdot B_2O_3 \cdot H_2O$ 和 PS 链段之间存在着一定的作用力,使其链段运动受阻,限制了热降解的链增长过程。总之,仅添加少量纳米硼酸锌 $4ZnO \cdot B_2O_3 \cdot H_2O$,就能提高复合材料的热稳定性。

7.2.6　纳米硼酸锌 4ZnO・B₂O₃・H₂O/PS 复合材料 燃烧残留物分析

对聚合物基复合材料燃烧后的残留物进行结构和组成分析,是研究材料阻燃性能的重要手段。本节通过对纳米硼酸锌 $4ZnO \cdot B_2O_3 \cdot H_2O/PS$ 复合材料高温处理后残留物组成及其表

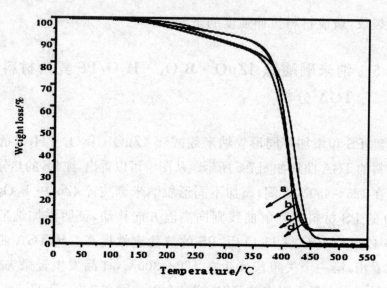

图 7-5　样品的 TGA 曲线 (a) 纯 PS; (b) 球状纳米硼酸锌 $4ZnO \cdot B_2O_3 \cdot$ H_2O/PS; (c) 须状纳米硼酸锌 $4ZnO \cdot B_2O_3 \cdot H_2O/PS$; (d) 片状纳米硼酸锌 $4ZnO \cdot B_2O_3 \cdot H_2O/PS$

面结构的分析来进一步了解纳米硼酸锌 $4ZnO \cdot B_2O_3 \cdot H_2O/PS$ 复合材料的阻燃性能。以须状纳米硼酸锌 $4ZnO \cdot B_2O_3 \cdot H_2O/$ PS 复合材料为例来研究高温处理后 PS 基复合材料残留物的结构和组成。

　　图 7-6 和表 7-2 是须状纳米硼酸锌 $4ZnO \cdot B_2O_3 \cdot H_2O/PS$ 复合材料在 550℃ 高温处理 30min 后残留物的能谱分析结果。由图 7-6 FESEM 图片可以看出,高温处理后,复合材料表面呈致密、有少量裂缝存在的层状结构。从表 7-2 中可以发现,残留物的元素主要由 C、O、Zn 组成,说明复合材料经过高温处理后,纳米硼酸锌 $4ZnO \cdot B_2O_3 \cdot H_2O$ 与 PS 发生热氧化降解、成炭交联反应,在聚合物表面形成稳定的玻璃态炭层,阻扰了燃烧界面与材料内部的传质过程,进而抑制了聚合物材料的分解,阻燃性能得以提高。复合物表面残留的 Zn、B 元素有力地证明了须状纳米硼酸锌 $4ZnO \cdot B_2O_3 \cdot H_2O$ 参与形成炭层,说明其在提高复合材料阻燃性能过程中发挥了重要作用。

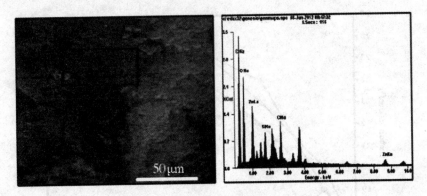

图 7-6　样品的图谱分析

表 7-2　复合材料残留物组成

Element	wt%	at%
C	51.53	63.33
O	34.31	31.65
Zn	6.27	1.42
Si	2.85	1.50
Cl	5.04	2.10

7.2.7　纳米硼酸锌 4ZnO · B₂O₃ · H₂O 添加量对复合材料残炭量影响

在 PS 中加入不同质量的纳米硼酸锌 $4ZnO \cdot B_2O_3 \cdot H_2O$,测试其在 550℃下的成炭情况,结果如图 7-7 所示。由图可知,未加入任何形貌纳米硼酸锌 $4ZnO \cdot B_2O_3 \cdot H_2O$ 的 PS 的残炭量为 17wt%,当加入不同形貌纳米硼酸锌 $4ZnO \cdot B_2O_3 \cdot H_2O$,其残炭量随添加量的提高而迅速大幅度增加。三种形貌纳米硼酸锌 $4ZnO \cdot B_2O_3 \cdot H_2O$ 的添加量为 PS 质量 7wt%时,聚合物材料的残炭量均达到最大值。但各自最大值略有不同,以添加须状纳米硼酸锌的 PS 的残炭量最多,约为 26wt%,说明其改性效果最好;继续添加纳米粒子含量,PS 的残炭量出现下降趋势。

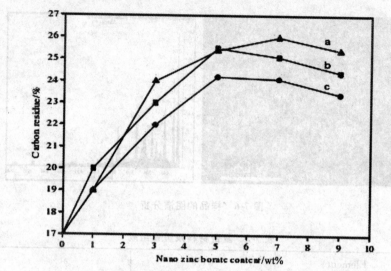

图 7-7 纳米材料添加量对 PS 残炭量的影响 (a) 须状纳米硼酸锌
$4ZnO \cdot B_2O_3 \cdot H_2O$;(b)球状纳米硼酸锌 $4ZnO \cdot B_2O_3 \cdot H_2O$;
(c)片状纳米硼酸锌 $4ZnO \cdot B_2O_3 \cdot H_2O$

添加不同形貌纳米硼酸锌 $4ZnO \cdot B_2O_3 \cdot H_2O$ 后 PS 的残炭量变化趋势可以理解为:添加适量的纳米硼酸锌 $4ZnO \cdot B_2O_3 \cdot H_2O$ 粒子后,PS 表面发生的成炭交联反应进行得更充分、持久,形成的炭层对内部材料起保护作用,使 PS 的分解速率降低,挥发性可燃物减少,难燃性的残炭量增加。但是,当添加量过大时,纳米粒子之间容易发生团聚,纳米微粒团聚成粒径较大的微米球,不均匀地分散在基体表面,导致炭成交联反应无法连续、持久地进行,使得复合材料的残炭量减少,影响阻燃效果。此外,添加须状和球状纳米硼酸锌 $4ZnO \cdot B_2O_3 \cdot H_2O$ 的 PS 基体材料残炭量比添加片状纳米硼酸锌 $4ZnO \cdot B_2O_3 \cdot H_2O$ 的要略高一些,这可能是由于须状和球状形貌纳米硼酸锌粒子在 PS 中更容易分散,有利于交联反应能持续进行的结果。

7.2.8 纳米硼酸锌 $4ZnO \cdot B_2O_3 \cdot H_2O/PS$ 复合材料热分解动力学研究

为了进一步了解 $4ZnO \cdot B_2O_3 \cdot H_2O/PS$ 复合材料热降解机

理,本文以须状纳米硼酸锌 4ZnO・B₂O₃・H₂O/PS 复合材料为例,采用了多重扫描速率法对聚合物材料进行热分解动力学研究。该法是指在不同的升温速率下所得到的多条 TGA 曲线进行动力学分析的方法,是研究聚合物热降解动力学常用的方法。多重扫描速率法主要以转化率法即 Flynn-Wall-Ozawa(FWO)、Friedman、Kissinger-Akahira-Sunose 法为代表。本文采用前两种方法分别进行复合物的热分解动力学研究[156-157]。多重扫描速率法通过计算不同转化率下样品的活化能作为验证反应机理的依据。

　　多重扫描速率法研究聚合物热解动力学的理论基础是假设热降解过程符合 Arrhenius 公式。可表示为

$$A(s) \rightarrow B(s) + C(g)$$

则其降解的总速率方程是

$$da/dt = k(T)f(a) = A\exp(-E_a/RT)f(a) \qquad (7-2)$$

又由于 Flynn-Wall-Ozawa 法和 Friedman 法采用的热降解模型是热重分析常用的 n 级反应,因此有下式

$$f(a) = (1-a)^n \qquad (7-3)$$

其中,A、T、E_a、R、a、t 分别代表指前因子、反应温度、表观活化能、气体常数、反应转化率、反应时间。

　　采用 Flynn-Wall-Ozawa 法,则公式(7-2)变换为以下形式:

$$da/(1-a)^n = (A/\beta) \cdot e^{-E_a/RT} dT \qquad (7-4)$$

对式(7-3)进行积分后再进行 doyle 近似处理可得

$$\ln(\beta) = \ln\left[A \frac{f(a)}{da/dT}\right] = -E_a/RT \qquad (7-5)$$

$$a = (W_i - W_t)/(W_i - W_f) \qquad (7-6)$$

其中,W_i 代表热解反应开始样品的质量;W_t 代表在 t 时刻样品剩余质量;W_f 代表热解反应完成后样品的质量;β 为热重实验中的升温速率。

　　以热重实验中采用不同的升温速率,根据公式(7-5)用 $\ln(\beta)$ 对 $1000/T$ 作图并进行线性拟合后根据斜率计算出活化能 E_a。

　　首先采用 FWO 法对须状纳米硼酸锌 4ZnO・B₂O₃・H₂O/PS 复合材料进行热降解分析。纯 PS 和须状纳米硼酸锌 4ZnO・

$B_2O_3 \cdot H_2O/PS$ 复合材料在氮气保护下得到的热重曲线如图 7-8 和图 7-10 所示。从曲线上可以得到与不同转化率所对应的温度 (T)，根据 FWO 法计算出两种聚合物的活化能 Ea。

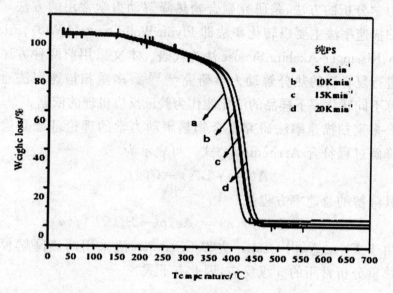

图 7-8　纯 PS 在不同升温速率下的 TGA 曲线

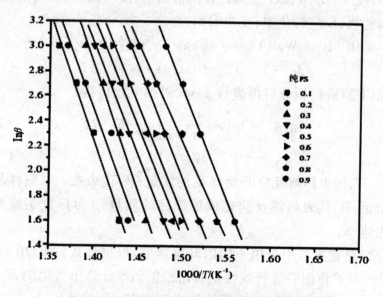

图 7-9　FWO 法拟合的纯 PS 热降解动力学曲线

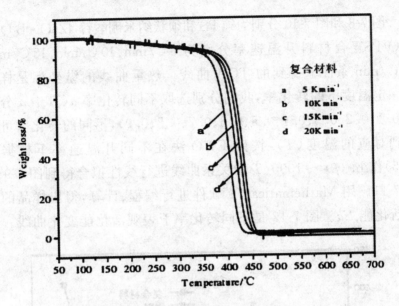

图 7-10　须状纳米硼酸锌 4ZnO·B₂O₃·H₂O/PS
材料不同升温速率下的 TGA 曲线

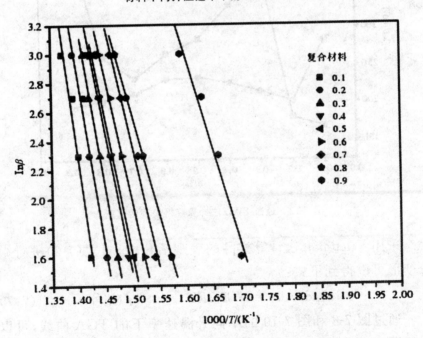

图 7-11　FWO 法拟合须状纳米硼酸锌 4ZnO·B₂O₃·H₂O/PS
材料热降解动力学曲线

图 7-8 和图 7-10 分别为纯 PS 和须状纳米硼酸锌 $4ZnO \cdot B_2O_3 \cdot$ H_2O/PS复合材料升温速率分别为 5℃/min、10℃/min、15℃/min、20℃/min 条件下得到的 TGA 曲线。热重曲线的纵坐标是样品在一定温度下的转化率,我们分别选取不同转化率 a(其中 a 分别是 0.1、0.2、0.3、0.4、0.5、0.6、0.7、0.8、0.9),不同的转化率可以得到对应的温度(T),按照 FWO 法在不同升温速率下根据式(7-5)作 $\ln(\beta) \sim 1000/T$ 的关系曲线进行线性拟合得到图 7-9 和图 7-11。用 Mathematica6.0 软件进行编程、计算,得出样品的表观活化能 Ea。图 7-12 是不同转化率下表观活化能变化曲线。

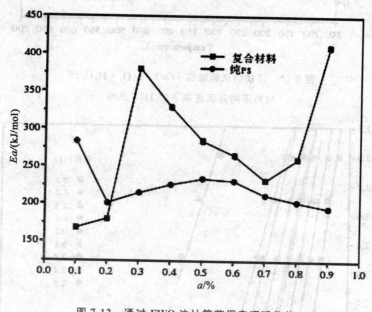

图 7-12　通过 FWO 法计算获得表观活化能

采用 Friedman 法计算样品的表观活化能,对式(7-2)进行微分变形可以得到下式:

$$\ln(\beta da/dt) = - E_a/RT + \ln[Af(a)] \qquad (7-7)$$

通过图 7-8 和图 7-10 的不同升温速率下的 TGA 曲线,可以从不同的转化率 a 来得出对应的温度(T)。再用 $\ln(da/dt)$ 对 $1000/T$ 作图,然后根据前面的计算方法求出样品的表观活化能 E_a。下面是采用 Friedman 法计算的样品表观活化能与转化率 a

的关系图(图 7-13)。

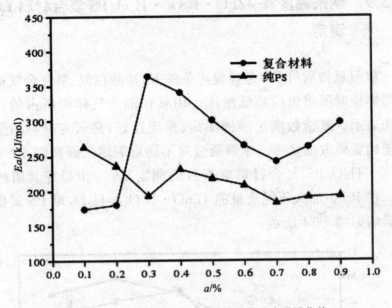

图 7-13 通过 Friedman 法计算获得样品表观活化能

图 7-12 和图 7-13 是用 FWO 法和 Friedman 法得到样品表观活化能与转化率的关系。从图中可以看出,采用 FWO 法和 Friedman 法对样品进行热解动力学分析,得到的表观活化能的变化趋势基本一致。与纯 PS 比较,添加了须状纳米硼酸锌 4ZnO·B₂O₃·H₂O 的 PS 的表观活化能明显提高,证明须状纳米硼酸锌 4ZnO·B₂O₃·H₂O 的添加,提高了 PS 的热稳定性。这一结果可以用聚合物的成核机制来解释。当添加须状纳米硼酸锌 4ZnO·B₂O₃·H₂O 后,纳米级的粒子作为异相核,控制不同的降解阶段,使热解过程的表观活化能增高。表观活化能越高,在同等条件下热解反应越难进行,需要的能量也越多,使得聚合物热稳定性得以明显提高。通过对样品热解过程的动力学的研究,从热力学的角度进一步证明了纳米硼酸锌 4ZnO·B₂O₃·H₂O 的引入,有利于 PS 的热稳定性的提高。这为评价各种材料潜在的火灾危险性提供了理论依据。

7.2.9 纳米硼酸锌 4ZnO·B₂O₃·H₂O/PS 复合材料 LOI 测定

极限氧指数(LOI)是在规定条件下,样品在氮、氧混合气流中维持燃烧时所需氧的最低浓度。用氧在混合气体中所占的百分比来表示。氧指数测定准确率高、重现性好,是研究材料的阻燃性能的重要方法之一。本章通过对不同形貌纳米硼酸锌 4ZnO·B₂O₃·H₂O/PS 复合材料氧指数的测定,进一步研究其阻燃性能。在 PS 中加入不同质量的 4ZnO·B₂O₃·H₂O,对 PS 氧指数的影响如图 7-14 所示。

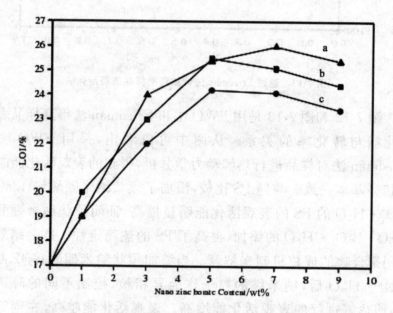

图 7-14 纳米材料添加量对 PS 氧指数的影响(a)须状纳米硼酸锌
4ZnO·B₂O₃·H₂O;(b)球状纳米硼酸锌 4ZnO·B₂O₃·H₂O;
(c)片状纳米硼酸锌 4ZnO·B₂O₃·H₂O

从曲线变化可以看出,添加不同形貌纳米硼酸锌 4ZnO·B₂O₃·H₂O 均能使 PS 的 LOI 提高。球状和片状纳米硼酸锌 4ZnO·B₂O₃·H₂O 的添加量为 PS 质量的 5wt%时,相应的 PS 氧指数值达到最大值,分别为 25.5 和 24.2,继续增大纳米粒子添加量,PS 氧指数均呈现下降的趋势。而须状纳米硼酸锌 $4ZnO·B_2O_3·H_2O$ 的添加量达到 7wt% 时,对应的 PS 的氧指数显示最大值,为 26.4。实验结果可以从以下两方面进行解释:一方面,纳米硼酸锌 $4ZnO·B_2O_3·H_2O$ 有利于促进炭层的形成,而且自身在高温下生成难挥发玻璃态物质覆盖到炭层表面,起到保护炭层作用。当纳米硼酸锌 $4ZnO·B_2O_3·H_2O$ 的添加量低于某一临界值时,它在 PS 表面分散均匀,随着添加量的增大,难燃性炭层明显增多,起到隔绝空气的作用,使得 PS 的氧指数提高。另一方面,纳米粒子添加量过大,现有的实验条件可能无法使纳米粒子在 PS 中达到理想的分散状态,粒子之间发生团聚,形成大粒径的团聚体,使纳米粒子与基体材料的相容性下降,材料的阻燃性能受到影响,导致氧指数下降。通过分析结果推测,三种形貌的纳米粒子中,须状结构的纳米粒子在 PS 表面的分散效果最好。

7.3　纳米硼酸锌 $4ZnO·B_2O_3·H_2O$/PS复合材料阻燃机理探讨

纳米硼酸锌 $4ZnO·B_2O_3·H_2O$ 对 PS 的阻燃机理从以下几个方面来解释。首先,纳米粒子的添加对 PS 具有屏障作用,可以减弱挥发性气体和热量的扩散,降低热分解速率,同时纳米硼酸锌 $4ZnO·B_2O_3·H_2O$ 和 PS 链段之间存在着一定的作用力,使其链段运动受阻,限制了热降解的链增长过程,提高了 PS 的热稳定性;其次,纳米硼酸锌 $4ZnO·B_2O_3·H_2O$ 在 PS 表面可以加速交联、成炭反应的进行,有利于炭层的形成,对内部聚合物材料起到保护作用,缓解了聚合物的进一步燃烧分解。最后,纳米硼酸锌 $4ZnO·B_2O_3·H_2O$ 的熔点较低,在高温状态下,形成黏性玻璃化熔体。该物质分解释放出的水蒸气导致其发生膨胀,覆盖在 PS 炭层表面起到修补炭层裂缝的作用,阻止热量和热解过程中可燃性产物的释放,进而发挥阻燃作用。

7.4　本章小结

　　本章首先对 PS 基体材料本体聚合的工艺条件进行了优化,然后采用原位聚合法制备纳米硼酸锌 $4ZnO \cdot B_2O_3 \cdot H_2O/PS$ 复合材料,通过 XRD、FT-IR、FESEM、拉伸性能测试、LOI 等表征手段对复合材料进行分析测试,最后得出下列结论。

　　1. 以苯乙烯、改性纳米硼酸锌 $4ZnO \cdot B_2O_3 \cdot H_2O$ 为原料,过氧化苯甲酰为引发剂,采用原位合成法制备了纳米硼酸锌 $4ZnO \cdot B_2O_3 \cdot H_2O/PS$ 复合材料。

　　2. 通过 FESEM 观察到不同形貌纳米硼酸锌 $4ZnO \cdot B_2O_3 \cdot H_2O$ 添加到 PS 当中,均起到改善表面结构的作用,使 PS 材料的结构更加致密、稳定。相比之下,须状纳米硼酸锌 $4ZnO \cdot B_2O_3 \cdot H_2O$ 对 PS 性能改善效果最好。

　　3. 复合材料拉伸强度测试结果表明,当三种不同形貌纳米硼酸锌 $4ZnO \cdot B_2O_3 \cdot H_2O$ 的添加量都达到 7wt％时,复合材料的拉伸强度均达到最大值,但最大值略有不同。须状纳米硼酸锌 $4ZnO \cdot B_2O_3 \cdot H_2O/PS$ 最大拉伸强度值最大,为 29.2MPa。由此可知,加入适量的纳米硼酸锌 $4ZnO \cdot B_2O_3 \cdot H_2O$ 可以明显地提高复合材料的强度和韧性;但过量加入导致复合材料拉伸性能下降。这说明拉伸性能的提高与纳米硼酸锌 $4ZnO \cdot B_2O_3 \cdot H_2O$ 在基体材料中良好分散性能有关。同时两者间存在的作用力也会影响复合材料最终的拉伸性能。

　　4. 热重研究结果表明,添加适量的纳米硼酸锌 $4ZnO \cdot B_2O_3 \cdot H_2O$ 使得 PS 的热稳定提高。

　　5. 采用 FWO 法和 Friedman 法对纳米硼酸锌 $4ZnO \cdot B_2O_3 \cdot H_2O/PS$ 复合材料进行热解动力学研究,通过材料热解过程中表观活化能的变化可以发现,复合材料在热解过程中表观活化能有了明显的提高,对应了复合材料热稳定性的提高。

6. 对复合材料进行极限氧指数测定和燃烧试验研究,结果表明,球状和片状纳米硼酸锌 $4ZnO \cdot B_2O_3 \cdot H_2O$ 的添加量为 PS 质量的 5wt％时,相应的 PS 氧指数值达到最大值,分别为 25.5 和 24.2,继续增大纳米粒子添加量,PS 氧指数均呈现下降的趋势。而须状纳米硼酸锌 $4ZnO \cdot B_2O_3 \cdot H_2O$ 的添加量达到 7wt％时,对应的 PS 的氧指数显示最大值,为 26.4。这说明复合材料在燃烧后形成保护性炭层结构,抑制材料的继续燃烧,提高了复合材料的阻燃性能。

第8章 纳米硼酸锌 $4ZnO \cdot B_2O_3 \cdot H_2O/PF$ 复合材料制备及阻燃性能研究

PF 是通过苯酚和甲醛在催化剂的作用下缩聚而成的聚合物，主要有热塑型和热固型两种。以酸为催化剂，聚合得到的产品属于热塑型 PF；以碱为催化剂，聚合得到的产品属于热固型 PF[158-160]。PF 不但合成工艺简单、原料易得，而且具有热稳定性高、冲击强度大、发烟性低、结构稳定及耐酸耐水性强等优点。因此，被广泛地应用到建筑、汽车、电子、防火、军事等众多领域[161-164]。但是，PF 中酚羟基和亚甲基很容易被氧化，导致材料的热稳定性和韧性降低，严重影响 PF 阻燃性能和力学性能，极大地限制了其作为工程材料的应用范围[165]。通过物理和化学改性的方法来提高 PF 阻燃性能和力学性能，已成为人们研究的热点。如喻丽华等人[166]采用纳米 SiC 来改性 PF，使它的热稳定性有了很大的提高。邱军等人[167]用硼改性 PF 也取得了较好的效果。

纳米硼酸锌 $4ZnO \cdot B_2O_3 \cdot H_2O$ 作为一种添加型无机阻燃剂，具有阻燃性能好、安全无毒、价格低廉、原料易得等优点。同时它还具有纳米材料特有的性能，使得纳米硼酸锌 $4ZnO \cdot B_2O_3 \cdot H_2O$ 在提高聚合物性能方面，展示出巨大的优势和潜力。目前，关于采用纳米硼酸锌 $4ZnO \cdot B_2O_3 \cdot H_2O$ 改善 PF 性能报道较少。因此，有必要深入研究纳米硼酸锌 $4ZnO \cdot B_2O_3 \cdot H_2O$ 对 PF 热稳定和阻燃性能的影响，为制备高性能 PF 阻燃材料提供理论基础和实验依据。

本章以苯酚、甲醛和十二醇改性后的不同形貌纳米硼酸锌 $4ZnO \cdot B_2O_3 \cdot H_2O$ 为原料，采用原位聚合法制备纳米硼酸锌

$4ZnO \cdot B_2O_3 \cdot H_2O/PF$ 复合材料。通过 XRD、FT-IR、FESEM、EDS、TGA、LOI 等手段对复合材料结构、形貌、组成和热稳定性能进行表征和测试,并对复合材料的力学性能和阻燃性能进行研究。初步探讨不同形貌纳米硼酸锌 $4ZnO \cdot B_2O_3 \cdot H_2O$ 对 PF 形貌、热稳定性、力学性能和阻燃性能产生影响的作用机理。

8.1　实验部分

8.1.1　实验设备

油浴锅:W2-180SP,上海申生科技有限公司。

旋转蒸发仪:RE5299,上海雅荣生化仪器公司。

数显电动搅拌器:OJ-160,天津市欧诺仪器有限公司。

电子分析天平:FA2104,上海越平科学仪器有限公司。

恒温干燥箱:DH-101,天津市中环实验电炉有限公司。

酸度计:PHS-25,天津盛邦科学仪器技术开发有限公司。

超声波清洗器:KQ5200DE,昆山市超声仪器有限公司。

三口烧瓶:500mL,天津市北方化学试剂玻璃仪器公司。

循环水式真空泵:SHZ-D(Ⅲ),巩义市予华仪器有限公司。

高速低温台式冷冻离心机:TGL200M-Ⅱ,湖南凯达科学仪器有限公司。

8.1.2　实验试剂

表 8-1　实验试剂

试剂	纯度	产地
改性纳米硼酸锌	>90%	实验室自制
苯酚	分析纯	天津博迪化工股份有限公司
甲醛	37%	天津博迪化工股份有限公司

试剂	纯度	产地
氢氧化钠	分析纯	天津博迪化工股份有限公司
无水乙醇	分析纯	天津风船化学试剂科技有限公司
蒸馏水	工业级	永源纯水开发中心
盐酸	分析纯	天津风船化学试剂科技有限公司

8.1.3 样品的制备

8.1.3.1 纯 PF 制备

反应物的物质的量比 n 苯酚：n 甲醛为 1：1.25。称取 94g 苯酚和 105g 37% 的甲醛溶液置于装有电动搅拌器和水银温度计的 500mL 的三口圆底烧瓶中。采用油浴加热，在 40℃下电动搅拌 30min，使反应物充分混合，用浓度为 20% 的 NaOH 将反应体系的 pH 值调至 8～9 之间，再以 3℃/min 的升温速率将反应体系的温度升高至 95℃，反应 5h 后产物呈枣红色黏稠态，用 10% 的盐酸溶液将反应体系 pH 值调至 7 左右。趁热在旋转蒸发仪上减压蒸馏，在 0.09MPa 和 80℃ 的减压条件下蒸馏 2h，得到预制 PF。将其在 180℃下固化 2h，最终得到纯 PF 样品。

8.1.3.2 纳米硼酸锌 $4ZnO \cdot B_2O_3 \cdot H_2O$/PF 复合材料制备

反应物的物质的量比 n 苯酚：n 甲醛为 1：1.25。纳米硼酸锌 $4ZnO \cdot B_2O_3 \cdot H_2O$ 的添加量为苯酚质量的 1wt%～10wt%。称取 94g 苯酚和 105g 37% 的甲醛置于烧杯中，加入一定量十二醇改性纳米硼酸锌 $4ZnO \cdot B_2O_3 \cdot H_2O$。将混合物超声分散 30min 后移至装有电动搅拌器和水银温度计的 500mL 的三口圆底烧瓶中，采用油浴加热，在 40℃下电动搅拌反应 30min，使反应物充分混合。用浓度为 20% 的 NaOH 溶液调节反应体系 pH 值至 8～9 之间，再以 3℃/min 的升温速率将反应体系的温度升高至 95℃后反应 5h，产物呈枣红色黏稠态，再用 10% 的盐酸溶液调节反应体系 pH 值至 7 左右。趁热在旋转蒸发仪上减压蒸馏,在 0.09MPa,80℃下蒸馏 2h 后,将产物在 180℃下固化 2h,得到纳米硼酸锌 $4ZnO \cdot B_2O_3 \cdot H_2O$/PF 复合材料。

8.1.4　测试与表征方法

8.1.4.1　X-射线衍射(XRD)

采用 Bruker AXS GmbH Bruker D8 FOCUS 型 X-射线衍射仪对样品结构进行表征。Cu 靶 Ka 线 $\lambda = 1.5406$Å,工作电流是 40mA,工作电压是 40kV,测试 2θ 范围是 5°~80°,步长是 0.02°。

8.1.4.2　红外光谱测试(FT-IR)

采用 Perkin Elemer 2000 spectrophotometer 红外光谱仪对样品的结构组成进行分析。测试前,样品与 KBr 粉末混合研磨并压成薄片备用。

8.1.4.3　场发射扫描电子显微镜(FESEM)

采用 HITACHI X-650 场发射电子显微镜对样品表面形貌进行表征。测试前,要对样品进行喷金处理。

8.1.4.4　力学性能测试

采用 AG-10KNA 材料力学试验机对材料拉伸强度进行考察。分析测试方法遵循 ASTM 638 标准的要求。

8.1.4.5　热分析实验(TGA)

采用 NETZSCH STA 409 热重分析仪对样品热稳定性能进行表征。测试是在氮气气氛下进行的,升温速率分别为 5℃/min、10℃/min、15℃/min、20℃/min,样品量为 8mg 左右。

8.1.4.6　复合材料燃烧实验测试

称取一定量的纳米硼酸锌 $4ZnO \cdot B_2O_3 \cdot H_2O$/PF 复合材料

在 5X-G07102 型马弗炉中以 5℃/min 的升温速率在 700℃下焙烧 30min，自然冷却至室温后准确称量高温处理后残留物的质量，计算出复合材料焙烧后的残炭量 $W\%$，计算公式如下：

$$W\% = M/M_0 \times 100\% \tag{8-1}$$

其中，M_0 为复合材料初始质量；M 为高温处理后残留物的质量。

8.1.4.7 氧指数的测定

按照 GB/T 2406—1993 标准，由 HC-2 型氧指数测定仪测定复合材料的氧指数（LOI），测试条件如下。

（1）试样尺寸：每个试样长宽高等于 120mm×(6.5±0.5)mm×(3.0±0.5)mm。

（2）试样数量：每组应制备 10 个标准试样。

（3）外观要求：试样表面清洁、平整光滑，无影响燃烧行为的缺陷，如：气泡、裂纹、飞边、毛刺等。

（4）试样的标线：距离点燃端 50mm 处划一条刻线。

8.2 结果与讨论

8.2.1 纳米硼酸锌 4ZnO·B_2O_3·H_2O/PF 复合材料 XRD 分析

纳米硼酸锌 4ZnO·B_2O_3·H_2O 和纳米硼酸锌 4ZnO·B_2O_3·H_2O/PF 复合材料的 XRD 谱图如图 8-1 所示。从图 8-1(b) 可以看出：在 2θ 为 17.8°处出现的较宽的馒头峰是 PF 的衍射特征峰。虽然衍射峰强度较大，但谱线不光滑，说明衍射峰为非晶相漫射峰，PF 是以无定形态存在。与纳米硼酸锌 4ZnO·B_2O_3·H_2O 的 XRD 谱图[图 8-1(a)]进行对比，可以发现复合材料的 XRD 谱图[图 8-1(b)]在 2θ 为 18.8°、22.1°、24.1°、28.4°、36.5°附近出现了纳米硼酸锌 4ZnO·B_2O_3·H_2O 的特征峰，说明通过原位聚合的方法可以将纳米硼酸锌 $4ZnO \cdot B_2O_3 \cdot H_2O$ 粒子引入到 PF 结构中,形成均一的复合体系。但从图中可以看到,由于 PF 的非晶漫射峰宽化严重,使得在 2θ 为 $18.8°$、$22.1°$ 处的特征峰遭到挤压,削弱了纳米硼酸锌 $4ZnO \cdot B_2O_3 \cdot H_2O$ 的特征峰强度。综合上述分析结果可知,原位聚合过程对纳米硼酸锌 $4ZnO \cdot B_2O_3 \cdot H_2O$ 的晶体结构基本没有破坏,达到了实验预期目标。

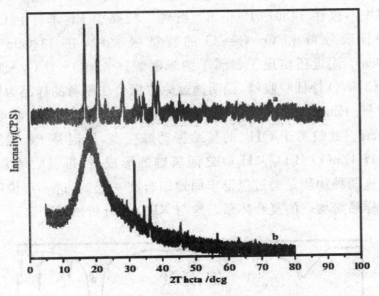

图 8-1　(a)纳米硼酸锌 $4ZnO \cdot B_2O_3 \cdot H_2O$ 和
(b)纳米硼酸锌 $4ZnO \cdot B_2O_3 \cdot H_2O/PF$ 的 XRD 谱图

8.2.2　纳米硼酸锌 $4ZnO \cdot B_2O_3 \cdot H_2O/PF$ 复合材料 FT-IR 分析

图 8-2(a)、(b)和(c)分别是改性纳米硼酸锌 $4ZnO \cdot B_2O_3 \cdot H_2O$,纳米硼酸锌 $4ZnO \cdot B_2O_3 \cdot H_2O/PF$ 复合材料和 PF 的红外光谱。在图 8-2(a)中,在 $1320cm^{-1}$ 和 $1260cm^{-1}$ 附近的特征吸收峰是由于 B(3)—O 振动引起的,波数为 $876.46cm^{-1}$ 处归属于 C—O—C 的振动吸收峰,与十二醇改性后的纳米硼酸锌 $4ZnO \cdot B_2O_3 \cdot H_2O$ 的 C—O—C 基相对应。它们都是改性纳米硼酸锌

$4ZnO \cdot B_2O_3 \cdot H_2O$ 的特征吸收峰。在图 8-2(c) 中，$1520cm^{-1}$ 处出现了 C—H 的吸收峰，波数为 $1480\sim1500cm^{-1}$ 范围内主要归属于苯环上 C—O 特征吸收峰 和 O—C＝O 特征吸收峰，这些吸收峰都是 PF 的特征吸收峰。将纳米硼酸锌 $4ZnO \cdot B_2O_3 \cdot H_2O$/PF 复合材料的图谱[图 8-2(b)] 与上述两图谱[图 8-2(a)] 和 [图 8-2(c)] 对比可知，纳米硼酸锌 $4ZnO \cdot B_2O_3 \cdot H_2O$/PF 复合材料中不仅在 $1480\sim1500cm^{-1}$ 出现了归属于 PF 苯环上 C—O 的特征吸收峰和 O—C＝O 的特征吸收峰，在 $1320cm^{-1}$ 和 $1260cm^{-1}$ 附近还出现了归属于纳米硼酸锌 $4ZnO \cdot B_2O_3 \cdot H_2O$ 的 B(3)—O 特征吸收峰，说明通过原位聚合法制备的样品为纳米硼酸锌 $4ZnO \cdot B_2O_3 \cdot H_2O$/PF 复合材料。此外，波数为 $3440cm^{-1}$ 处归属于 OH^- 的伸缩振动峰变宽，原因是 PF 和纳米硼酸锌 $4ZnO \cdot B_2O_3 \cdot H_2O$ 之间氢键的形成，使得吸收峰宽化，说明这两种物质是通过氢键牢固地结合在一起的，进一步说明合成的样品是均一的复合体系。这与 XRD 的分析结果一致。

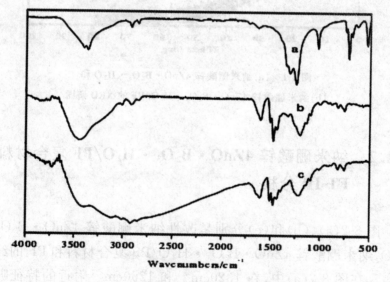

图 8-2 (a)改性纳米硼酸锌 $4ZnO \cdot B_2O_3 \cdot H_2O$；(b)纳米硼酸锌 $4ZnO \cdot B_2O_3 \cdot H_2O$/PF 和(c)纯 PF 材料的红外光谱

8.2.3　纳米硼酸锌 4ZnO·B₂O₃·H₂O/PF 复合材料 FESEM 分析

纯 PF 和不同形貌纳米硼酸锌 $4ZnO·B_2O_3·H_2O$ 与其复合后形成的复合材料的 FESEM 图片如图 8-3 所示。由图片可以看出：纯 PF[图 8-3(a)]表面有凹凸不平的块状物、褶皱和裂痕存在，表面结构不连续，结构比较松散。分别添加片状结构纳米粒子和球状纳米粒子后，$4ZnO·B_2O_3·H_2O$/PF[图 8-3(b)和图 8-3(d)]表面虽然存在裂痕，但是整体表面结构比较连续、致密，说明它们的存在能在一定程度上改善 PF 表面结构，对阻燃效果的提高起到一定的协同作用。与上述两种形貌的纳米硼酸锌 $4ZnO·B_2O_3·H_2O$ 相比，须状纳米硼酸锌 $4ZnO·B_2O_3·H_2O$ 的添加对 PF 表面结构和形貌的改变最明显。复合材料[图 8-3(c)]表面大块物质和褶皱裂痕消除，表面结构呈连续、均一状态，使得结构更加稳定。这是由于晶须结构具有长径比大的特殊外形，能在 PF 材料中排列有序，有利于复合材料形成理想的结构。上述分析还说明纳米硼酸锌 $4ZnO·B_2O_3·H_2O$ 的形貌对 PF 表面结构改善效果会产生影响。

8.2.4　纳米硼酸锌 4ZnO·B₂O₃·H₂O/PF 复合材料拉伸 强度测试

图 8-4 是不同形貌纳米硼酸锌 $4ZnO·B_2O_3·H_2O$ 添加量对纳米硼酸锌 $4ZnO·B_2O_3·H_2O$/PF 复合材料的拉伸强度的影响曲线。由图可以看出，随着纳米硼酸锌 $4ZnO·B_2O_3·H_2O$ 添加量的增加，PF 的拉伸强度不断增大，当须状、球状和片状纳米硼酸锌 $4ZnO·B_2O_3·H_2O$ 添加量达到 PF 质量的 5wt% 时，PF 的拉伸强度都达到最大值，分别为 42.9MPa、42.6MPa、42.3MPa。可见，添加纳米硼酸锌 $4ZnO·B_2O_3·H_2O$ 后 PF 的拉伸性能有

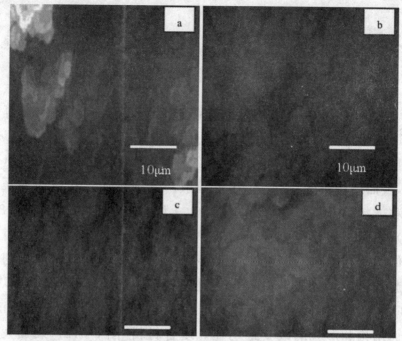

图 8-3　样品的 FESEM 图(a)纯 PF;(b)片状纳米硼酸锌 $4ZnO \cdot B_2O_3 \cdot H_2O$/PF;
(c)须状纳米硼酸锌 $4ZnO \cdot B_2O_3 \cdot H_2O$/PF;(d)球状纳米硼酸锌 $4ZnO \cdot B_2O_3 \cdot H_2O$/PF

大幅度的提高。这种结果可以用 $4ZnO \cdot B_2O_3 \cdot H_2O$ 纳米粒子强的表面效应和体积效应来解释。纳米粒子表面的许多羟基可与 PF 表面作用形成氢键,增强了纳米粒子与 PF 界面的结合力,提高了载荷能力,增强了复合材料力学性能。继续增加添加量,复合材料的力学性能出现缓慢下降的趋势,说明过量添加纳米硼酸锌 $4ZnO \cdot B_2O_3 \cdot H_2O$ 对复合材料的力学性能产生了负面影响。这是由于纳米粒子添加量太大,纳米粒子之间发生团聚,部分团聚的粒子形成粒径较大的团聚体,导致在 PF 表面分散性和相容性不好,使力学性能变差。对比不同形貌纳米硼酸锌 $4ZnO \cdot B_2O_3 \cdot H_2O$ 添加量对复合材料拉伸强度的影响可知,当添加量较少时,PF 的拉伸强度值相差不大,但是,当添加量增大到一定程度时,添加须状纳米粒子的 PF 具有最大拉伸强度,表现出最佳的力学性能。结论与 FESEM 分析结果吻合。

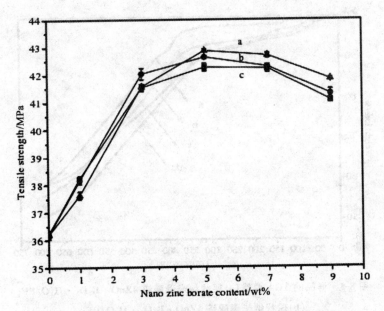

图 8-4　纳米材料添加量对 PF 拉伸强度的影响 (a) 须状纳米硼酸锌

4ZnO·B₂O₃·H₂O; (b) 球状纳米硼酸锌 4ZnO·B₂O₃·H₂O;

(c) 片状纳米硼酸锌 4ZnO·B₂O₃·H₂O

8.2.5　纳米硼酸锌 4ZnO·B₂O₃·H₂O/PF 复合材料 TGA 分析

不同形貌纳米硼酸锌 4ZnO·B₂O₃·H₂O/PF 复合材料及纯 PF 的热重曲线如图 8-5 所示。

从 PF 的 TGA 曲线 [图 8-5(d)] 中可以看出,在 100℃左右纯 PF 开始分解,有少量水分受热挥发,到 300℃左右失重已达 15wt% 以上,说明 PF 的热分解温度较低,热稳定性能有待提高。这是因为在较高温度下 PF 的酚羟基和亚甲基容易被氧化分解产生失重现象。从纳米硼酸锌 4ZnO·B₂O₃·H₂O/PF 复合材料的 TGA 曲线 [图 8-5(a)、(b)、(c)] 中可以看出,复合材料热降解曲线向高温方向移动,说明添加纳米硼酸锌 4ZnO·B₂O₃·H₂O 后,样品的热稳定性得以提高。复合样品的失重过程包括三个阶段。第一个失重阶段发生在 150～350℃之间,复合样品发生轻微失

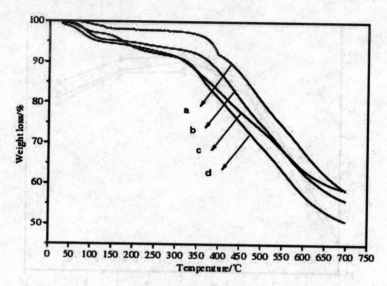

图 8-5 样品的 TGA 曲线(a)须状纳米硼酸锌 $4ZnO \cdot B_2O_3 \cdot H_2O/PF$;
(b)球状纳米硼酸锌 $4ZnO \cdot B_2O_3 \cdot H_2O/PF$;
(c)片状纳米硼酸锌 $4ZnO \cdot B_2O_3 \cdot H_2O/PF$;(d)纯 PF

重,是由材料中少量吸附水的蒸发引起的;第二个失重阶段发生在 350~600℃之间;第三个失重阶段为 600℃以后,随着温度的增加,失重缓慢,失重率基本保持不变。此外,还可以发现,添加须状纳米硼酸锌 $4ZnO \cdot B_2O_3 \cdot H_2O$ 的 PF 热稳定性最好,在各个失重温度段失重率最小,说明燃烧后的残炭量最大,阻燃效果最佳。原因是添加须状纳米硼酸锌 $4ZnO \cdot B_2O_3 \cdot H_2O$ 后的 PF 后形成连续、致密的表面结构,有效地抑制了 PF 的热解。可见,纳米粒子的形貌会对聚合物的热稳定性产生影响。

从整个失重过程来看,纳米硼酸锌 $4ZnO \cdot B_2O_3 \cdot H_2O/PF$ 复合材料的热稳定曲线一直都在纯 PF 的上方,说明纳米硼酸锌 $4ZnO \cdot B_2O_3 \cdot H_2O$ 的存在能明显改善 PF 的热稳定性能。这是因为在比较低的温度下,纳米复合材料中纳米硼酸锌 $4ZnO \cdot B_2O_3 \cdot H_2O$ 与聚合物中酸性物质结合,从而延缓或避免了某些有机物质的分解。在高温状态下,纳米硼酸锌 $4ZnO \cdot B_2O_3 \cdot H_2O$ 可以形成玻璃化膨胀涂层覆盖到 PF 的表面,起到很好的保护作用,减缓了聚合物在高温下分解的速率。

8.2.6　复合材料高温处理后残留物分析

对纳米硼酸锌 $4ZnO \cdot B_2O_3 \cdot H_2O/PF$ 复合材料高温处理后的残留物进行组成、表面结构表征和分析,是深入了解复合材料性能的重要手段之一。本节以须状纳米硼酸锌 $4ZnO \cdot B_2O_3 \cdot H_2O/PF$ 复合材料为例,对高温处理后残留物的结构和组成进行分析,以考察复合材料的阻燃性能。本实验是在 700℃下高温处理 30min 后,得到复合材料的残留物。

图 8-6 和表 8-2 是纳米硼酸锌 $4ZnO \cdot B_2O_3 \cdot H_2O/PF$ 复合材料的能谱测试结果。由图 8-6 可知,经高温处理后,样品表面呈多孔状结构。从表 8-2 可知,高温处理后的复合材料的残留物成分主要是 C、O 以及少量的 Zn 和 B,说明在高温状态下须状纳米硼酸锌 $4ZnO \cdot B_2O_3 \cdot H_2O$ 和 PF 发生了交联成炭反应,在复合材料表面形成具有保护作用的炭层,提高复合材料的阻燃性能。残留的 Zn、B 元素有力地证明了须状纳米硼酸锌 $4ZnO \cdot B_2O_3 \cdot H_2O$ 参与形成炭层,说明其在提高复合材料阻燃性能过程中发挥了重要作用。

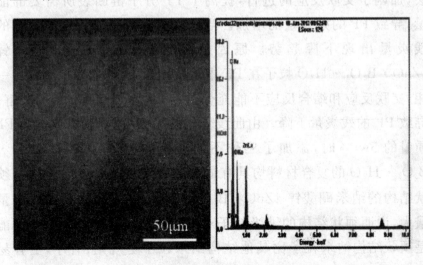

图 8-6　复合材料残留物能谱分析

表 8-2　复合材料残留物组成

Element	wt%	At%
C	57.5	67.81
O	22.76	20.15
Zn	12.64	2.74
B	7.1	9.30

8.2.7　纳米硼酸锌 $4ZnO \cdot B_2O_3 \cdot H_2O$ 的添加量对 PF 残炭量影响

图 8-7 是纳米硼酸锌 $4ZnO \cdot B_2O_3 \cdot H_2O$/PF 复合材料经 700℃高温处理 30min 后,残炭量的曲线变化图。由曲线可以看出,随着纳米硼酸锌 $4ZnO \cdot B_2O_3 \cdot H_2O$ 的添加量的增加,PF 的残炭量曲线呈现前期明显提高,达到最大值后缓慢下降的趋势。这是因为当添加量较少时,由于纳米硼酸锌 $4ZnO \cdot B_2O_3 \cdot H_2O$ 具有较大的比表面积和高的表面自由能,使得其与 PF 发生的交联成炭反应的速率加快,增加了纳米粒子与 PF 之间相互接触机会,加剧了交联反应的进行,提高了 PF 分子链断裂所需要的能量,导致 PF 的残炭量的增加。当添加量达到一定程度时,PF 的残炭量出现下降趋势。原因是添加量太大,使纳米硼酸锌 $4ZnO \cdot B_2O_3 \cdot H_2O$ 粒子在 PF 中发生团聚,无法与 PF 形成均一相,交联反应和缩合反应不能充分进行,从而加速了 PF 的分解,导致 PF 的残炭量下降。由曲线变化的趋势可知,在添加量为 PF 质量的 5wt% 时,添加了三种不同形貌的纳米硼酸锌 $4ZnO \cdot B_2O_3 \cdot H_2O$ 的复合材料均具有最大的残炭量。其中以添加了须状结构的纳米硼酸锌 $4ZnO \cdot B_2O_3 \cdot H_2O$ 的复合材料的残炭量最大,说明须状结构的纳米粒子对 PF 的改性效果最佳。这可能是须状结构纳米粒子比其他结构纳米粒子更规则、有序,更容易分散到 PF 中,形成均一稳定的结构所致。

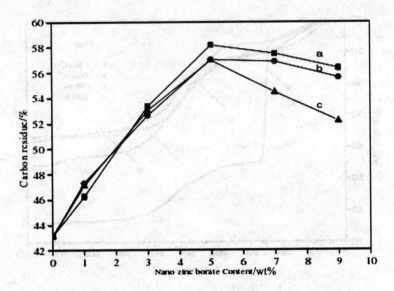

图 8-7　纳米材料添加量对 **PF** 残炭量的影响(a)须状纳米硼酸锌
4ZnO・B₂O₃・H₂O;(b)球状纳米硼酸锌 **4ZnO・B₂O₃・H₂O**;
(c)片状纳米硼酸锌 **4ZnO・B₂O₃・H₂O**

8.2.8　纳米硼酸锌 4ZnO・B₂O₃・H₂O/PF 复合材料热分解过程动力学研究

　　为了进一步了解纳米硼酸锌 4ZnO・B₂O₃・H₂O 对 PF 的热降解机理的影响,选取须状纳米硼酸锌 4ZnO・B₂O₃・H₂O/PF 复合材料,对其进行热降解动力学研究。分别采用 FWO 法和 Friedman 法进行分析,这两种方法在第 7 章已经做过详细的介绍,不再重复。图 8-8 和图 8-10 分别是纯 PF 和须状纳米硼酸锌 4ZnO・B₂O₃・H₂O/PF 复合材料在氮气保护下,以不同升温速率得到的热重曲线。从曲线上可以得到与不同转化率 $a(a$ 分别为 0.1,0.15,0.2,0.25,0.3,0.35,0.4)所对应的温度(T),再根据 FWO 法和 Friedman 法,分别做 $\ln(\beta)\sim 1000/T$ 和 $\ln[da/dt]\sim 1000/T$ 的曲线并进行线性拟合,得到纯 PF 和复合材料样品的拟合结果,如图 8-9 和图 8-11 所示。最后通过数学软件 Mathematica6.0 进行编程,计算样品的表观活化能 Ea。

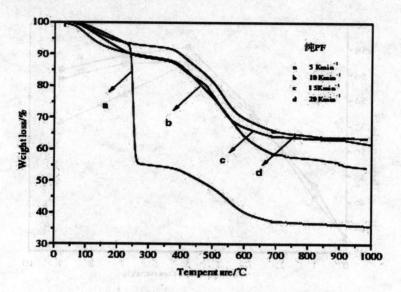

图 8-8　纯 PF 在不同升温速率下的 TGA 曲线

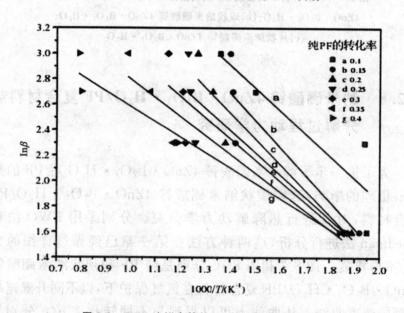

图 8-9　FWO 法拟合的纯 PF 热降解动力学曲线

图 8-12 和图 8-13 是分别采用 FWO 法和 Friedman 法,通过分析计算得出样品的活化能随转化率变化的曲线图。从图上可以发现,两种热力学研究方法都证实须状纳米硼酸锌 $4ZnO \cdot B_2O_3 \cdot H_2O$ 对 PF 的热解过程产生了影响;两种方法计算出的表观活化能

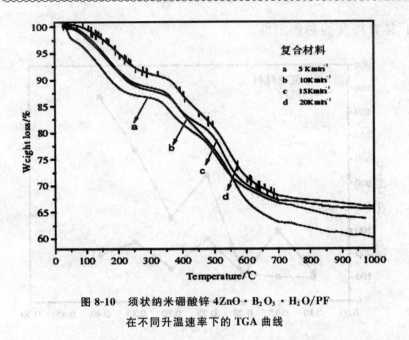

图 8-10 须状纳米硼酸锌 $4ZnO \cdot B_2O_3 \cdot H_2O/PF$
在不同升温速率下的 TGA 曲线

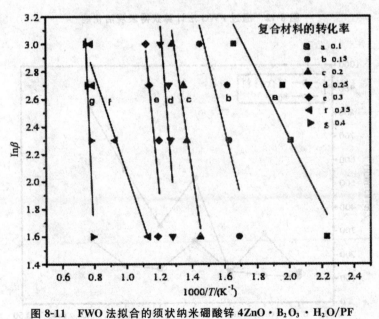

图 8-11 FWO 法拟合的须状纳米硼酸锌 $4ZnO \cdot B_2O_3 \cdot H_2O/PF$
材料热降解动力学曲线

变化趋势一致。相对于纯 PF 而言,添加须状纳米硼酸锌 $4ZnO \cdot B_2O_3 \cdot H_2O$ 的 PF 的活化能明显提高,说明添加该纳米材料后

PF 具有较高的热稳定性。

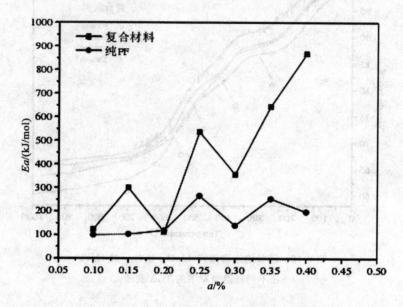

图 8-12　通过 FWO 法计算获得表观活化能

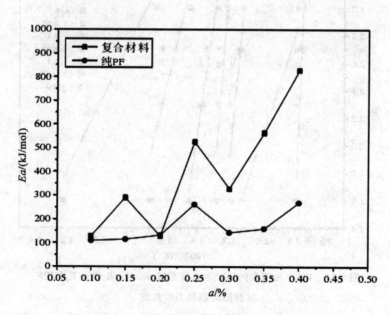

图 8-13　通过 Friedman 法计算获得样品表观活化能

8.2.9 纳米硼酸锌 4ZnO·B₂O₃·H₂O/PF 复合材料 LOI 测定

图 8-14 是不同形貌纳米硼酸锌 $4ZnO \cdot B_2O_3 \cdot H_2O$ 与 PF 形成的复合材料氧指数变化曲线。从图中可看出:随着纳米硼酸锌 $4ZnO \cdot B_2O_3 \cdot H_2O$ 添加量的增大,复合材料氧指数的变化呈现前期明显增大,达到最大值后,缓慢下降的趋势。当添加量达到 PF 质量的 7wt% 时,添加了须状、球状和片状纳米硼酸锌 $4ZnO \cdot B_2O_3 \cdot H_2O$ 的 PF 的氧指数都达到最大值,分别为 46.3、46.1、45.8,已经达到难燃材料氧指数标准。可见,纳米硼酸锌 $4ZnO \cdot B_2O_3 \cdot H_2O$ 的加入能显著地提高 PF 的阻燃性能。继续增大添加量,复合材料的氧指数出现下降趋势,原因是当在聚合物基体材料中纳米粒子的添加量达到一定临界值时,纳米粒子之间会发生团聚,使其在基体材料表面的分散性变差,成炭反应受到影响,导致氧指数下降,影响复合材料的阻燃性能。这一结果与纳米硼酸锌 $4ZnO \cdot B_2O_3 \cdot H_2O/PS$ 复合材料 LOI 测试结果一致。对比三种复合材料的最大 LOI 值可知,添加须状结构的纳米粒子复合材料的氧指数最高,添加球状结构纳米粒子次之,添加片状结构纳米粒子最低,此结论在前面的分析讨论中已经得到证实。

8.3 纳米硼酸锌 4ZnO·B₂O₃·H₂O/PF 复合材料阻燃机理探讨

通过上述各种手段的分析表征,可以得出纳米硼酸锌 $4ZnO \cdot B_2O_3 \cdot H_2O$ 的添加可有效地改善 PF 阻燃性能的结论,这是纳米复合材料协同阻燃的结果。通过化学结合和物理结合两种方式,纳米硼酸锌 $4ZnO \cdot B_2O_3 \cdot H_2O$ 被嫁接到 PF 基体分子链上。化

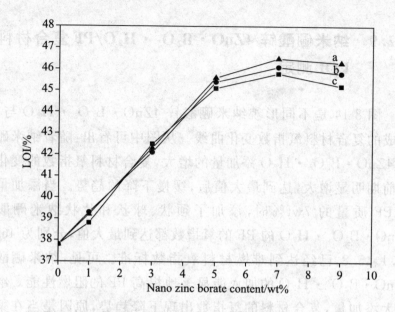

图 8-14　纳米材料添加量对 PF 氧指数的影响(a)须状纳米硼酸锌
$4ZnO \cdot B_2O_3 \cdot H_2O$;(b)球状纳米硼酸锌 $4ZnO \cdot B_2O_3 \cdot H_2O$;
(c)片状纳米硼酸锌 $4ZnO \cdot B_2O_3 \cdot H_2O$

学结合主要表现为通过加热,纳米硼酸锌 $4ZnO \cdot B_2O_3 \cdot H_2O$ 表面羟基与 PF 发生脱水缩合形成共价键(图 8-15)发生交联反应,复合材料的残炭量得以显著提高。物理结合是指纳米硼酸锌 $4ZnO \cdot B_2O_3 \cdot H_2O$ 与 PF 之间通过较强的氢键相连,提高了耐热性。在一定温度下,纳米硼酸锌 $4ZnO \cdot B_2O_3 \cdot H_2O$ 可以形成黏性玻璃化熔体,分解产生的水蒸气导致其发生膨胀,覆盖在热解聚合物或炭层的表面来修补炭层的裂缝,阻止热量参与裂解可燃性产物的释放,起到阻燃作用。

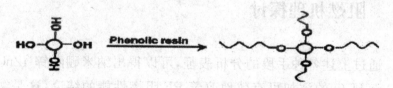

图 8-15　PF 与纳米硼酸锌 $4ZnO \cdot B_2O_3 \cdot H_2O$ 粒子表面羟基缩合反应

8.4　本章小结

本章通过原位合成的方法，以十二醇改性后的纳米硼酸锌 $4ZnO \cdot B_2O_3 \cdot H_2O$、苯酚和甲醛为原料，制备了纳米硼酸锌 $4ZnO \cdot B_2O_3 \cdot H_2O/PF$ 复合材料。通过 XRD、FT-IR、FESEM、材料拉伸性能测试、LOI 等表征手段对复合材料进行分析测试，最后得出下列结论。

1. 以苯酚、甲醛和实验室自制改性纳米硼酸锌 $4ZnO \cdot B_2O_3 \cdot H_2O$ 为原料制备了纳米硼酸锌 $4ZnO \cdot B_2O_3 \cdot H_2O/PF$ 复合材料。

2. 通过各种表征手段对纳米硼酸锌 $4ZnO \cdot B_2O_3 \cdot H_2O/PF$ 复合材料的结构、理化性能、热稳定性进行分析研究。结果表明，添加纳米硼酸锌 $4ZnO \cdot B_2O_3 \cdot H_2O$ 对 PF 的结构影响很小；当须状、球状和片状纳米硼酸锌 $4ZnO \cdot B_2O_3 \cdot H_2O$ 添加量达到 PF 质量的 5wt％时，PF 的拉伸强度都达到最大值，分别为 42.9MPa、42.6MPa、42.3MPa，使得复合材料的拉伸性能有明显的改善。这些实验结果均说明添加适量纳米硼酸锌 $4ZnO \cdot B_2O_3 \cdot H_2O$ 后的 PF 具有更加均匀稳定的结构。

3. 通过 TGA 实验分析，表明添加适量的纳米硼酸锌 $4ZnO \cdot B_2O_3 \cdot H_2O$ 能显著地提高 PF 的热稳定性。其中，须状结构的纳米硼酸锌 $4ZnO \cdot B_2O_3 \cdot H_2O$ 在 PF 中表现出最佳的综合性能。

4. 采用 FWO 法和 Friedman 法两种动力学分析方法对纳米硼酸锌 $4ZnO \cdot B_2O_3 \cdot H_2O /PF$ 复合材料热解动力学进行研究。通过观察材料热解过程中表观活化能的变化可以发现，复合材料的表观活化能有了明显的提高，这对应了复合材料热稳定性的提高。

5. 对复合材料进行极限氧指数测定和燃烧试验研究，结果表明，当添加量达到 PF 质量的 7wt％时，添加了须状、球状和片状

纳米硼酸锌 $4ZnO \cdot B_2O_3 \cdot H_2O$ 的 PF 的氧指数都达到最大值，分别为 46.3、46.1、45.8，已经达到难燃材料氧指数标准，证实复合材料燃烧后形成保护性炭层结构，能明显地抑制材料的继续燃烧，使得复合材料的阻燃性能大幅度提高。

第9章　掺杂 La 纳米硼酸锌 $4ZnO \cdot B_2O_3 \cdot$ H_2O 制备及阻燃性能研究

由于独特的 4f 电子构型,使得稀土元素及其化合物具有特殊的电、磁、热的性能,因此被誉为新材料的"宝库"。目前,稀土元素在储能材料、磁性材料、催化材料等领域已经有了广泛应用。我国稀土资源十分丰富,已经探明的储量占世界储量的 80％ 左右,为稀土研究提供了得天独厚的条件。研究和开发有关稀土及其化合物的新材料对拓展稀土应用的新领域具有重要的意义[168-170]。

随着对稀土元素研究的深入,掺杂稀土元素的纳米材料越来越得到人们的重视,由于掺杂稀土元素后,纳米材料具有了自身不具备的催化、发光等一些特殊性能,这类材料为新型纳米材料开发和研究提供新思路[171-172]。目前,关于掺杂稀土元素的纳米材料的研究有很多,如发光材料[173]、吸波材料[174]、催化剂[175]等,但是,将掺杂稀土元素的纳米材料应用到聚合物中改善阻燃性能的报道还很少。有报道将稀土化合物简单地混合到阻燃剂中,希望它能起到协同阻燃作用。如 Li Y. T. 等人[176]研究了将 La_2O_3 添加到膨胀型阻燃剂 APP、CFA 中与 PP 按一定的比例在高速混合机上混合,最后形成复合材料,研究结果表明,添加 La_2O_3 的复合材料燃烧后的氧指数有了明显的提高。这是因为 La_2O_3 能促进成炭反应的进行,进而在复合物表面形成均一、稳定的炭层,使得复合物的阻燃性能得以提高。可见,稀土材料在阻燃领域具有广阔的应用前景。因此,有必要将稀土元素及其化合物引入到聚合物中,以制备新型复合型阻燃材料,为研究新型防火阻燃材料提供新的科学思路及理论依据。

本章探索性地以 $Na_2B_4O_7 \cdot 10H_2O$、$Zn(NO_3)_2 \cdot 6H_2O$ 和 $La(NO_3)_3 \cdot 6H_2O$ 为原料,采用均相沉淀法制备掺杂 La 纳米硼酸锌 $4ZnO \cdot B_2O_3 \cdot H_2O$ 材料,通过 XRD、FT-IR、EDS、FESEM 对掺杂 La 纳米硼酸锌 $4ZnO \cdot B_2O_3 \cdot H_2O$ 的形貌结构、元素组成等性能进行了考察。选用 PS 作为聚合物基体材料,考察掺杂 La 纳米硼酸锌 $4ZnO \cdot B_2O_3 \cdot H_2O$ 在聚合物材料中的作用。通过力学性能、燃烧实验、LOI 等手段对材料性能进行表征和测试,研究复合材料的热稳定性能和阻燃性能。初步探讨掺杂 La 纳米硼酸锌 $4ZnO \cdot B_2O_3 \cdot H_2O$ 在聚合物中的作用机理。

9.1 实验部分

9.1.1 实验设备

油浴锅:W2-180SP,上海申生科技有限公司。

数显电动搅拌器:OJ-160,天津市欧诺仪器有限公司。

电子分析天平:FA2104,上海越平科学仪器有限公司。

恒温干燥箱:DH-101,天津市中环实验电炉有限公司。

酸度计:PHS-25,天津盛邦科学仪器技术开发有限公司。

超声波清洗器:KQ5200DE,昆山市超声仪器有限公司。

三口烧瓶:500mL,天津市北方化学试剂玻璃仪器公司。

循环水式真空泵:SHZ-D(Ⅲ),巩义市予华仪器有限公司。

高速低温台式冷冻离心机:TGL200M-Ⅱ,湖南凯达科学仪器有限公司。

9.1.2　实验试剂

表 9-1　实验试剂

试剂	纯度	产地
六水硝酸锌	分析纯	天津市福晨化学试剂厂
四硼酸钠	分析纯	天津博迪化工股份有限公司
十六烷基三甲基溴化铵	分析纯	天津市津科精细化工研究所
浓硝酸	分析纯	天津市津科精细化工研究所
硝酸镧	分析纯	天津博迪化工股份有限公司
氢氧化钠	分析纯	天津博迪化工股份有限公司
无水乙醇	分析纯	天津风船化学试剂科技有限公司
蒸馏水	工业级	永源纯水开发中心
盐酸	分析纯	天津风船化学试剂科技有限公司
苯乙烯	分析纯	天津博迪化工股份有限公司
过氧化苯甲酰	分析纯	天津博迪化工股份有限公司
氯仿	分析纯	天津博迪化工股份有限公司

9.1.3　样品的制备

9.1.3.1　掺杂 La 纳米硼酸锌 $4ZnO \cdot B_2O_3 \cdot H_2O$ 的制备

本实验选用 $La(NO_3)_3 \cdot 6H_2O$ 作为 La 源,反应物的物质的量比 $n(Na_2B_4O_7 \cdot 10H_2O) : n(Zn(NO_3)_2 \cdot 6H_2O) : n(La(NO_3)_3 \cdot 6H_2O)$ 为 1:2:0.5。实验步骤为:将 3.81g $Na_2B_4O_7 \cdot 10H_2O$、0.5g 十六烷基三甲基溴化铵和 1.08g $La(NO_3)_3 \cdot 6H_2O$ 依次加入到盛有 50mL 无水乙醇和去离子水(无水乙醇与去离子水体积比为 5:1)混合液体的烧杯中,充分搅拌至体系均一。将上述混合反应物移至装有电动搅拌器和水银温度计的 500mL 的三口圆底烧瓶中,油浴加热,在 80℃下电动搅拌 30min,使反应物充分混合。称取 5.95g $Zn(NO_3)_2 \cdot 6H_2O$ 溶于 10mL 体积比为 5:1 的无水乙醇和去离子水的混合液中,用玻璃棒搅拌至 $Zn(NO_3)_2 \cdot 6H_2O$ 溶解,并形成无色透明的溶液,用分液漏斗逐滴滴加到圆底烧瓶中,电动搅拌 1h。采用 1mol/L NaOH 调节反应体系 pH 至 9.0,电动搅拌,反应 9h 后,有白色絮状沉淀生成。经减压抽滤,得到白色沉淀。白色沉淀先后用去离子水和无水乙醇洗涤数次,以去除杂质离子。将产物置于恒温干燥箱中在 100℃下干燥 12h,得到掺杂 La 纳米硼酸锌 $4ZnO \cdot B_2O_3 \cdot H_2O$ 样品。

9.1.3.2 掺杂 La 纳米硼酸锌 $4ZnO \cdot B_2O_3 \cdot H_2O$/PS 复合材料的制备

将 100mL 精制苯乙烯置入烧杯中,向其加入一定质量的自制掺杂 La 纳米硼酸锌 $4ZnO \cdot B_2O_3 \cdot H_2O$(掺杂 La 纳米硼酸锌 $4ZnO \cdot B_2O_3 \cdot H_2O$ 的质量为苯乙烯质量的 1wt%～10wt%),再添加一定质量的提纯的过氧化苯甲酰引发剂,室温下电动搅拌 30min,得到均匀的悬浮液体系。然后将悬浮液体系转入盛有 300mL 蒸馏水的三口烧瓶中,油浴加热,将反应温度升至 60℃反应 2h 后,以 5℃/min 的升温速率升温至 80℃反应 6h,三口烧瓶中有白色黏稠状液体出现。以同样的升温速率将反应体系温度升至 100℃,反应 2h,完成预聚合过程。把预聚合好的复合材料放入 100℃的去离子水中煮 30min,以去除未反应的苯乙烯,然后将预聚合的复合材料放入烘箱中继续聚合,温度为 120℃,聚合时间为 9～12h,得到掺杂 La 纳米硼酸锌 $4ZnO \cdot B_2O_3 \cdot H_2O$/PS 复合材料。

9.1.4 测试与表征方法

9.1.4.1 X-射线衍射(XRD)

采用 Bruker AXS GmbH Bruker D8 FOCUS 型 X-射线衍射仪对样品结构进行表征。Cu 靶 Ka 线 $\lambda = 1.5406Å$,工作电流是 40mA,工作电压是 40kV,测试 2θ 范围是 5°～80°,步长是 0.02°。

9.1.4.2　红外光谱测试(FT-IR)

采用 Perkin Elemer 2000 spectrophotometer 红外光谱仪对样品的结构组成进行分析。测试前样品与 KBr 粉末混合研磨并压成薄片备用。

9.1.4.3　场发射扫描电子显微镜(FESEM)

采用 HITACHI X-650 场发射电子显微镜对样品表面形貌进行表征。测试前,应对样品进行喷金处理。

9.1.4.4　力学性能测试

采用 AG-10KNA 材料力学试验机对材料拉伸强度进行考察。分析测试方法遵循 ASTM 638 标准的要求。

9.1.4.5　复合材料燃烧试验测试

将一定量的掺杂 La 纳米硼酸锌 $4ZnO \cdot B_2O_3 \cdot H_2O/PS$ 复合材料置入 5X-G07102 型马弗炉中焙烧。以 $5℃/min$ 的升温速率将温度升至 $550℃$,在此温度下焙烧 $30min$ 后,待温度自然冷却至室温,准确称取燃烧后残留物的质量,计算出复合材料焙烧后的残炭量 $W\%$,计算公式如下:

$$W\% = M/M_0 \times 100\% \qquad (9-1)$$

其中,M_0 为复合材料初始质量;M 为高温处理后残留物的质量。

9.1.4.6　氧指数的测定

按照 GB/T 2406—1993 标准,由 HC-2 型氧指数测定仪测定复合材料的氧指数(LOI)测试条件如下。

(1)试样尺寸:每个试样长宽高等于 $120mm \times (6.5 \pm 0.5)mm \times (3.0 \pm 0.5)mm$。

(2)试样数量:每组应制备 10 个标准试样。

（3）外观要求：试样表面清洁、平整光滑，无影响燃烧行为的缺陷，如：气泡、裂纹、飞边、毛刺等。

（4）试样的标线：距离点燃端 50mm 处划一条刻线。

9.2　结果与讨论

9.2.1　掺杂 La 纳米硼酸锌 $4ZnO \cdot B_2O_3 \cdot H_2O$ 性能研究

9.2.1.1　掺杂 La 纳米硼酸锌 $4ZnO \cdot B_2O_3 \cdot H_2O$ XRD 分析

纳米硼酸锌 $4ZnO \cdot B_2O_3 \cdot H_2O$ 和掺杂 La 的纳米硼酸锌 $4ZnO \cdot B_2O_3 \cdot H_2O$ 的 XRD 谱图如图 9-1（a）、(b)所示。从图 9-1（b）可以看出，掺杂 La 后样品的特征峰与纳米硼酸锌 $4ZnO \cdot B_2O_3 \cdot H_2O$ 相比变化较大，2θ 在 57.8°、62.4°处出现了新的特征峰，它们归属于 La_2O_3 的（102）和（110）晶面，说明少量的 La 元素以 La_2O_3 氧化物的形式进入到 $4ZnO \cdot B_2O_3 \cdot H_2O$ 晶体结构中。在 2θ 为 18.8°、22.1°、24.1°、28.4°、36.5°处出现归属于纳米硼酸锌 $4ZnO \cdot B_2O_3 \cdot H_2O$ 特征衍射峰，样品具有纳米硼酸锌 $4ZnO \cdot B_2O_3 \cdot H_2O$ 晶体结构。但是，在 2θ 为 18.8°、22.1°处的特征衍射峰强度明显下降，此外谱图中还有少量杂峰，说明稀土 La 可能沉积在纳米硼酸锌 $4ZnO \cdot B_2O_3 \cdot H_2O$ 表面，削弱了纳米硼酸锌 $4ZnO \cdot B_2O_3 \cdot H_2O$ 晶体衍射峰强度。值得注意的是，在 36.5°处归属于 $4ZnO \cdot B_2O_3 \cdot H_2O$ 的特征衍射峰的强度明显提高，分析原因为 La^{3+} 进入纳米硼酸锌 $4ZnO \cdot B_2O_3 \cdot H_2O$ 晶格，与 Zn^{2+} 形成新的氧化物，使得特征峰强度增强。根据 Scherer 公式 $D_{hkl} = R\lambda / \beta\cos\theta$，计算得到掺杂 La 后样品的平均粒径为 34nm。经上述分析证明 La 元素以 La_2O_3 的形式掺杂到纳米硼酸锌 $4ZnO \cdot B_2O_3 \cdot H_2O$ 中，形成新的纳米材料。

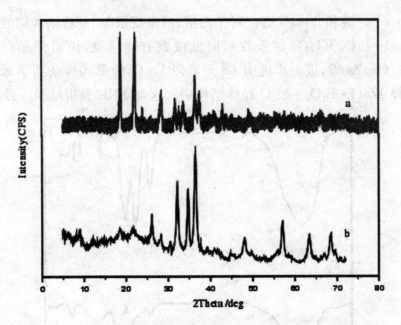

图 9-1　(a)纳米硼酸锌 4ZnO・B₂O₃・H₂O 和(b)掺杂 La 纳米硼酸锌
4ZnO・B₂O₃・H₂O 材料的 XRD 谱图

9.2.1.2　掺杂 La 纳米硼酸锌 4ZnO・B₂O₃・H₂O FT-IR 分析

掺杂稀土 La 纳米硼酸锌 $4ZnO・B_2O_3・H_2O$、纳米硼酸锌 $4ZnO・B_2O_3・H_2O$ 的红外光谱分别如图 9-2(a)和 9-2(b)所示。掺杂 La 纳米硼酸锌 $4ZnO・B_2O_3・H_2O$ 红外光谱[图 9-2(a)]中除了出现纳米硼酸锌 $4ZnO・B_2O_3・H_2O$ 特征吸收峰外,还有新的吸收峰出现。如在 $1380cm^{-1}$ 附近出现了较强的吸收峰,归属于 NO_3^- 的特征吸收峰;在 $1400cm^{-1}$、$1090cm^{-1}$ 附近出现了较强的特征吸收峰,它们主要是 C—O 的伸缩振动和弯曲振动引起的[177],这可能是因为复合材料中存在少量 H_2O 和碳酸盐。碳酸盐形成的原因可以理解为:La_2O_3 在吸附水分子后会迅速发生羟基化反应,与复合材料表面吸附的 CO_2 作用生成碳酸盐[178]。在 $856cm^{-1}$ 处出现的特征吸收峰是由 La—O 键的伸缩振动引起的。在 $998.34cm^{-1}$ 出现了归属于 Zn—O 键的伸缩振动峰,说明同时存在 La—O 键和 Zn—O 键。对比图谱,可发现掺杂 La 后纳米硼酸锌 $4ZnO \cdot B_2O_3 \cdot H_2O$ 的吸收峰向低波数方向移动,说明样品存在 La—O—Zn 键,进一步说明 La 元素以 La_2O_3 的形式掺杂到纳米硼酸锌 $4ZnO \cdot B_2O_3 \cdot H_2O$ 晶体结构中。这与 XRD 分析结果一致。

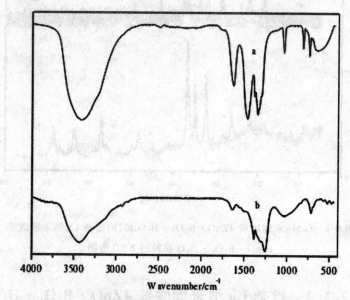

图 9-2　掺杂 La 前后纳米硼酸锌 $4ZnO \cdot B_2O_3 \cdot H_2O$ 的红外光谱

9.2.1.3　掺杂 La 纳米硼酸锌 $4ZnO \cdot B_2O_3 \cdot H_2O$ 能谱分析

图 9-3 和表 9-2 是掺杂 La 纳米硼酸锌 $4ZnO \cdot B_2O_3 \cdot H_2O$ 的能谱分析结果,测试结果表明,样品主要含有 B、O、Au、La、Zn。从表 9-2 可以看到,约有 23.49 wt% 的 La 元素进入到样品中,进一步说明 La 元素已经成功掺杂到纳米硼酸锌 $4ZnO \cdot B_2O_3 \cdot H_2O$ 中,实验结果达到预期目标。另外,Au 的存在是由于样品在测试前进行了喷金处理造成的。

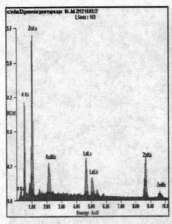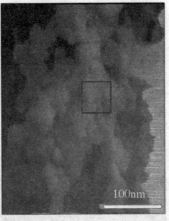

图 9-3 样品的能谱分析

表 9-2 样品的元素含量

Element	wt%	at%
BK	05.76	20.50
OK	20.31	48.86
AuM	14.13	02.76
LaL	23.49	06.51
ZnK	36.31	21.37

9.2.1.4 掺杂 La 纳米硼酸锌 $4ZnO \cdot B_2O_3 \cdot H_2O$ FESEM 分析

图 9-4 是掺杂 La 纳米硼酸锌 $4ZnO \cdot B_2O_3 \cdot H_2O$ 的 FESEM 照片。从 FESEM 图片观察到：单个样品颗粒具有不规则的形貌。掺杂 La 纳米硼酸锌 $4ZnO \cdot B_2O_3 \cdot H_2O$ 颗粒之间形成致密、交错的网状结构。与纳米硼酸锌 $4ZnO \cdot B_2O_3 \cdot H_2O$ 晶体结构相比较，这种网状结构更加稳定，不易破坏。这种网状结构的形成是与 La 元素的引入密切相关的，因为 La 元素会影响晶粒的生长速率，改变其生长方向，最终导致晶体形貌发生变化，这与 XRD 分析结果一致。

图 9-4 掺杂 La 纳米硼酸锌 4ZnO·B$_2$O$_3$·H$_2$O FESEM 图片

9.2.2 掺杂 La 纳米硼酸锌 4ZnO·B$_2$O$_3$·H$_2$O/PS 复合材料性能研究

9.2.2.1 掺杂 La 纳米硼酸锌 4ZnO·B$_2$O$_3$·H$_2$O/PS 复合材料 XRD 分析

图 9-5(a)和图 9-5(b)是掺杂 La 纳米硼酸锌 4ZnO·B$_2$O$_3$·H$_2$O/PS 和掺杂 La 纳米硼酸锌 4ZnO·B$_2$O$_3$·H$_2$O 材料的 XRD

谱图。从图 9-5(a)中可以看出,PS 在 2θ 为 11.73°、19.35°处出现了较强的特征峰,但是属于较宽的馒头峰,并且谱线不光滑,这样的衍射峰为非晶相漫射峰,说明 PS 是以非晶相的无定形态而存在[179]。图 9-5(a)和图 9-5(b)对比发现,掺杂 La 纳米硼酸锌 4ZnO·B₂O₃·H₂O/PS 复合材料的 XRD 谱图中出现了与掺杂 La 纳米硼酸锌 4ZnO·B₂O₃·H₂O 相同的特征衍射峰,只是部分特征衍射峰强度有所下降。原因是在聚合反应过程中有少部分 PS 覆盖到纳米粒子晶体表面,使该晶面的特征衍射峰强度降低。

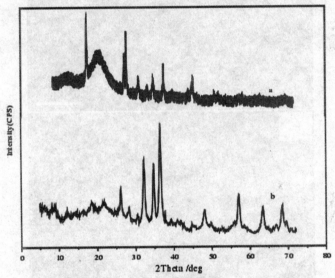

图 9-5　(a)掺杂 La 纳米硼酸锌 4ZnO·B₂O₃·H₂O/PS 和
(b)掺杂 La 纳米硼酸锌 4ZnO·B₂O₃·H₂O 材料的 XRD 谱图

9.2.2.2　掺杂 La 纳米硼酸锌 4ZnO·B₂O₃·H₂O/PS 复合材料 FESEM 分析

图 9-6 是纯 PS 和掺杂 La 纳米硼酸锌 4ZnO·B₂O₃·H₂O/PS 复合材料的 FESEM 图片。从图 9-6(a)中观察发现,纯 PS 表面有很多褶皱和裂缝,整体呈不连续、松散状态。掺杂 La 纳米硼酸锌 4ZnO·B₂O₃·H₂O/PS 复合材料[图 9-6(b)]表面褶皱明显减少,裂缝完全消失,具有连续、均一,稳定的结构。这说明掺杂 La 纳米硼酸锌 4ZnO·B₂O₃·H₂O 粒子与 PS 完美结合。这可

以解释为在纳米硼酸锌 4ZnO·B₂O₃·H₂O 中存在的 La₂O₃极易和水分子发生羟基化反应,使纳米粒子表面存在较多含氧基团,表面非极性增强,表现出与基体材料良好的相容性。

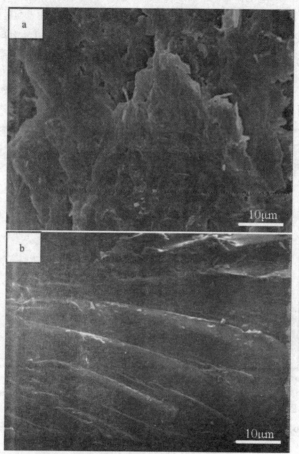

图 9-6　样品 FESEM 图(a)纯 PS;(b)掺杂 La
纳米硼酸锌 4ZnO·B₂O₃·H₂O/PS 复合材料

9.2.2.3　掺杂 La 纳米硼酸锌 4ZnO·B₂O₃·H₂O/PS 复合材料拉伸强度测试

掺杂 La 纳米硼酸锌 4ZnO·B₂O₃·H₂O 的添加量对 PS 拉伸强度影响如图 9-7 所示。从曲线的变化趋势可以看出,随着掺杂 La 纳米硼酸锌 4ZnO·B₂O₃·H₂O 的添加量的增加,PS 的拉伸强度明显提高,当添加量为 PS 质量的 3wt% 时,PS 的拉伸强度达到最大值，为 24.7MPa；继续增大添加量，PS 的拉伸强度开始缓慢下降。添加纳米硼酸锌 4ZnO·B₂O₃·H₂O 的 PS 复合材料在纳米粒子的用量达到 7wt%（拉伸强度为 29.2MPa）以后，才显示出拉伸强度下降的趋势，说明掺杂 La 纳米硼酸锌 4ZnO·B₂O₃·H₂O/PS 复合材料的拉伸性能低于纳米硼酸锌 4ZnO·B₂O₃·H₂O/PS 复合材料。这是因为掺杂 La 的纳米硼酸锌 4ZnO·B₂O₃·H₂O 纳米粒子在现有的实验条件下无法实现在 PS 表面均匀分散。当添加量较少时，掺杂 La 纳米硼酸锌 4ZnO·B₂O₃·H₂O 能够比较理想地分散到 PS 表面，起到转移一部分应力的作用，提高材料的强度和韧性。当添加量过大时，掺杂 La 纳米硼酸锌 4ZnO·B₂O₃·H₂O 纳米粒子发生较严重的团聚现象，使得 PS 拉伸强度下降。

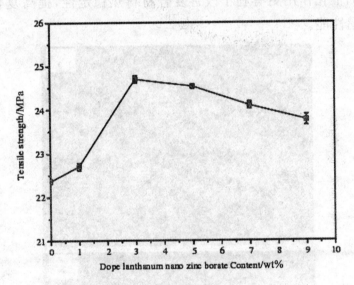

图 9-7　掺杂 La 纳米硼酸锌 4ZnO·B₂O₃·H₂O
添加量对 PS 拉伸强度的影响

9.2.2.4　复合材料燃烧后残留的炭渣结构分析与炭化机理研究

对复合材料燃烧后残留的炭渣结构进行研究是考察材料阻燃性能的重要方面。本章通过燃烧实验对掺杂 La 的纳米硼酸锌 4ZnO·B₂O₃·H₂O/PS 复合材料的炭渣结构进行了研究。试验过程为：取一定的样品置于 5X-G07102 型马弗炉中以 5℃/min 的升温速率在 550℃下焙烧 30min 后,得到复合材料的炭渣样品。将炭渣在研钵中研磨后使用场发射扫描电镜对其形貌和结构进行分析。

图 9-8 是掺杂 La 纳米硼酸锌 $4ZnO \cdot B_2O_3 \cdot H_2O$/PS 复合材料炭渣结构的 FESEM 图片。从照片上可以清楚地观察到 PS 表面被网状结构的掺杂 La 纳米硼酸锌 $4ZnO \cdot B_2O_3 \cdot H_2O$ 所覆盖,形成稳定的炭渣结构。这可以解释为在 La^{3+} 的催化作用下,成炭和交联反应能够快速和充分地进行,有利于形成稳定的炭层,减缓了 PS 的快速分解,提高了复合材料的热稳定性。分析结果表明,掺杂 La 纳米硼酸锌 $4ZnO \cdot B_2O_3 \cdot H_2O$ 的网状结构和 La^{3+} 的催化作用更有利于改善复合材料热稳定性,提高复合材料的阻燃性能。

图 9-8　样品燃烧后表面的 FESEM 图

PS 热解产物除了苯乙烯单体外,还有二聚体、其他聚合体和衍生物等物质,这为改善 PS 的阻燃性能带来了困难。从微观角度分析,只要聚合物炭链中形成不饱和键,上述物质将进一步发生交联、环化、炭化反应。所以,如果在热降解过程中,使得在 PS 的主链上形成不饱和双键,就可以促进交联成炭反应的进行,实现改善阻燃性能的目的。掺杂 La 的纳米硼酸锌 $4ZnO \cdot B_2O_3 \cdot H_2O$ 除了具有在燃烧聚合物中形成稳定的玻璃态炭保护层的作用外,La^{3+} 良好的催化性能还能起到协同的作用,有利于热解过程中在 PS 的主链上形成不饱和的炭炭双键,促使成炭反应的进行,提高 PS 阻燃性能。因此,掺杂 La 的纳米硼酸锌 $4ZnO \cdot B_2O_3 \cdot H_2O$ 添加到 PS 中成炭机理关键步骤在于 La^{3+} 作为催化剂能有效地促进 PS 热降解生成含有不饱和双键的小分子和进一步成炭反应的发生。其反应过程如图 9-9 所示。

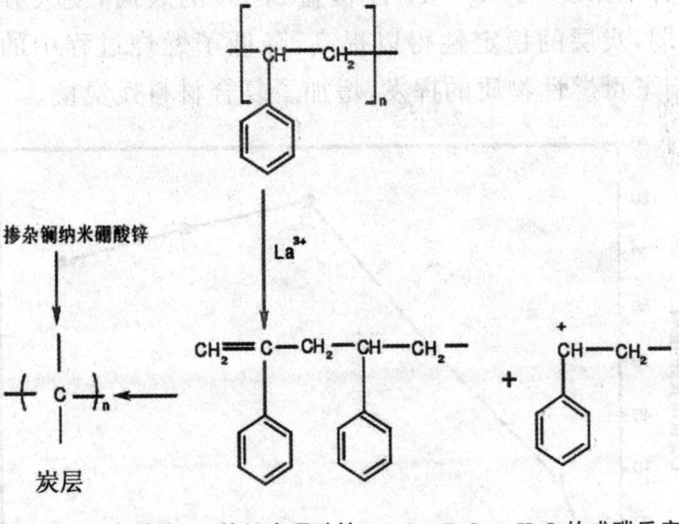

图 9-9　PS 与掺杂 La 的纳米硼酸锌 $4ZnO \cdot B_2O_3 \cdot H_2O$ 的成碳反应

9.2.2.5　掺杂 La 纳米硼酸锌 $4ZnO \cdot B_2O_3 \cdot H_2O$ 添加量对材料残炭量影响

掺杂 La 纳米硼酸锌 $4ZnO \cdot B_2O_3 \cdot H_2O$ 的添加量对 PS 残

炭量影响如图 9-10 所示。从图中可以看出，随着掺杂 La 纳米硼酸锌 $4ZnO \cdot B_2O_3 \cdot H_2O$ 添加量的增加，PS 的残炭量迅速增多。当添加量达到 5wt％时，残炭量达到最大值，为 80％，比未掺杂 La 的纳米硼酸锌 $4ZnO \cdot B_2O_3 \cdot H_2O$/PS 复合物的残炭量多出 20％，说明 La 的引入能有效地提高 PS 的阻燃性能。继续增大添加量，PS 的残炭量出现缓慢下降的趋势。这一现象可以从两个方面予以解释：一方面，在 La^{3+} 的催化作用下，成炭和交联反应得以快速和充分进行，有利于稳定炭层结构的形成，使基体材料分解更加困难，难燃性炭层量随之增加。当纳米粒子添加量大于某一临界值时，掺杂 La 纳米硼酸锌 $4ZnO \cdot B_2O_3 \cdot H_2O$ 在 PS 表面分散均匀的难度增加，容易发生粒子间的团聚，使纳米粒子表面积减小，影响了 La^{3+} 在成炭过程中的催化作用，减缓了聚合物成炭速率，导致残炭量的下降。另一方面呈网状结构的掺杂 La 纳米硼酸锌 $4ZnO \cdot B_2O_3 \cdot H_2O$ 覆盖到 PS 的表面，使大分子链活动性减弱，炭层的稳定性得以提高，降低了燃烧过程中的热量交换，抑制了可燃性物质的挥发，增加了复合材料残炭量。

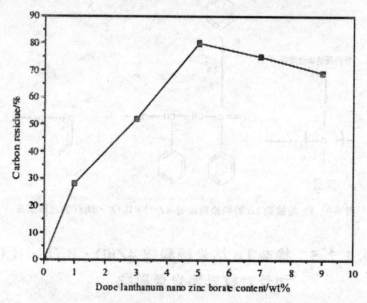

图 9-10　掺杂 La 纳米硼酸锌 $4ZnO \cdot B_2O_3 \cdot H_2O$ 添加量与 PS 残炭量的曲线

9.2.2.6　掺杂 La 纳米硼酸锌 4ZnO·B₂O₃·H₂O/ PS 复合材料 LOI 测定

图 9-11 是掺杂 La 纳米硼酸锌 4ZnO·B₂O₃·H₂O 的添加量与 PS 的氧指数变化关系曲线。从曲线的变化可以发现，随着掺杂 La 纳米硼酸锌 4ZnO·B₂O₃·H₂O 的添加量的增加，PS 的氧指数不断增大，当添加量达到 5wt％时，氧指数达到了最大值，为 32.3。继续增大纳米粒子的添加量，氧指数略微降低。与图 7-14 未掺杂 La 的纳米硼酸锌 4ZnO·B₂O₃·H₂O/PS 复合材料相比较，氧指数约提高了 5 个单位，熔滴和烟雾也有明显的改善。原因可以解释为：一方面，掺杂 La 纳米硼酸锌 4ZnO·B₂O₃·H₂O 纳米粒子在燃烧聚合物表面可以形成玻璃态难挥发物质，用于修复炭层裂缝；另一方面，由于 La³⁺ 的催化作用，能够加快形成稳定炭层，掺杂 La 纳米硼酸锌 4ZnO·B₂O₃·H₂O 在燃烧的 PS 表面是以网状结构形式存在的，对聚合物链段运动起到抑制作用[180]，使形成的炭层结构更加致密、稳定。炭层能有效地阻止热量和可燃性气体的释放，不但有效降低燃烧过程中烟雾和熔滴的产生，

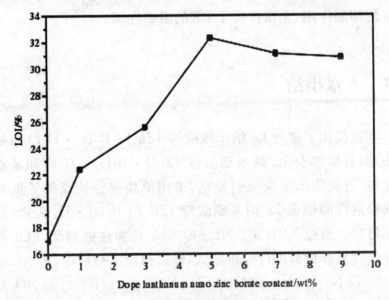

图 9-11　复合材料的氧指数测定曲线

还能减弱材料内部可燃气体与空气中氧气的接触,加大材料燃烧的难度,明显提高复合材料的氧指数,进而起到阻燃的作用。

9.3 掺杂 La 纳米硼酸锌 $4ZnO \cdot B_2O_3 \cdot H_2O$/PS 机理探讨

La 主要以 La_2O_3 的形式存在于纳米硼酸锌 $4ZnO \cdot B_2O_3 \cdot H_2O$ 结构中。La^{3+} 的 d 和 f 电子轨道更倾向于和像 PS 这样的有机配体形成配合物,构成结构稳定的复合材料。此外,由于 La^{3+} 具有很好的催化性能,使得它在聚合物的热解过程中,可以改变部分反应的反应路径,减缓聚合物的分解速率。再者,La^{3+} 的催化作用对聚合物燃烧过程中炭层的形成有显著的协同作用。通过对样品进行各种表征和测试分析可知,PS 在燃烧过程中,呈网状结构的掺杂 La 纳米硼酸锌 $4ZnO \cdot B_2O_3 \cdot H_2O$ 能够均匀地覆盖到复合物表面,既抑制了聚合物内部和燃烧表面的热量交换,又有利于形成稳定炭层,同时对燃烧过程中产生的烟雾、熔滴有很好的抑制作用,全面提高了 PS 的阻燃性能。

9.4 本章小结

本章优化了掺杂 La 纳米硼酸锌 $4ZnO \cdot B_2O_3 \cdot H_2O$ 的制备方法,以自制掺杂 La 纳米硼酸锌 $4ZnO \cdot B_2O_3 \cdot H_2O$ 和苯乙烯为原料,过氧化苯甲酰为引发剂,采用原位聚合法获得了低含量高热稳定性的掺杂 La 纳米硼酸锌 $4ZnO \cdot B_2O_3 \cdot H_2O$/PS 复合阻燃材料。通过 XRD、FT-IR、FESEM、拉伸性能测试、LOI 等表征手段对复合材料进行分析测试,最后得出下列结论。

1. 以 $Na_2B_4O_7 \cdot 10H_2O$、$Zn(NO_3)_2 \cdot 6H_2O$、$La(NO_3)_3 \cdot 6H_2O$ 为原料,采用均相沉淀法,合成了高纯度,形貌均匀、呈网状

结构的掺杂 La 纳米硼酸锌 $4ZnO \cdot B_2O_3 \cdot H_2O$ 的纳米材料。

2. 以苯乙烯、掺杂 La 纳米硼酸锌 $4ZnO \cdot B_2O_3 \cdot H_2O$ 为原料,过氧化苯甲酰为引发剂,采用原位聚合法制备了掺杂 La 纳米硼酸锌 $4ZnO \cdot B_2O_3 \cdot H_2O$/PS 复合材料。通过 FESEM 观察到掺杂 La 纳米硼酸锌 $4ZnO \cdot B_2O_3 \cdot H_2O$ 的纳米材料对 PS 表面结构有明显的改善作用。

3. 复合材料拉伸强度测试结果表明,添加量小于 3wt%,掺杂 La 纳米硼酸锌 $4ZnO \cdot B_2O_3 \cdot H_2O$ 的引入能显著地提高 PS 的强度和韧性,当添加量为 PS 质量的 3wt%时,PS 的拉伸强度达到最大值,为 24.7MPa。如果继续增加添加量会使复合材料拉伸性能下降,说明拉伸性能的提高与掺杂 La 纳米硼酸锌 $4ZnO \cdot B_2O_3 \cdot H_2O$ 在基体材料中的良好分散以及它们之间存在一定的作用力有关。

4. 对复合材料进行极限氧指数研究,结果表明,随着掺杂 La 纳米硼酸锌 $4ZnO \cdot B_2O_3 \cdot H_2O$ 的添加量的增加,PS 的氧指数不断增大,当添加量达到 5wt%时,氧指数达到了最大值,为 32.3,但继续增大纳米粒子的添加量,氧指数略微降低。燃烧实验研究结果表明,随着掺杂 La 纳米硼酸锌 $4ZnO \cdot B_2O_3 \cdot H_2O$ 添加量的增加,PS 的残炭量迅速增多。当添加量达到 5wt%时,残炭量达到最大值,为 80%,比未掺杂 La 的纳米硼酸锌 $4ZnO \cdot B_2O_3 \cdot H_2O$/PS 复合物的残炭量高 20%。由此可见,复合材料在燃烧后残炭量显著增加,对材料的继续燃烧有明显的抑制作用,氧指数测定证明了复合材料的阻燃性能明显提高。

第 10 章　总结与展望

10.1　主要结论

硼酸锌在阻燃聚合物纳米复合材料中具有阻燃和抑烟功效。但是目前广泛使用的硼酸锌阻燃效率相对较低,与基体聚合物的相容性差,需要较大的添加量才能发挥较好的阻燃效果。但是,过量的添加会促进硼酸锌粒子的团聚,使复合材料的加工性能和力学性能受到影响。为了提高纳米硼酸锌的阻燃效率和界面相容性,有效提高纳米硼酸锌的阻燃功能,扩大纳米硼酸锌的应用领域,应对纳米硼酸锌的制备、表面改性、阻燃性能进一步深入研究。

本书采用均相沉淀法,制备了三种不同形貌的纳米硼酸锌 $4ZnO \cdot B_2O_3 \cdot H_2O$ 材料,并对样品进行了表面改性。借助 FESEM、EDS、XRD、FT-IR 和 TGA 等手段分析了十二醇和油酸两种改性剂对纳米硼酸锌 $4ZnO \cdot B_2O_3 \cdot H_2O$ 表面修饰的效果,获取了优化的改性条件。并将改性后的纳米硼酸锌 $4ZnO \cdot B_2O_3 \cdot H_2O$ 应用于 PS 和 PF 的原位聚合反应中,以制备高阻燃性能的纳米复合材料,通过 FESEM、EDS、XRD、FT-IR 和 TGA 等手段分析了复合材料的形貌、组成、结构和热稳定性,并对材料的力学性能和阻燃效果进行了表征和评价。此外还对掺杂 La 的纳米硼酸锌 $4ZnO \cdot B_2O_3 \cdot H_2O$ 在 PS 中的阻燃性能进行了初步研究。经实验研究和理论分析,主要得到以下结论。

1. 采用均相沉淀法,在水系环境中,分别以十二烷基苯磺酸钠和十六烷基三甲基溴化铵作为表面活性剂,制备了须状新型纳米硼酸锌 $4ZnO \cdot B_2O_3 \cdot H_2O$ 和球状新型纳米硼酸锌 $4ZnO \cdot B_2O_3 \cdot H_2O$。无表面活性剂的情况下,制备了新型片状纳米硼酸锌 $4ZnO \cdot B_2O_3 \cdot H_2O$。采用 XRD、EDS、FESEM、TGA 和 FT-IR 等表征手段确定制备的产品为单相具有须状、球状和片状三种形貌的新型纳米硼酸锌 $4ZnO \cdot B_2O_3 \cdot H_2O$。从 FESEM 图上可知,在最佳反应条件下制备的须状、球状和片状纳米硼酸锌 $4ZnO \cdot B_2O_3 \cdot H_2O$ 的尺寸在 $50 \sim 100$ nm 范围内。

2. 油酸和十二醇对纳米硼酸锌 $4ZnO \cdot B_2O_3 \cdot H_2O$ 均表现出良好的表面改性效果。表面改性后的纳米硼酸锌 $4ZnO \cdot B_2O_3 \cdot H_2O$ 颗粒团聚减少,分散性和疏水性能都得到很大提高。油酸和十二醇的最佳添加量分别为纳米硼酸锌 $4ZnO \cdot B_2O_3 \cdot H_2O$ 质量的 3wt% 和 2wt%。通过各种表征手段对油酸和十二醇改性后的纳米硼酸锌 $4ZnO \cdot B_2O_3 \cdot H_2O$ 的结构、形貌、水接触角和分散性能进行分析对比,结果表明,十二醇的改性效果优于油酸的改性效果。

3. 采用原位合成法,以苯乙烯、改性纳米硼酸锌 $4ZnO \cdot B_2O_3 \cdot H_2O$ 为原料,制备了纳米硼酸锌 $4ZnO \cdot B_2O_3 \cdot H_2O/PS$ 复合材料。通过 FESEM 观察到不同形貌纳米硼酸锌 $4ZnO \cdot B_2O_3 \cdot H_2O$ 添加到 PS 当中,均能起到改善表面结构的作用,使 PS 材料的结构更加致密、稳定。其中,须状纳米硼酸锌 $4ZnO \cdot B_2O_3 \cdot H_2O$ 对 PS 性能改善效果最好。TGA 分析结果表明,添加适量的纳米硼酸锌 $4ZnO \cdot B_2O_3 \cdot H_2O$ 使得 PS 的热稳定性提高。但过量添加会影响复合材料的性能。复合材料拉伸强度测试结果表明,加入适量的纳米硼酸锌 $4ZnO \cdot B_2O_3 \cdot H_2O$ 可有效地改善复合材料的强度和韧性;但过量加入会使得复合材料拉伸性能下降,说明拉伸性能的提高与纳米硼酸锌 $4ZnO \cdot B_2O_3 \cdot H_2O$ 在基体材料中的良好分散性能有关。当三种不同形貌纳米硼酸锌 $4ZnO \cdot B_2O_3 \cdot H_2O$ 的添加量都达到 7wt% 时,复合材料的拉伸强度均达到最大值,但最大值略有不同。须状纳米硼酸锌 $4ZnO \cdot B_2O_3 \cdot H_2O/PS$ 最大拉伸强度值最大,为 $29.2MPa$。通过对复合材料的极限氧指数的测定,并结合燃烧试验,可以推测复合材料在燃烧后形成保护性炭层,抑制材料的继续燃烧,有利于阻燃性能的提高。

4. 以苯酚、甲醛和实验室自制改性纳米硼酸锌 $4ZnO \cdot B_2O_3 \cdot H_2O$ 为原料制备了纳米硼酸锌 $4ZnO \cdot B_2O_3 \cdot H_2O/PF$ 复合材料。通过各种表征手段对纳米硼酸锌 $4ZnO \cdot B_2O_3 \cdot H_2O/PF$ 复合材料的结构、理化性能、热稳定性进行分析研究。当须状、球状和片状纳米硼酸锌 $4ZnO \cdot B_2O_3 \cdot H_2O$ 添加量达到 PF 质量的 $5wt\%$ 时,PF 的拉伸强度都达到最大值,分别为 $42.9MPa$、$42.6MPa$、$42.3MPa$,结果表明,纳米硼酸锌 $4ZnO \cdot B_2O_3 \cdot H_2O$ 的引入对 PF 的结构影响很小,却能明显提高复合材料的拉伸性能,说明添加适量纳米硼酸锌 $4ZnO \cdot B_2O_3 \cdot H_2O$ 后的 PF 具有更加均匀稳定的结构。TGA 测试结果表明添加适量的纳米硼酸锌 $4ZnO \cdot B_2O_3 \cdot H_2O$ 使得 PF 的热稳定提高。其中,须状结构的纳米硼酸锌 $4ZnO \cdot B_2O_3 \cdot H_2O$ 在 PF 中综合性能最佳。

5. 采用 FWO 法和 Friedman 法两种动力学分析方法分别对纳米硼酸锌 $4ZnO \cdot B_2O_3 \cdot H_2O/PS$ 复合材料和纳米硼酸锌 $4ZnO \cdot B_2O_3 \cdot H_2O/PF$ 复合材料的热解动力学进行研究,分析结果均表明纳米硼酸锌 $4ZnO \cdot B_2O_3 \cdot H_2O$ 影响了 $4ZnO \cdot B_2O_3 \cdot H_2O/PS$ 和 $4ZnO \cdot B_2O_3 \cdot H_2O/PF$ 两种纳米复合材料的热解过程,纳米硼酸锌 $4ZnO \cdot B_2O_3 \cdot H_2O$ 独特的结构和性能对 PS、PF 的热解有一定的阻碍作用,使其降解速率放缓。通过对两种纳米复合材料降解的表观活化能变化的观察,可以判断纳米硼酸锌 $4ZnO \cdot B_2O_3 \cdot H_2O$ 的阻燃作用不仅与其结构有关,也应与热解反应活化能变化有关。

6. 以 $Na_2B_4O_7 \cdot 10H_2O$、$Zn(NO_3)_2 \cdot 6H_2O$、$La(NO_3)_3 \cdot 6H_2O$ 为原料,采用均相沉淀法,合成了呈网状结构的新型掺杂 La 纳米硼酸锌 $4ZnO \cdot B_2O_3 \cdot H_2O$ 的纳米复合材料。并将其作为阻燃剂,以原位聚合的方式,首次成功制备新型掺杂 La 纳米硼

酸锌 $4ZnO \cdot B_2O_3 \cdot H_2O/PS$ 复合材料。通过 FESEM 手段表征,证实掺杂 La 纳米硼酸锌 $4ZnO \cdot B_2O_3 \cdot H_2O$ 的纳米材料能有效地改善 PS 表面结构。复合材料拉伸强度测试结果表明,添加少量的掺杂 La 纳米硼酸锌 $4ZnO \cdot B_2O_3 \cdot H_2O$ 能使 PS 的强度和韧性得以提高,如果过量加入会使复合材料拉伸性能下降。拉伸性能的提高与掺杂 La 纳米硼酸锌 $4ZnO \cdot B_2O_3 \cdot H_2O$ 在基体材料中良好的分散以及它们之间存在一定的作用力有关。此外,复合材料的残炭量和氧指数都有很明显的提高。当添加量为 $7wt\%$ 时,残炭量和氧指数都达到了最大,残炭量达到 80% 左右,氧指数则达到了 30.1。说明掺杂 La 纳米硼酸锌 $4ZnO \cdot B_2O_3 \cdot H_2O$ 能明显地改善 PS 的阻燃性能。

10.2　展望

根据已有的研究成果,结合目前国内外相关研究的现状,对本书涉及的研究内容展望如下。

1. 本书采用了不同的表面活性剂制备出不同形貌的纳米硼酸锌 $4ZnO \cdot B_2O_3 \cdot H_2O$ 材料,但对表面活性剂在纳米硼酸锌 $4ZnO \cdot B_2O_3 \cdot H_2O$ 形貌形成过程中的作用机理未做深入研究。在下一步的工作中,可以将表面活性剂的分子结构作为研究的切入点,分析表面活性剂对纳米硼酸锌 $4ZnO \cdot B_2O_3 \cdot H_2O$ 晶核形成以及晶粒生长的影响。

2. 本书制备的掺杂稀土元素 La 的纳米硼酸锌 $4ZnO \cdot B_2O_3 \cdot H_2O$ 能有效地提高聚合物的阻燃性能,但对 La 在聚合物复合体系中的阻燃机理研究不充分。下一步应该从 La 的微观结构出发,结合现有聚合物复合体系协效阻燃机理,深入研究 La 在阻燃剂中的作用机理。

3. 进一步探索材料的组成、结构、形貌与潜在的火灾危险性之间的关系,为高阻燃效率材料的设计和选择提供更多理论依据。

附　录

缩略语	英文全称	中文全称
ABS	Acrylonitrile-butadiene-styrene copolymer	腈-丁二烯-丙乙烯
ATH	Aluminum hydroxide	氢氧化铝
EP	Epoxide resin	环氧树脂
EVA	Ethylene-vinyl acetate copolymer	乙烯-乙烯醋酸酯共聚物
FESEM	Field emission scanning electron microscopy	场发射扫描电镜
FT-IR	Fourier transform infrared spectroscopy	傅立叶变换红外光谱仪
LOI	Limiting oxygen index	极限氧指数
MH	Magnesium hydroxide	氢氧化镁
PC	Polycarbonate	聚碳酸酯
PE	Polyethylene	聚乙烯
PF	Phenolic resin	酚醛树脂
PP	Polypropylene	聚丙烯
PS	Polystyrene	聚苯乙烯
TGA	Thermo gravimetric analysis	热失重分析
XRD	X-ray diffraction	X-射线衍射

参 考 文 献

[1] Lu S. Y. , Hamerton I. Recent developments in the chemistry of halogen-free flame retardant polymers [J]. Progess in Polymer Science, 2002, 27 (8): 1661-1712.

[2] Levchik S. V. , Weil E. D. Flame retardancy of thermoplastic polyesters-a review of the recent literature [J]. Polymer International, 2005, 54 (1): 11-35.

[3] Richard L. Flame Retardants: some New Developments [J]. Plastics Additives and Compounding, 2004, 5: 24-27.

[4] Reghunadhan nair C. P. Advance in Addition Cure Phenolic Resins [J]. Progress in Polymer Science, 2004, 29 (5): 401-403.

[5] R. Loughbruoch. Flame Retardants-Legislation Fire Markets [J]. Industrial Minerals, 2007, 5: 22-24.

[6] 葛世成. 塑料阻燃实用技术 [M]. 北京: 化学工业出版社, 2004.

[7] Irvine D. J. , McCluskey J. A. , Robinson I. M. Fire hazards and some common polymers [J]. Polymer Degradation and Stability, 2000, 67: 383-396.

[8] Manor O. , Georlette P. Flame retardants and the environment [J]. Speciality Chemicals Magazine, 2005, 25 (7): 36.

[9] 欧育湘. 阻燃高分子材料 [M]. 北京: 化学工业出版社, 2001.

[10] Horrocks A. R. , Price D. Fire Retardant Materials [M]. Boston: CRC Press, 2001.

[11] 林晓丹, 贾德民, 陈广强, 等. 硼酸锌在膨胀阻燃聚丙烯中的协同阻燃机理研究 [J]. 塑料工业, 2002, 30 (2): 41-42.

[12] 林苗, 郑利民, 江红. 硼/磷系阻燃剂协同效应的研究 [J]. 中国纺织大学学报, 2000, 26 (5): 105-107.

[13] 何震海. 高性能氢氧化镁/聚烯烃无卤阻燃电缆料的制备及结构性能研究 [D]. 北京: 北京化工大学, 2002.

[14] Mattila J. , Korhonen M. , Seppa la J. , et al. Compatibilization of poly-

ethylene/aluminum hydroxide （PE/ATH） and polyethylene/magnesium hydroxide（PE/MH） composites with functionalized polyethylenes ［J］. Polymer, 2003, 44 （4）: 1193-1201.

[15] Zhang X. G. , Gao F. , Qu M. H. , et al. Investigatio nof interfacial modification for flame retardantet hylene vinylacetate copolymer/alumina trihydrate nanocompo sites ［J］. Polymer Degradation and Stability, 2005, （87）: 411-418.

[16] Li Z. Z. , Qu B. J. Flammability characterization and synergistic effects of expandable graphite with magnesium hydroxide in halogen-free flame-retardant EVA blends ［J］. Polymer Degradation and Stability, 2003, （81）: 401-408.

[17] Rothon R. N. , Hornsby P. R. Flame retardant effects of magnesium hydroxide ［J］. Polymer Degradation and Stability, 1996, 54 （2-3）: 383-385.

[18] Li B. G. , Hu Y. , Zhang R. , et al. Preparation of the poly （vinyl alcohol） /layered double hydroxide nanoeomposite ［J］. Materials Research Bulletin, 2003, 38 （11-12）: 1567-1572.

[19] British P. F. Flame Retardants: Some New Developments, Plastics Additives & Compounding, 2000, （6）: 24-27.

[20] Rothon R. N. , Hornsby P. R. Flame retardant effects of magnesium hydroxide. Polymer Degradation and Stability, 1996, 54 （2-3）: 383-385.

[21] 王永强. 阻燃材料及应用技术 ［M］. 北京: 化学工业出版社, 2003.

[22] Babushoka V. , Tsanga W. Inhibitor rankings for alkane combustion ［J］. Combustion and Flame, 2000, 123 （4）: 488-506.

[23] 王学力. 磷系阻燃剂的研制及在高聚物中的应用 ［D］. 上海: 东华大学, 2008.

[24] Balabanovich A. I. , Engelmann J. Fire retardant and charring effect of poly （sulfonyldiphenylene phenylphosphonate） in poly （butylenes terephthalate） ［J］. Polymer Degradation and Stability, 2003, 79 （1）: 85-92.

[25] 代培刚, 刘志鹏, 陈英杰, 等. 无机阻燃剂发展现状 ［J］. 广东化工, 2009, 37 （7）: 62-64.

[26] Murphy J. Flame retardants trends and new developments ［J］. Plastics Additives and Compounding, 2001, 3 （4）: 16-20.

[27] 倪子瑾. 卤系阻燃剂阻燃机理的探讨及应用 ［J］. 广东化工, 2003, 30 （3）: 27-29.

[28] Fernandes V. J. , Araujo A. S. , Carvalho L. H. , et al. Effect of haloge-

nated flame-retardant additives in the pyrolysis and thermal degradation of polyester/sisal composites [J]. Journal of Thermal Analysis and Calorimetry, 2005, 79 (2): 429-433.

[29] 唐若谷, 黄兆阁. 卤系阻燃剂的研究进展 [J]. 科技通报, 2012, 28 (1): 130-132.

[30] Bie F. The crucial question in fire protection [J]. Plastics Engineering, 2002, 92 (2): 27-29.

[31] Lizenburger A. Criteria for and examples of optimal choice of flame retardants [J]. Polymers & Polymer Composites, 2000, 8: 581-592.

[32] Cynthia A, de Wit. An overview of brominated flame retardants in the environment [J]. Chemosphere, 2002, 46 (5): 583-624.

[33] Horacek H. , Grabner R. Advantages of flame retardants based on nitrogen compounds [J]. Polymer Degradation and Stability, 1996, 54 (2-3): 205-215.

[34] 欧育湘. 阻燃剂制造性能及应用 [M]. 北京: 兵器工业出版社, 2001.

[35] 吴涛, 王胜广, 李培国, 等. 有机硅改性无卤膨胀型阻燃剂的制备及在聚丙烯中的应用研究 [J]. 有机硅科技, 2012, 26 (5): 336-339.

[36] Lu H. D. , Wilkie C. A. Study on intumescent flame retarded polystyrene composites with improved flame retardancy [J]. Polymer Degradation and Stability, 2010, 95 (12): 2388-2395.

[37] 丁鑫. 美国阻燃剂市场预测 [J]. 江苏化工, 2000, 28 (1): 45-56.

[38] Weber L. W. , Greim, H. The toxicity of brominated and mixed-halogenated dibenzo-p-dioxins and dibenzofurans: an overview [J]. Journal of Toxicology and Environmental Health, 1997, 50 (3): 195-215.

[39] Zhu J. , Willde C. A. Thermal and fire studies on polystyrene-clay naocomposites [J]. Polymer International, 2000, 49 (10): 1158-1163.

[40] Gilman J. W. Flammability and thermal stability studies of polymer layered-silicate (clay) nanocomposites [J]. Applied Clay Science, 1999, 15 (1-2): 31-49.

[41] 袁伟, 谢进. 低水合硼酸锌的脱水温度测定及其合成路线探讨 [J]. 北京化工大学学报, 1996, 23 (3): 64-66.

[42] Shubert D. M. Process of making zinc borate and fire-retarding compositions: U. S, Patent, 5342553 [P]. 1994-08-30.

[43] Ivankov A. , Seekamp J. , Bauhofer W. Optical properties of zinc borate glasses [J]. Materials Letters, 2001, 49: 209-323.

[44] 张月琴, 叶旭初. 硼酸锌的性质、制备及阻燃应用 [J]. 无机盐工业,

2007, 39 (12): 9-12.

[45] Schubet D. M, 欧阳泪波. 多功能硼酸锌防腐蚀颜料 [J]. 全面腐蚀控制, 2004, 18 (5): 30-33.

[46] Mehmet G., Devrim B., FESEMra Ü. Supercritical ethanol drying of zinc borates of $2ZnO \cdot 3B_2O_3 \cdot 3H_2O$ and $ZnO \cdot B_2O_3 \cdot 2H_2O$ [J]. The Journal of Supercritical Fluids, 2011, 59: 43-52.

[47] Osman N. A., Enes Ş., Bengül E. Optimization and modeling of zinc borate ($2ZnO \cdot 3B_2O_3 \cdot 3.5H_2O$) production with the reaction of boric acid and zinc oxide [J]. Journal of Industrial and Engineering Chemistry, 2011, 17 (3): 493-497.

[48] 袁良杰. $2ZnO \cdot 3B_2O_3 \cdot 7H_2O$ 硼酸锌的制备方法技术: 中国, C01200810048267 [P]. 2008-11-05.

[49] 杨荣杰, 王建祺. 聚合物纳米复合物加工、热行为与阻燃性能 [M]. 北京: 科学出版社, 2010.

[50] Calvert P. Materials science-Rough guide to the nanoworld [J]. Nature, 1996, 383 (26): 300-301.

[51] 徐国才, 张立德. 纳米复合材料 [M]. 北京: 化学工业出版社, 2002.

[52] 曹敏花. 低维纳米结构材料的可控制备与性能研究 [D]. 长春: 东北师范大学, 2005.

[53] Keszei S., Anna P., Marosi G., et al. Surface modified aluminum hydroxide in flame retarded noise damping sheets [J]. Macromolecular. Symposia, 2003, 202 (1): 235-243.

[54] 徐晓楠, 文玉秀. 无机阻燃剂的开发及发展前景 [J]. 消防科技, 1998, (1): 36-38.

[55] 夏晨林, 陈杰. 纳米科学的最新应用与进展 [J]. 化学工程与装备, 2012, 12: 153-156.

[56] Aparna V. S., Sudhir B. S., Vishwas G. P. Kinetics of fluid-solid reaction with aninsoluble product: zinc borate by there action of boric acid and zinc oxide [J]. Journal of Chemical Technology and Biotechnology, 2004, 79 (5): 526-532.

[57] Ayhan M., Yeliz I., Hülya B., et al. Production of nano zinc borate ($4ZnO \cdot B_2O_3 \cdot H_2O$) and its effect on PVC [J]. Journal of the European Ceramic Society, 2012, 32: 2001-2005.

[58] Carpentier F., Bourbigot S., Bras M. L., et al. Charring of fire retarded ethylene vinyl acetate copolymer magnesium hydroxide/zinc borate formulations [J]. Polymer Degradation and Stability, 2000, 69 (1): 83-92.

[59] Xie R. C., Qu B. J. Expandable graphite systems for halogen-free flame-retarding of polyolefins. 1. Flammability characterization and synergistic effect [J]. Journal of Applied Polymer Science, 2000, 80 (8): 1181-1189.

[60] 苏达根, 区翠花, 钟明峰, 等. 纳米硼酸锌的制备及对木材阻燃性能影响研究 [J]. 贵州工业大学学报（自然科学版）, 2008, 37 (3): 61-64.

[61] 陈志玲, 刘霞, 孙伟, 等. 纳米级低水硼酸锌的微波合成、表征及应用 [J]. 北京石油化工学院学报, 2009, 17 (4): 31-35.

[62] Shi X. X., Xiao Y., Yuan L. J., et al. Hydrothermal syn-thesis and characterizations of 2D and 3D $4ZnO \cdot B_2O_3 \cdot H_2O$ nano/micro structures with different morphologies [J]. Powder Technology, 2009, 189 (3): 462-465.

[63] Chen T., Deng J. C., Wang L. S., et al. Syn-thesis of a new netlike nano zinc borate [J]. Materials Letters, 2008, 62 (14): 2057-2059.

[64] 邹盛欧. 塑料阻燃剂进展 [J]. 现代塑料加工应用, 1998, 10 (5): 51-53.

[65] 李子彬. 中国化工产品大全 [M]. 北京: 化学工业出版社, 1994.

[66] Shete A. V., Sawant S. B., Pangarkar V. G. Kinetics of fluid-solid reaction with an insoluble product: zinc borate by the reaction of boric acid and zinc oxide [J]. Journal of Chemical Technology and Biotechnology, 2004, 79 (5): 526-532.

[67] 张允升, 陈声昌, 封显抱. 低水合硼酸锌的合成 [J]. 无机盐工业, 1998, (1): 13-14.

[68] Schubert D. M., Alam F., Visi M. Z., et al. Structural characterization and chemistry of the industrially important zinc borate, $Zn[B_3O_4(OH)_3]$ [J]. Chemistry of Materlals, 2003, 15 (4): 866-871.

[69] 金明淑. 低水硼酸锌合成新工艺及其推广应用研究 [J]. 辽宁化工, 1983 (5): 7-12.

[70] 黄中柏, 叶旭初, 张林进. 无机阻燃剂硼酸锌及其协同效应 [J]. 材料导报, 2008, 22: 372-374.

[71] Sawada H. Zinc Borate and Production Method and UseThereof: U. S, 5472644 [P]. 2004-08-24.

[72] 张享. 硼酸锌的性质、生产及阻燃应用 [J]. 合成材料老化与应用, 2004, (4): 39-42.

[73] 天津化工研究院, 等编. 无机盐工业手册（下册）[M]. 北京: 化学工业出版社, 1996.

[74] Nies N. P. Zinc borate of low hydration and method for preparing same: U. S, 3549316 [P]. 1970-12-22.

[75] 刘少敏, 张明玖, 吕秉玲. 生产低水硼酸锌现状的分析及新生产工艺的提出 [J]. 宁夏工学院报, 1996, (12): 70-71.

[76] 李群. 纳米材料的制备与应用技术 [M]. 北京: 化学工业出版社, 2008.

[77] Tian Y. M., He Y., Yu L. X., et al. In situ and one-step synthesis of hydrophobic zinc borate nanoplatelets [J]. Colloids and Surfaces A: Physicochem. Eng. Aspects, 2008, 312: 99-103.

[78] Chen T., Deng J. C., Wang L. S., et al. Preparation and characterization of nano-zinc borate by a new method [J]. Journal of Materials Processing Technology, 2009, 209: 4076-4079.

[79] 李胜利. 硼酸锌的可控合成及阻燃性研究 [D]. 长春: 吉林大学, 2011.

[80] Xiang L., Yin Y. P., Wu H. J., et al. Application of hydrothermal technology in material synthesis a selective review [J]. Industrial & Engineering Chemistry, 2005, 51: 307-311.

[81] Sheets W. C., Mugnier E., Barnabé A., et al. Hydrothermal synthesis of delafossite-type oxides [J]. Chemistry of Materials, 2006, 18 (1): 7-20.

[82] 郑兴芳. 水热法制备纳米氧化物的研究进展 [J]. 无机盐工业, 2009, 41 (8): 9-11.

[83] Gao Y. H., Liu Z. H., Wang X. L. Hydrothermal synthesis and thermodynamic properties of $2ZnO \cdot 3B_2O_3 \cdot 3H_2O$ [J]. The Journal of Chemical Thermodynamics, 2009, 41 (6): 775-778.

[84] Chen X. A., Zhao Y. H., Chang X. A., et al. Syntheses and crystal structures of two new hydrated borates, $Zn_8 [(BO_3)_3O_2 (OH)_3]$ and $Pb [B_5O_8 (OH)] \cdot 1.5H_2O$ [J]. Journal of Solid State Chemistry, 2006, 179 (12): 3911-3918.

[85] 户田德. 硼酸锌的制备: 日本, 6256013 [P]. 1994-09-13.

[86] Hubert H., Gunter H. Multianvil High-pressure/high-temperature preparation, crystal structure, and properties of the new oxoborate β-ZnB_4O_7 [J]. Solid State Sciences, 2003, 5 (2): 281-289.

[87] Chang J. B., Yan P. X., Yang Q. Formation of borate zinc (ZnB_4O_7) nanotubes [J]. Journal of Crystal Growth, 2006, 286 (11): 184-187.

[88] Chen X., Xue H., Chang X. Syntheses and crystal structures of the α-

and β-forms of zinc orthoberate, Zn_3 （BO_3）$_2$ [J]. Journal of Alloys and Compounds, 2006, 425 (1-2)：96-100.

[89] 童孟良，唐有根，李平辉. 微波加热制备低水硼酸锌 [J]. 无机盐工业，2008, 40 (3)：32-34.

[90] 刘吉平. 纳米科学与技术 [M]. 北京：科学出版社，2002.

[91] Laoutid F., Bonnaud L., Alexandre M., et al. New prospects in flame retardant polymer materials：From fundamentals to nanocomposites [J]. Materials Science and Engineering R-reports, 2008, 63 (3)：100-125.

[92] 李凤生. 微纳米粉体后处理技术及应用 [M]. 北京：国防工业出版社，2005.

[93] Sandor K., Peter A., Gyorgi M., et al. Surface modified aluminum hydroxide in flame retarded noise damping sheets [J]. Macromolecular Symposia, 2003, 202 (1)：235-243.

[94] Gy B., Gy M., P A., et al. Role of interface modification in filled and Flame-retarded polymer systems [J]. Solid State Ionics, 2001：141-142.

[95] Hornsby P. R., Watson C. L. Interfacial modification of polypropylene composites filled with magnesium hydroxide [J]. Journal of Materials Science, 1995, 30 (21)：5347-5355.

[96] Lu Y., Yin Y. D., Mayers B. T., et al. Modifying the surface properties of superparamagnetic iron oxide nanoparticles through a Sol-Gel Approach [J]. Nano Letters, 2002, 2 (3)：183-186.

[97] Gao X. Y., Guo Y. P., Tian Y. M., et al. Synthesis and characterization of polyurethane/zinc borate nanocomposites [J]. Colloids and Surfaces A：Physicochemical and Engineering Aspects, 2011, 384 (1-3)：2-8.

[98] Weber M. Mineral flame retardants-overview and future trends [J]. Industrial Minerals, 2000, 389 (2)：19-28.

[99] Valadez-Gonzalez A., Cervantes-Uc J. M., Olayo R., et al. Chemical modification of henequen fibers with an organosilane coupling agent [J]. Composites Part B Enigineering, 1999, 30 (3)：321-331.

[100] Zhang Y., Yang J., Peng Z., et al. Effect of silicone oil on the mechanical properties of highly filled HDPE composites [J]. Polymers and Polymer Composites, 2000, 8 (7)：471-476.

[101] 钱晓静，刘孝恒，陆路德. 辛醇改性纳米二氧化硅表面的研究 [J]. 无机化学学报，2004, 20 (3)：336-338.

[102] Ossenkamp G. C., Kemmitt T., Johnston J. H. Toward functionalized

surfaces through surface esterification of silica [J]. Langmuir, 2002, 18: 5749-5754.

[103] 刘真, 卢义和, 宫素芝, 等. 我国油酸的生产现状及展望 [J]. 河北化工, 2006, 29 (9): 18-22.

[104] 俞鹏飞, 崔斌, 史启祯. 油酸在纳米材料合成中的研究与应用 [J]. 材料科学与工程学报, 2007, 25 (5): 792-797.

[105] 薛如君, 吴玉程. 无机纳米材料的表面修饰改性与物性研究 [M]. 合肥: 合肥工业大学出版社, 2008.

[106] 李更辰, 张建民, 王永强. 硼酸锌微粉的合成及应用 [J]. 石家庄铁道学院学报, 2003, 116 (2): 36-37.

[107] Michel L. B., Serge B. Mineral fillers in intumescent fire retardant formulations-criteria for the choice of a natural clay filler for the ammonium [J]. Fire and Materials, 1996, 20 (1): 39-49.

[108] Balabanovich A. I., Levchik G. F., Levchik S. V., et al. Fire retardance in polyamide-6: The effects of red phosphorus and radiation-induced cross-links [J]. Fire and Material, 2001, 25 (5): 179-184.

[109] 刘述平. 环保型无机阻燃剂硼酸锌概况 [J]. 矿产综合利用, 2003 (6): 36-38.

[110] Murphy J. Flame retardants: trends and new developments [J]. Reinforced Plastics, 2001, 45 (10): 42-46.

[111] Porter D., Metcalfe E., Thomas M. J. K. Nanocomposites fire retardants review [J]. Fire and Materials, 2000, 24 (1): 45-52.

[112] Bourbigot S., Le Bras M., Duquesne S. Recent advances for intumescent polymers [J]. Macromolecular Materials and Engineering, 2004, 289 (6): 499-511.

[113] Shen K. K., Kochesfahani S., Jouffret F. Zinc borates as multifunctional polymer additives [J]. Polymers for Advanced Technologies, 2008, 19 (6): 469-474.

[114] Li L. Y., Deng Z. W., Li J., et al. Chemical constituents from chinese marine sponge cinachyrella australiensis [J]. Journal of Peking University: Health Sciences ed, 2004, 36 (1): 12-17.

[115] Formicola C., DeFenzo A., Zarrelli M., et al. Synergistic effects of zinc borate and aluminum trihydroxide on flammability behavior of aerospace epoxy system [J] Express Polymer Letters, 2009, 3 (6): 376-384.

[116] Sorrentino A., Gorrasi G., Tortora M., et al. Barrier properties of polymer/clay nanocomposites [J]. Polymer nanocomposites, 2006, 11:

273-292.

[117] Sorrentino A. , Gorrasi G. , Tortora M. , et al. Incorpoaration of Mg-Al hydrotalcite into a biode-gradable poly (g-caprolactone) by high energy ball milling [J]. Polymer, 2005, 46: 1601-1608.

[118] 钱家胜, 陈晓明, 何平笙. PMMA/nano-SiO₂纳米复合材料的制备和表征 [J]. 应用化学, 2003, 20 (12): 1200-1203.

[119] 韩高荣, 钟敏, 赵高凌. 有机-无机纳米复合材料的制备与界面特性 [J]. 功能材料与器件学报 2002, 8 (4): 421-429.

[120] 欧玉春, 杨锋, 庄严, 等. 在位分散聚合聚甲基丙烯酸甲酯/二氧化硅纳米复合材料研究 [J]. 高分子学报, 1997, 1 (2): 199-205.

[121] 李同年, 周振兴, 庐文奎. 聚苯乙烯-蒙脱土插层复合材料的制备与性能 [J]. 塑料工业, 2000, 28 (2): 33-35.

[122] 王胜杰, 李强, 王新宇, 等. 聚苯乙烯/蒙脱土熔融插层复合的研究 [J]. 高分子学报, 1998, (2): 129-133.

[123] 胡源, 宋磊. 阻燃聚合物纳米复合材料 [M]. 北京: 化学工业出版社, 2008.

[124] Lia S. L. , Long B. H. , Wang Z. C. , et al. Synthesis of hydrophobic zinc borate nanoflakes and its effect on flame retardant properties of polyethylene [J]. Journal of Solid State Chemistry, 2010, 183 (4): 957-962.

[125] Cui Y. , Liu X. L. , Tian Y. M. , et al. Controllable synthesis of three kinds of zinc borates and flame retardant properties in polyurethane foam [J]. Colloids and Surfaces A: Physicochemical and Engineering Aspects, 2012, 414 (20): 274-280.

[126] 王彪. 聚合物/无机粒子纳米复合材料的结构与性能研究 [D]. 长春: 吉林大学, 2008.

[127] Li S. L. , Long B. H, Wang Z. C. , et al. Synthesis of hydrophobic zinc borate nanoflakes and its effect on flame retardant properties of polyethylene [J]. Journal of Solid State Chemistry, 2010, 183 (4): 957-962.

[128] 张享. 硼酸锌在阻燃橡胶及制品中应用的研究进展 [J]. 橡塑资源利用, 2011, 6: 1-5.

[129] 宋振轩. 低水合硼酸锌的阻燃机理与应用 [J]. 华北水利水电学院学报, 2008, 29 (3): 83-84.

[130] Antonietta G. , Robert A. S. Structural and thermal interpretation of the synergy and interactions between the fire retardants magnesium hydroxide and zinc borate [J]. Polymer Degradation and Stability, 2007, 92

（1）：2-13.

[131] Li Y. , Chang R. P. H. Synthesis and characterization of aluminum borate（$Al_{18}B_4O_{33}$, $Al_4B_2O_9$）nanowires and nanotubes ［J］. Materials Chemistry and Physics, 2006, 97（1）：23-30.

[132] 郝建薇，温海旭，杜建新，等. 硼酸锌协同膨胀阻燃环氧涂层耐火作用及其机理研究 ［J］. 北京理工大学学报，32（10）：1092-1100.

[133] Tian Y. M. , Guo Y. Q. , Jiang M. , et al. Synthesis of hydrophobic zinc borate nanodiscs for lubrication ［J］. Materials Letters, 2006, 60（20）：2511-2515.

[134] Shi X. X. , Yuan L. J. , Sun X. Z. , et al. Controllable synthesis of $4ZnO \cdot B_2O_3 \cdot H_2O$ nano-/microstructures with different morphologies: influence of hydrothermal reaction parameters and formation mechanism ［J］. The Journal of Physical Chemistry C, 2008, 112（10）：3558-3567.

[135] 任晓红. 阻燃剂硼酸锌的分析测定 ［J］. 山西化工，2002，22（4）：33-34.

[136] Süleyman K. , FESEMa V. , Turgay S. Molecular design of nanometric zinc borate-containing polyimide as a route to flame retardant materials ［J］. Materials Research Bulletin, 2009, 44（2）：369-376.

[137] Ren J. , Lu S. , Yu C. Research on the composite dispersion of ultra-fine powder in the air ［J］. Materials Chemistry and Physics, 2001, 69（1-3）：204-209.

[138] 张淑霞，李建保，张波，等. TiO_2颗粒表面无机包覆的研究进展 ［J］. 化学通报，2001，（2）：71-75.

[139] 张立德，牟季美. 纳米材料和纳米结构 ［M］. 北京：科学出版社，2001.

[140] Somasundaran P. , Krishnakumar S. Adsorption of surfactants and polymers at the solid-liquid interface ［J］. Colloids and Surfaces A: Physicochemical and Engineering Aspects, 1997, （123-124）：491-513.

[141] Vossen D. L. J. , Penninkhof J. J. , Blaaderen A. V. Chemical modification of colloidal masks for nano-lithography ［J］. Langmuir, 2008, 24（11）：5967-5969.

[142] 林楚瑜. 国内聚苯乙烯树脂的应用与发展 ［J］. 广东化工，2002，6：2-4.

[143] Chol N. W. , Ohama Y. Development and testing of polystyrene mortars using waste EPS solution-based binders ［J］. Construction and Building Materials, 2004, 18（4）：235-241.

[144] 郭明洋. 浅谈家电中聚苯乙烯的应用前景 [J]. 化学工程与装备, 2010, 10: 131-132.

[145] Teo M. Y., Yeong H. Y., Lye S. W. Microwave moulding of expandable polystyrene foam with recycled material [J]. Journal of Materials Processing Technology, 1997, 63 (1-3): 514-518.

[146] Cui W. G., Guo F., Chen J. F. Preparation and properties of flame retardant high impact polystyrene [J]. Fire Safety Journal, 2007, 42 (3): 232-239.

[147] Tai Q. L., Kan Y. C., Chen L. J., et al. Morphologies and thermal properties of flame-retardantpolystyrene/a-zirconium phosphate nanocomposites [J]. Reactive & Functional Polymers, 2010, 70: 340-345.

[148] 漆刚, 袁荞龙, 刘峰, 等. 溴化聚苯乙烯的制备及其与尼龙的共混 [J]. 塑料工业, 2013, 14 (1): 94-99.

[149] Mergen A., İpek Y., Bölek H., et al. Production of nano zinc borate ($4ZnO \cdot B_2O_3 \cdot H_2O$) and its effect on PVC [J]. Journal of the European Ceramic Society, 2012, 32 (9): 2001-2005.

[150] Yoshida M., Lal M., Kumar N. D., et al. TiO_2 nano-particle-dispersed polyimide composite optical waveguide materials through reverse micelles [J]. Journal of Materials Science, 1997, 32 (15): 4047-4051.

[151] Leng P. B., Akil H. M., Lin O. H. Thermal properties of microsilica and nanosilica filled polypropylene composite with epoxy as dispersing aid [J]. Journal of Reinforced Plastics and Composites, 2007, 26 (8): 761-770.

[152] 董先明, 罗颖, 张淑婷, 等. 原位合成法制备炭黑/聚甲基丙烯酸酯导电复合材料 [J]. 高分子材料科学与工程, 2007, 23 (3): 43-46.

[153] Ou Y. C., Yang F., Yu Z. Z. A new conception on the toughness of nylon 6/silica nanocomposite prepared via in situ polymerization [J]. Journal of Polymer Science Part B: Polymer Physics, 1998, 36 (5): 789-795.

[154] 台启龙. 新型磷氮化合物的合成及其阻燃聚苯乙烯的研究 [D]. 北京: 中国科技大学, 2012.

[155] Chna C. M., Wu J. S., Li J. X., et al. Polypropylene/calcium carbonate nanocomposites [J]. Polymer, 2002, 43 (10): 2981-2992.

[156] 胡荣祖, 史启祯. 热分析动力学 [M]. 北京: 科学出版社, 2001.

[157] Levchik S. V., Weil E. D. Thermal decomposition, combustion and flame-retardancy of epoxy resins-a review of the recent literature [J].

Polymer International，2004，53（12）：1901-1929.

[158] Reghunadhan C. P. Nair advance in addition-cure phenolic resins ［J］. Progress in Polymer Science，2004，29（5）：401-498.

[159] 伊廷会. 酚醛树脂高性能化改性研究进展 ［J］. 热固性树脂. 2001，16（4）：29-33.

[160] 黄发荣，焦杨声. 酚醛树脂及其应用 ［M］. 北京：化学工业出版社，2003.

[161] Vaia R. A.，Price G.，Ruth P. N.，at el. Polymer/layered silicate nano composites as high performance ablative materials ［J］. Applied Clay Science，1999（15）：67-92.

[162] 朱永茂，殷荣忠，刘勇，等. 2007-2008 年国外酚醛树脂及塑料工业进展 ［J］，热固性树脂，2009，24（2）：47-55.

[163] Li W.，Lee L. J. Low temperature cure of unsaturated polyester resins with thermoplastse additives11：Structure formation and shrinkage control mechanism ［J］. Polymer，2000，41（2）：697-710.

[164] Hong U. S.，Jung S. L.，Cho K.，at el. Wear mechanism of multiphase friction materials with different phenolic resin matrices ［J］. Wear，2009，266（7-8）：739-744.

[165] 白侠，李辅安，李崇俊，等. 耐烧蚀复合材料用改性酚醛树脂研究进展 ［J］. 玻璃钢/复合材料，2006，（6）：50-55.

[166] 喻丽华，何林，闫建伟. 纳米 SiC 改性酚醛树脂的热稳定性 ［J］. 高分子材料科学与工程，2007，23（3）：148-151.

[167] 邱军，王国建，李岩，等. 硼改性酚醛树脂的合成及其复合材料的性能 ［J］. 建筑材料学报，2007，10（2）：183-187.

[168] 黄小卫，李红卫，王彩凤，等. 我国稀土工业发展现状及进展 ［J］. 稀有金属，2007，31（3）：280-287.

[169] Palmer M. S.，Neurock M.，Olken M. M. Periodic density functional theory study of methane activation over La_2O_3：activity of O^2，O，O^2（$^{2-}$），oxygen point defect，and Sr^{2+}-doped surface sites ［J］. Journal of America Chemistry Society，2002，124（28）：8452-8461.

[170] 宝贵. 稀土掺杂纳米材料的制备及其发光特性研究 ［D］. 呼和浩特：内蒙古师范大学，2010.

[171] 陈崧哲，徐盛明，徐刚，等. 稀土元素在光催化剂中的应用及作用机理 ［J］. 稀有金属材料与工程，2006，35（4）：505-510.

[172] Zhou R.，Cao Y.，Yan S. R.，et al. Rare earth（Y，La，Ce）-promoted V-HMS mesoporous catalysts for oxidative dehydrogenation of propane

[J]. Applied Catalysis A: General, 2002, 236 (1-2): 103-111.

[173] Hou T. H., Mao J., Pan H. B., et al. Investigation of electronic structure of Nd-doped TiO_2 nanoparticles using synchrotron radiation photoelectron spectroscopy [J]. Journal of Nanoparticle Research, 2006, 8 (2): 293-297.

[174] Liu Y. K., Feng Y. J., Wu X. W., et al. Microwave absorption properties of La doped barium titanate in X-band [J]. Journal of Alloys and Compounds, 2009, 472 (1-2): 441-445.

[175] 刘红波, 滕莉丽, 张旻杰. 稀土元素掺杂 TiO_2 光催化剂的制备与性能研究动态 [J]. 江西化工, 2007 (4): 22-24.

[176] Li Y. T., Li B., Dai J. F., et al. Synergistic effects of lanthanum oxide on a novel intumescent flame retardant polypropylene system [J]. Polymer Degradation and Stability, 2008, 93 (1): 9-16.

[177] 许小荣, 李建芬, 肖波, 等. La_2O_3 纳米晶的制备及表征 [J]. 人工晶体学报, 2009, 38 (3): 653-656.

[178] Li J. F., Xiao B., Yan R., et al. Preparation of NiO nanoparticles by homogeneous precipitation at optimized process conditions [J]. Chemical engineering, 2007, 35 (8): 55-56.

[179] 门艳茹. 纳米 TiO_2: 掺杂对聚苯乙烯性能的影响 [D]. 天津: 天津大学, 2004.

[180] Laachachi A., Cochez M. Ferriol M et al. Influence of Sb2O3 Particles as filler on the thermal stability and flammability Properties of Poly (methyl methacrylate) (PMMA) [J]. Polymer Degradation and Stability, 2004, 85 (1): 641-645.

[181] 彭治汉. 聚合物阻燃新技术 [M]. 北京: 化学工业出版社, 2015.

[182] 钱立军. 新型阻燃剂制造与应用 [M]. 北京: 化学工业出版社, 2013.

[183] 张军, 纪奎江, 夏延致. 聚合物燃烧与阻燃技术 [M]. 北京: 化学工业出版社, 2005.